新型钢－混凝土组合结构抗震性能研究与基本力学性能分析

刘阳冰　杨庆年　王　爽○著

西南交通大学出版社
·成都·

图书在版编目（C I P）数据

新型钢—混凝土组合结构抗震性能研究与基本力学性
能分析 / 刘阳冰，杨庆年，王爽著. 一成都：西南交
通大学出版社，2017.9
ISBN 978-7-5643-5813-6

Ⅰ. ①新… Ⅱ. ①刘… ②杨… ③王… Ⅲ. ①钢筋混
凝土结构 – 组合结构 – 抗震性能 – 研究②钢筋混凝土结构
– 组合结构 – 力学性能 – 性能分析 Ⅳ. ①TU375

中国版本图书馆 CIP 数据核字（2017）第 238824 号

新型钢-混凝土组合结构抗震性能研究与基本力学性能分析

刘阳冰　杨庆年　王　爽 / 著

责任编辑／杨　勇
助理编辑／王同晓
封面设计／何东琳设计工作室

西南交通大学出版社出版发行

（四川省成都市二环路北一段 111 号西南交通大学创新大厦 21 楼　610031）
发行部电话：028-87600564　028-87600533
网址：http://www.xnjdcbs.com
印刷：四川森林印务有限责任公司

成品尺寸　170 mm×230 mm
印张　22.75　　字数　424 千
版次　2017 年 9 月第 1 版　　印次　2017 年 9 月第 1 次

书号　ISBN 978-7-5643-5813-6
定价　88.00 元

前　言

随着科技的发展和社会需求的变化，建筑结构向高层次、高强度和组合结构发展，结构体系的选择将根据建筑的外观和功能效果以及可造性来决定，进而使得结构体系更为多样化，结构材料更具多样性。在 20 世纪 80 年代以前，我国的高层建筑大多采用钢筋混凝土的结构形式，但随着建筑高度的不断增加和使用功能的日趋复杂，单一的结构形式已不能满足建筑设计的要求。钢-混凝土组合结构同时具有钢结构和混凝土结构的优点，得到了迅速的发展和越来越广泛的应用，成为目前高层建筑领域内应用较多的一种结构形式。

虽然钢-混凝土组合结构在我国得到迅速的发展和越来越广泛的应用，但目前国内外大部分组合结构还未经过强震检验，对结构抗震性能的研究亦不够充分。本书采用理论分析、试验研究和数值模拟等方法，对新型钢-混凝土组合结构的抗震性能、破坏模式、地震易损性以及新型双钢板混凝土组合结构的受力和变形性能等问题进行系统的研究。主要工作和取得的成果有：

（1）在已有方钢管混凝土构件试验和理论研究的基础上，通过理论分析和大量的参数分析，提出了一种方钢管混凝土柱塑性屈服面的快速确定方法。对现有方钢管混凝土柱和钢-混凝土组合梁的三折线弯矩-曲率关系曲线进行了修正，提出了适用于钢-混凝土组合梁和方钢管混凝土柱弹塑性分析的四折线弯矩-曲率本构曲线。

（2）在已有圆钢管混凝土试验和理论研究的基础上，分别采用纤维模型法和实体有限元法对圆钢管混凝土框架结构进行了静力和动力弹塑性对比分析，结果表明两种模型化方法均具有较好的适用性，且是否考虑钢管与核心混凝土间的黏结滑移对计算结果无明显影响。该结论为纤维模型中钢管与核心混凝土之间应变协调符合平截面假定的合理性提供了一定的理论依据。

（3）进行了钢-混凝土组合框架结构抗震性能分析，较为系统地对比了五种不同类型框架结构的受力、变形性能以及破坏状态，为组合框架结构的抗震设计提供参考。

（4）对钢梁-圆钢管混凝土柱框架结构和组合梁-方钢管混凝土柱框架结构的"强柱弱梁"问题进行了分析，讨论了柱和梁的极限弯矩比与梁柱线刚度比对结构破坏机制的影响。提出了钢管混凝土柱组合框架"强柱弱梁"的设计公式，为组合框架结构的设计提供参考。

（5）给出了一种基于性能的结构地震易损性分析方法。定义了结构整体和楼层的四个极限破坏状态，提出了基于结构极限破坏状态确定结构抗震性能水平限值的方法。对两个不同类型的钢-混凝土组合框架结构进行了地震易损性分析，对结构的易损性能进行了评估。讨论了地震需求变异性的影响，研究了基于全概率和半概率的结构地震易损性分析方法的差异和转化关系。

（6）对组合框架-混凝土核心筒结构的抗震性能进行了弹塑性地震反应分析和参数影响分析。研究了框架伸臂梁连接方式，梁柱截面、核心筒厚度等参数对结构变形和受力性能的影响，探讨了组合框架-混凝土核心筒结构的地震破坏模式，分析了结构变形和外框架剪力随地震作用增大的变化规律，可为结构的设计提供参考。对比了 Pushover 方法和弹塑性时程方法计算结果的差别，讨论了 Pushover 方法的适用性。

（7）进行了 8 片双钢板-混凝土组合墙的轴心受压试验，研究了不同钢材强度和栓钉间距对钢板局部屈曲、整体破坏形态以及承载能力的影响规律。建立了组合剪力墙的有限元分析模型并对试验结果进行了分析。在试验研究和数值分析的基础上，对可能影响墙钢板局部屈曲的各种因素进行了参数影响分析。

本书编写分工为：南阳理工学院刘阳冰编写 1、2、3、4、5、6 章，南阳理工学院杨庆年编写第 7、10 章，南阳理工学院王爽编写 8、9 章。全书最后由刘阳冰统一修订与统稿。在本书的撰写过程中，感谢刘晶波教授给予的有益指导，感谢陈芳、廖元鑫、曹天峰等研究生参与本书部分内容的研究工作，感谢孙浩、牛箐蕾为本书部分插图所付出的辛勤劳动。

本书中的研究工作得到了国家自然科学基金项目（50978141）、教育部博士学科点新教师基金项目（20110191120032）、河南省高等学校重点科研资助项目（16B560005）、南阳理工青年学术骨干项目和博士科研启动基金项目等课题的支持，特此致谢。

作者虽然长期从事组合结构和抗震工程领域的科研与教学工作，但由于水平有限和知识面的局限性，书中难免存在不妥和疏漏之处，敬请批评指正。

著　者

2017 年 6 月

目 录

1 绪论

1.1 研究背景

地震是自然界中危害最严重的灾害之一，破坏能力强，对人类危害极大，也是大部分工程结构的关键控制荷载之一。我国是一个地震频发的国家，6度以及6度以上地震区几乎遍及全国各个省和自治区，约有一半城市位于基本烈度7度和7度以上地区[1]。2010年智利8.8级地震和海地7.3级地震，2008年我国汶川8.0级地震和1976年唐山7.8级地震等均造成了人员的巨大伤亡、房屋的大量破坏和倒塌，从而引发了一系列社会问题和经济问题。

建筑物是人类日常生活的空间，地震造成建筑物的倒塌破坏必将给人类造成严重灾害。据世界主要地震资料统计，世界上130多次伤亡巨大的地震中，95%以上的人员伤亡是由于建筑物倒塌所致[2-5]。随着科技的发展和社会需求的变化，高层建筑结构向高层次、高强度和组合结构发展，结构体系的选择将根据建筑的功能效果和外观以及建筑的可造性来决定，进而使得结构体系更为多样化，结构材料更具多样性。在20世纪80年代以前，我国的高层建筑大多采用钢筋混凝土的结构形式，但随着建筑高度的不断增加和使用功能的日趋复杂，单一的结构形式已不能满足建筑设计的要求。由钢-混凝土组合梁或组合柱作为主要受力构件的组合结构体系兼有钢结构施工速度快和混凝土结构刚度大等优点，以及结构自重轻、抗震性能好、施工速度快、环保以及综合经济效益好，符合国家十三五规划对建筑行业的发展战略[6]。因此，钢-混凝土组合结构得到了迅速的发展和越来越广泛的应用，成为目前高层、超高层建筑领域内应用较多的一种结构形式[7-11]。近年来，国内建成或在建的高层及超高层建筑数量已达数百幢之多，其中除少数仍采用传统的钢筋混凝土结构形式外，大多数尤其是超高层建筑往往采用钢-混凝土组合结构形式。例如上海金茂大厦、深圳中兴研发大楼、广州珠江新城西塔、大连国贸中心、天津富润中心等高层建筑或超高层建筑都全部或部分采用钢-混凝土组合结构形式。

钢-混凝土组合结构是在钢结构和钢筋混凝土结构基础上发展起来的一种新型结构。钢-混凝土组合结构是指将钢结构与混凝土结构通过某种方式组合在一起共同工作的一种结构形式，两种结构材料组合后的整体工作性能要明显优于两者性能的简单叠加。钢-混凝土组合构件主要有钢-混凝土组合梁、钢-混凝土组合柱和钢-混凝土组合墙。钢-混凝土组合梁是由钢梁和混凝土板通过抗剪连接件连成整体而共同受力的横向承重构件，钢-混凝土组合柱包括钢管混凝土柱和型钢混凝土柱。实际应用中，为了节约钢材和降低造价，大多数多层和小高层钢结构房屋常采用钢-混凝土组合柱代替钢柱。组合柱在我国目前又以钢管混凝土柱为首选形式。钢-混凝土组合构件可应用于各种结构体系中从而形成组合框架结构体系、组合框架-剪力墙体系、组合框架-核心筒体系、组合框筒结构体系等。

近年来建成的高层建筑大部分采用了框架-剪力墙（核心筒）结构形式，随着建筑高度的日益增加，底部剪力墙需要承担的竖向荷载越来越大，为了保证剪力墙的延性，需要较厚的剪力墙才能满足轴压比的限值和混凝土强度等级的相关要求，而过厚的墙体不仅施工复杂、浪费空间，而且增加结构自重、地震作用以及基础造价，还相应地引起外框架柱尺寸增大，此时结构的整体成本和规模均难以控制。因此，剪力墙结构形式的优化成为超高层建筑结构发展的关键之一[12]。为改善剪力墙延性，提高结构抗震性能，国内外学者提出了很多改进措施，这些改进措施大多是通过钢与混凝土的有效组合，形成组合剪力墙，如中部配置型钢的钢骨混凝土剪力墙、内嵌钢板的混凝土剪力墙、单侧钢板混凝土剪力墙以及双钢板混凝土剪力墙等。对于前三种剪力墙，在工程应用中存在着混凝土开裂难控制，裂缝外露以及施工相对比较困难等不足；而双钢板混凝土剪力墙是解决上述不足的有效途径之一，且作为一种新型结构其具有结构强度高、抗震性能好、施工方便快捷等特点，已在国内外核电站厂房结构和特种结构中得到广泛应用，近年来逐渐应用于城市道路桥梁、高层建筑等许多领域，是改善混凝土剪力墙抗震性能的重要发展方向之一，已成为工程研究的热点[13]。

钢-混凝土组合结构同钢筋混凝土结构相比，可以减轻自重，减小地震作用，减小构件截面尺寸，增加有效使用空间，增加构件和结构的延性等；同钢结构相比，可以减小用钢量、降低造价、提高刚度、增加稳定性和整体性，增强结构的抗火性和耐久性等。近年来，钢-混凝土组合结构在我国的应用实践表明，这一结构体系具有显著的技术经济效益和社会效益，适合我国基本建设的国情，已成为结构体系的重要发展方向之一。

钢-混凝土组合结构是由钢、混凝土两种材料性能完全不同的结构组成，其抗震性能研究比钢结构和钢筋混凝土结构更复杂。虽然组合结构较少经历地震考验，缺乏震害资料，但在美国和日本均有由钢框架或型钢混凝土框架与钢筋混凝土筒体（或剪力墙）组成的混合结构的局部破坏记录，破坏的原因除了地震动较大之外，还与结构布置、结构设计以及构造措施等有很大关系。同样，由于我国很多城市位于地震高烈度区，钢-混凝土组合结构也可能在强震作用下发生破坏，因此钢-混凝土组合结构抗震性能的研究是不能忽略的。

国内外对钢-混凝土组合结构的基本构件[14-17]（钢-混凝土组合梁、钢管混凝土柱等）和不同类型组合构件的节点[15,18-21]在静载和反复荷载作用下的力学性能进行了大量的理论和试验研究，提出了一些用于组合构件弹塑性分析的力学模型。但是由于组合构件的多样性、受力的复杂性以及试验手段、条件的限制，或由于试验目的局限，这些力学模型具有一定的局限性，是否适用于钢-混凝土组合结构整体弹塑性分析都需要进一步研究。通过对钢-混凝土组合构件弹塑性模型的研究可以为组合结构整体性能的分析奠定基础。

钢-混凝土组合结构作为继钢结构和混凝土结构之后发展起来的一种重要结构形式，当前最重要的一个发展方向是从构件层次的研究转移到结构体系的研究上来，以便为实际的工程应用提供理论基础和可靠的技术保证。虽然钢-混凝土组合结构在工程中得到了广泛的应用，但对钢-混凝土组合结构整体抗震性能尚未开展系统研究[22-27]，关于整体结构的抗震性能与试验研究工作还较为滞后。在我国，随着社会经济的发展，为满足建筑的要求，组合结构体系日趋多样化，建筑平面布置与竖向体型也越来越复杂，这就给高层建筑结构分析和设计提出了更高的要求。国内还没有出台有关高层钢-混凝土组合结构的抗震设计规程或规范，对其抗震性能研究也尚不够充分与完善，与之相应的试验工作开展的也不多，存在的主要抗震性能问题没能很好地解决，如各种组合结构的变形性能、受力机制、破坏状态、易损性能等。

由于对钢-混凝土组合结构抗震性能的研究开展不充分、设计依据不足，目前已建成的组合结构绝大部分分布在抗震设防烈度较低的城市。近年来，钢-混凝土组合结构已逐渐在我国高烈度区开始应用，如何确保这种新型的结构体系在强地震作用下的安全性是一个亟待解决的问题。因此，对钢-混凝土组合结构体系的抗震性能、易损性能以及新型组合结构形式基本力学性能开展系统和深入的研究，确定优良的组合结构抗震体系，提出实用的设计方法和建议，以及对组合结构的地震易损性进行评估，均具有重要的意义。

1.2　钢-混凝土组合框架结构研究现状

欧洲规范 4（EC4）[28]中对钢-混凝土组合框架作了如下定义：一个组合结构框架是指结构中的部分或全部梁、柱为组合构件，而其余的构件均为钢构件的框架结构。其中，不考虑结构中其他类型构件的使用，例如混凝土、预应力混凝土构件及砖石砌块等。与钢筋混凝土或预应力钢筋混凝土框架相比，由此定义的组合框架性能比较接近钢框架。目前，我国研究人员和结构工程师普遍采用的组合结构定义为：将钢结构与混凝土结构通过某种方式组合在一起共同工作的一种结构形式。因此，主要承重构件为钢-混凝土组合构件的结构，为钢-混凝土组合结构。因此，组合框架结构的范围也随之扩大。本书所指钢-混凝土组合框架结构均采用此定义，考虑主要承重构件（梁和柱）部分或全部为钢-混凝土组合构件，而其余构件为钢筋混凝土构件或钢构件的框架结构。下面分别从试验研究和计算分析两个方面介绍钢-混凝土组合框架结构（钢管混凝土框架和组合梁框架）的研究现状。

1.2.1　钢-混凝土组合框架的试验研究

对于常用的钢-混凝土组合结构体系来讲，钢-混凝土组合框架是其基本结构，广泛应用于钢-混凝土组合框架结构、钢-混凝土组合框架-核心筒结构、组合框筒结构等多种结构体系中。组合框架作为组合结构的基本结构有不同的类型，如钢管混凝土柱框架、型钢混凝土框架、组合梁框架等。目前对钢管混凝土框架和型钢混凝土框架的试验研究相对较多，但对组合梁框架尤其是组合梁-钢管混凝土柱框架的试验研究工作较少[27, 29-31][49]。

对于钢梁-钢管混凝土柱框架结构，目前开展的低周反复水平荷载试验研究主要有：钟善桐、张文福等[32]对 4 个钢梁-圆钢管混凝土柱单层单跨框架进行了恒定轴力和水平往复荷载共同作用下的试验研究。研究了轴压比、长细比、梁柱线刚度、钢材的屈服弯矩比对滞回曲线形状的影响。结果表明，试件的侧向力和位移的滞回环很饱满，刚度退化缓慢，表现出很大的延性和很高的抗震耗能能力。李斌等[33]进行了工字梁-单层单跨圆钢管混凝土柱平面框架的试验研究，实测结果表明，钢管混凝土框架具有良好的变形能力，曲线形状饱满，无捏拢现象，基本无刚度、强度退化现象。李忠献等[34]对一榀 2 跨 3 层钢梁-圆钢管混凝土柱框架结构模型，进行恒定竖向荷载和低周反复水平荷载共同作用下的抗震性能试验研究。结果表明：框架的变形能力、承载能力、延性、耗能能力等性能均满足延性框架的抗震要求，由此可以得到钢管混凝土框架结构的抗震性能优于钢筋混凝土框架结构和钢框架结构。王来、王铁成等[35]设计了一榀 2 跨 3 层钢梁-方钢管混凝土柱框架模型，通过拟静力试验研究了框架在低周反复水平荷载作用下的滞回性能，并进一步探讨了承载力、延性、耗能及变形能力、刚度退化和破坏机制等性能。王文达、韩林海等[36]进行了 4 组 12 榀钢梁-圆形及方形截面钢管混凝土柱平面框架在恒定轴力和水平往复荷载共同作用下的试验研究，研究了柱截面形状、含钢率、轴压比、梁柱线刚度比等变化时钢梁-钢管混凝土柱平面框架的力学性能及破坏规律。结果表明，钢管混凝土框架具有良好的抗震耗能能力。王静峰，王海涛等[37]进行了 2 榀两层单跨钢管混凝土柱与钢梁单边高强螺栓端板连接框架试件的拟静力试验，研究柱截面类型和端板类型对框架破坏形式和抗震性能的影响。Matsui[38]和 Morino、Kawaguchi 等[39,40]进行了单层单跨的 H 型钢梁-方钢管混凝土柱平面框架在反复荷载作用下的试验研究。上述试验研究得到的钢管混凝土框架的滞回曲线饱满，稳定性好，没有明显的刚度退化现象，说明此类结构体系具有良好的抗震性能。

对于钢梁-钢管混凝土柱框架结构，开展的振动台试验研究主要有：童菊仙等[41]对一个 5 层 2 跨两开间的方钢管混凝土柱-钢梁框架结构，进行了无侧向耗能支撑和有侧向耗能支撑两种结构体系的动力特性试验和地震模拟振动台试验。许成祥等[42]对一个单跨 8 层两开间钢管混凝土柱-钢梁框架结构模型进行了模拟地震振动台试验。研究了模型结构在地震作用下加速度、位移和应变反应。黄襄云、周富霖[43]进行了 2 跨 5 层钢骨混凝土梁-圆钢管混凝土柱平面框架振动台试验研究。以上试验结果均表明，根据现行规范所设计的钢管混凝土柱框架能满足地震区的抗震设防要求，具有较好的抗震性能。

钢-混凝土组合梁框架的试验研究主要有：Kuniaki 等[44]分别对单层单跨的钢框架和组合梁-钢框架两种形式的平面框架进行了低周反复荷载试验和拟动力试验研究，研究了混凝土楼板组合作用对框架结构性能的影响。试验结果表明，混凝土楼板组合作用对钢框架结构的动力性能有很大的影响，增加混凝土楼板后在相同强度的地震作用下钢框架结构的顶点位移和梁端转角都有所减小。薛伟辰、李杰等[45]对预应力组合梁-钢框架的抗震性能进行了试验研究和滞回性能分析。基于预应力组合梁-钢框架的低周反复荷载试验，对其破坏形态、破坏机制、位移延性、耗能能力、刚度退化、变形恢复能力等抗震性能进行了较为系统的研究，并根据试验结果编制了预应力组合梁-钢框架滞回分析程序，计算值和试验结果吻合较好。研究结果表明，这种预应力组合梁框架具有较好的抗震性能。聂建国等[46]分别对 6 组 4 柱距、4 层单跨钢框架（无支撑、带水平支撑）和组合梁-钢框架（无支撑、带水平支撑）两种形式的框架结构进行了拟静力及低周反复荷载试验，研究了钢框架与组合框架、组合框架与带楼面支撑组合框架在弹性阶段抗侧力性能的差异以及考虑组合作用以后取消楼面水平支撑的可行性，并研究了塑性阶段组合楼盖的隔板性能，以及楼板组合作用对钢框架结构性能的影响。杜新喜、程晓燕等[47,48]针对组合框架梁在梁端存在较大负弯矩及混凝土不能承受较大拉应力的状况，提出了在框架梁的负弯矩区段采用 T 型钢梁加强的组合框架梁模型。通过两个组合框架梁单层框架足尺模型的试验研究，得到新型组合框架梁的荷载-挠度曲线，截面应变分布曲线。根据试验结果，T 形加强截面能有效提高梁的刚度，使框架梁刚度分布趋于合理。

对于钢-混凝土组合梁-钢管混凝土柱框架，目前开展的试验研究很少。主要有：宗周红、林东欣[49]进行了一榀 2 层单跨组合梁-圆钢管混凝土柱平面框架结构的拟静力和拟动力试验研究和弹塑性地震反应分析。研究了此类结构在地震作用下的动力反应、恢复力特性和耗能性能。试验结果显示，累积损伤导致结构底层刚度的较大弱化，结构基频下降，钢管混凝土柱屈服，角区混凝土开裂，结构呈现较好的变形延性。根据试验结果建立了一个预测组合框架结构在地震作用下弹塑性性能的分析模型，理论计算和试验结果基本吻合。试验和计算表明，这种形式的组合梁-钢管混凝土框架结构具有良好的抗震性能。朱喻之[50]完成了一榀 4 跨 2 层组合转换梁-矩形钢管混凝土柱框架模型的竖向荷载试验及水平往复荷载试验，研究了模型的受力性能和破坏机制。伍振宇[51]对 4 榀以长细比为基本参数的组合梁-钢管混凝土柱框架开展了低周反复水平荷载作用下的拟静力试验，考察此类结构的抗震性能以及不同长细比对抗震性能指标的影响。结果表明框架的破坏机制表现为"强柱弱梁"型，梁端先形成塑性铰，柱下端后形成塑性铰。试件在屈服阶段强度与刚度均发生了缓慢的退化，随着长细比的增大，框架承载能力降低，位移延性系数减小。刘海峰[52]对三榀单层单跨组合梁-钢管混凝土柱框架开展了不同轴压比下的低周反复荷载试验，考察此类框架的抗震性能以及不同轴压比对其抗震性能指标的影响。结果表明：随着轴压比的增大，结构屈服提前，极限承载力下降；混合框架强度退化不明显，轴压比越大，强度退化呈增大的趋势；能量耗散系数和等效黏滞阻尼随轴压比增大而增大。聂建国、黄远等[31]为研究钢梁与混凝土楼板的组合作用对钢-混凝土组合框架体系的刚度、承载力及耗能能力的影响，并考察组合框架结构在大震作用下进入弹塑性阶段的受力性能，进行了2榀足尺方钢管混凝土组合框架的低周反复荷载试验。王静峰、潘学蓓等[29]对2榀两层单跨钢管混凝土柱与组合梁单边螺栓端板连接组合框架进行拟动力试验研究，研究了El-Centro地震波作用下结构的加速度反应和位移响应，分析了滞回性能、刚度、延性和耗能能力等，评价了梁柱半刚性连接和楼板组合效应对组合框架结构整体性能的影响。戚菁菁、武霞等[53]为研究钢-混凝土组合框架在地震作用下动力性能及破坏形式，为钢-混凝土组合框架在地震区的使用提供依据，进行了1/3比例钢管混凝土柱-钢混凝土组合梁组合框架结构模型振动台试验研究。

1.2.2 钢-混凝土组合框架的计算研究

随着计算机技术的发展，数值计算方法在工程实践中得到了广泛的应用。研究者可以通过有限元方法对组合框架结构进行精确的分析。在钢-混凝土组合结构计算中，采用精细的有限元模型可以分析构件截面的应力、应变分布，整体和局部屈曲，交界面滑移，混凝土开裂，钢材屈服等复杂问题，并得到较为准确的结果。但受技术条件的限制，这种精细的有限元模型分析方法还不适用于大型结构的整体分析。对于框架结构，通常采用杆系单元模型对结构进行整体分析。在弹性阶段，结果是足够精确的；对于塑性阶段，运用较多的是塑性铰方法，研究表明，采用塑性铰方法对组合框架结构进行分析是可行的，其计算精度能够满足工程要求[54-56]。

目前对钢管混凝土框架开展的理论研究和计算分析主要有：王文达、韩林海等[57]基于非线性有限元理论，对影响钢管混凝土框架荷载-位移骨架曲线的主要因素进行了分析，建立了单层钢管混凝土框架的荷载-位移恢复力模型。孙修礼、梁书亭等[58]使用非线性分析程序分析了钢梁-钢管混凝土柱和钢

7

筋混凝土梁-钢管混凝土柱两类框架结构的骨架曲线。聂建国等[59]对一个 10 层方钢管混凝土框架结构进行了 Pushover 分析，为方钢管混凝土框架结构的抗震性能分析提供了参考数据。黄襄云、周福霖等[60]分别对圆钢管混凝土柱及钢筋混凝土柱 5 层框架结构进行了抗震性能对比试验研究，并从理论上分析比较了两种结构的动力特性，多种地震波输入下的结构加速度反应和位移反应，综合评定了钢管混凝土结构的抗震性能。李向真等[61]利用杆系模型理论，对高层钢管混凝土结构简化模型进行了非线性弹塑性时程分析。何文辉[62]采用基于纤维模型非线性梁柱单元和非线性弹簧单元，对一榀 10 层钢梁-钢管混凝土组合结构进行了模态分析、静力推覆分析和时程分析，并对其结果进行性能评价。陈雪莲[63]采用 Perform-3D 软件建立一榀 3 跨 10 层的钢梁-方钢管混凝土组合框架的有限元分析模型，对结构进行在 4 个不同烈度地震作用下的弹塑性时程分析，深入地研究了框架的受力机理与破坏过程。王文达、韩林海[64]在考虑材料非线性与几何非线性的基础上，基于 OpenSees 求解平台，采用非线性纤维梁-柱单元理论，对单层单跨钢梁-钢管混凝土柱平面框架进行了往复加载荷载-位移滞回关系的计算。计算结果表明：在一定的材料强度范围内，理论值与实验值吻合良好，为进一步的钢管混凝土混合框架滞回性能分析与动力时程分析提供了参考。在此基础上，王文达、王军（2012）[65]对某 10 层钢管混凝土混合框架进行了设防烈度为 8 度时的多遇、罕遇远场地震动作用下的弹塑性时程分析，并与 Pushover 分析结果作了对比。安钰丰、李威（2012）[66]基于 ABAQUS 软件建立了钢梁-钢管混凝土柱平面框架结构的有限元计算模型，探讨了混合框架的倒塌判断标准。采用构件拆除法对结构进行了分析，研究倒塌工况下结构的变形和内力分布情况。

20 世纪 70 年代中期以来，日本对组合梁-钢框架的抗震设计方法进行了深入细致的研究，建立了组合框架梁的弹性及弹塑性刚度矩阵，为进行地震反应分析打下了基础[67]。Richard Liew[68]提出了一种非线性分析方法来研究组合梁-钢框架的极限状态。我国在 20 世纪 90 年代初期由哈尔滨建筑大学开始对组合梁-钢框架的抗震性能进行研究，已对组合梁的弯矩-曲率滞回特性、栓钉连接件的低周往复荷载作用下的性能进行了初步研究[67]。陈戈等[46]对已有钢-混凝土组合梁研究成果进行了总结，建议了简化框架组合梁的弯矩-曲率骨架曲线，并对组合梁-钢框架进行了 Pushover 分析。王元清，王锁军等[69,70]研究了组合梁刚度、组合节点刚度对组合梁-钢框架结构弹性抗震性能的影响。

到目前为止，对组合梁-钢管混凝土框架结构研究较少，主要有：蒋丽忠等[71]根据组合梁-钢管混凝土框架结构的实验结果，建立了适用于组合结构的三线性刚度退化恢复力模型，对组合梁-钢管混凝土框架结构的弹塑性时程反应进行了分析。刘晶波等[30,72]修正了原有的钢-混凝土组合梁三折线弯矩-曲率骨架曲线，建立了组合梁的四折线的弯矩-曲率骨架曲线模型，采用非线性有限元软件对组合梁-方钢管混凝土框架结构进行了 Pushover 分析和弹塑性动力时程分析，为组合框架结构的设计提供参考。在此基础上，刘晶波、刘阳冰等[27,73]为了研究钢-混凝土组合框架结构体系的抗震性能，分别建立了组合梁-方钢管混凝土柱框架结构、钢梁-方钢管混凝土柱框架结构、组合梁-等刚度 RC 柱框架结构、钢梁-等刚度 RC 柱框架结构和 RC 框架的结构模型，并对这 5 种结构进行了模态分析、多遇地震下的反应谱分析、弹性时程分析和罕遇地震下的弹塑性时程分析；为了全面研究钢-混凝土组合框架结构的抗震性能，对某典型的 15 层组合梁-方钢管混凝土柱框架结构进行了参数分析，讨论了方钢管混凝土柱截面含钢率、楼板厚度和组合梁钢梁高度变化对结构抗震性能的影响规律。

综上所述，对于钢-混凝土组合框架结构尤其是组合梁框架（包括组合梁-钢管混凝土框架）的试验研究和理论分析相对较少。且目前结构设计人员在进行组合梁框架结构设计时，仅仅按照钢梁进行设计。但试验证明，钢梁和混凝土楼板存在着显著的组合作用，抗剪连接件始终能够传递钢梁与混凝土楼板之间的纵向剪力，也能抵抗混凝土楼板与钢梁之间的掀起作用[74]。因此迫切需要对不同形式的组合框架尤其是组合梁-钢管混凝土框架开展系统的研究，比较不同类型框架受力和变形性能的差别。

1.3　框架-核心筒结构体系研究现状

随着结构高度的增高，建筑功能既要求结构平面布置有较大的灵活性，又要求结构能满足风和地震作用的考验。因此在框架结构中设置部分剪力墙，使框架和剪力墙两者结合起来，取框架结构和剪力墙结构两者之长，形成框架-剪力墙结构。如果把剪力墙布置成筒体，又可称为框架-核心筒结构体系。筒体的承载能力、侧向刚度和抗扭能力都较单片剪力墙有很大提高。框架结构具有布置灵活的优点，而剪力墙结构具有良好的抗侧力能力，结合后的结构体系可以广泛满足一般建筑功能的要求，是一种较好的结构体系，也是目前高层建筑结构中广泛采用的结构体系。框架-核心筒结构的另一个优点是它适用于采用钢筋混凝土内筒和钢框架或组合框架组成的混合结构或组合结构。例如上海静安希尔顿酒店（43层，144 m）采用了钢框架-混凝土核心筒结构形式，深圳赛格广场大厦（70层，279 m）采用了钢管混凝土框架-混凝土核心筒结构形式，深圳中兴通讯研发大楼（36层，153 m）采用了组合梁-钢管混凝土柱框架-混凝土核心筒结构形式。

1.3.1 剪力墙弹塑性分析模型

钢筋混凝土剪力墙非线性分析的模型可分为两大类：一类为基于固体力学的微观模型。微观单元模型要求将结构划分为足够小的单元，因此计算量较大，只适用于构件或较小规模结构的非线性分析，对于大型结构的非线性分析，微观单元模型是不适用的。另一类为以一个构件为一个单元的宏观模型，这类模型是通过简化处理将剪力墙化为一个非线性单元，这种模型存在一定的局限性，一般只有在满足其简化假设的条件下，才能较好地模拟结构的真实形态。宏观模型相对简单，适用于大型结构的分析，是目前剪力墙结构整体分析中最常用的模型。常用的几种剪力墙宏观模型如下：

1. 等效柱模型

等效柱模型中，在矩形剪力墙的上下两对节点分别用刚性梁连接，在两刚性梁中点的连线（轴线）上串联布设弯曲弹簧、轴向弹簧和剪切弹簧，可以反映剪力墙的弯曲变形、剪切变形和竖向变形，如图 1.1 所示。

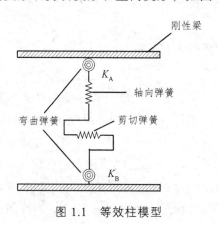

图 1.1 等效柱模型

2. 斜撑模型

斜撑模型中，剪力墙的上下两对节点分别用刚性梁连接，在剪力墙的四个节点之间分别布设两竖向（轴向）杆和两交叉的斜撑杆，如图 1.2 所示。弯曲变形由轴向变形代表，剪切变形由斜撑变形代表。斜撑模型对以剪切变形为主的剪力墙比较有效。

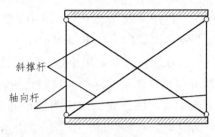

图 1.2　斜撑模型

3. 三垂直杆单元模型

Kabeyasawa 等[75]在 1984 年提出了宏观三垂直杆单元模型，如图 1.3 所示。三个垂直杆元由位于楼层上下楼板位置处的无限刚性梁连接。其中，外侧的两个杆元代表了墙的两边柱的轴向刚度，中间的单元由垂直、水平和弯曲弹簧组成，各代表了中间墙板的轴向、剪切和弯曲刚度，墙体的滞回特性由这三个杆元分别模拟。这个模型的主要优点是克服了等效梁模型的缺点，能模拟墙横截面中性轴的移动，而且物理意义清晰，但弯曲弹簧刚度的确定存在一定的困难，弯曲弹簧的变形也很难与边柱的变形协调。

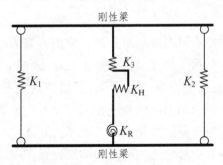

图 1.3　三垂直杆单元模型

国内外许多学者对三垂直杆单元模型进行了改进或简化，提出了很多模型，其中两元件模型应用较多。孙景江等推导了二元件模型墙单元的刚度矩阵,并对剪切弹簧和弯曲弹簧恢复力骨架曲线的取值给出了简单实用的算法,具有较高的精度[76]。

4. 多垂直杆单元模型

为了解决三垂直杆单元模型中的弯曲弹簧与两边柱变形协调的问题,基于模拟弯曲性能纤维单元模型的思想,Vulcano 等[77]于 1988 年提出了一个修正模型,即多垂直杆元模型。在多垂直杆模型中,用几个垂直弹簧来替代弯曲弹簧,剪力墙的弯曲刚度和轴向刚度由这些垂直弹簧代表,剪切刚度由一个水平弹簧代表,如图 1.4 所示。这样,只需给出单根杆件的拉压或剪切滞回关系,而避免了弯曲弹簧滞回关系难以确定的问题,同时还可以考虑中性轴的移动。模型中剪切弹簧距离底部刚性梁的距离 ch(h 为墙单元高度),代表了弯曲中心的位置,应该根据层间曲率分布加以确定,不同学者给出了参数 c 的不同取值方法,一般在 0.33 到 0.5 之间。多垂直杆单元模型目前使用比较广泛。

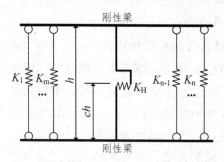

图 1.4　多垂直杆单元模型

5. 多弹簧模型和纤维墙模型

多弹簧模型将构件不同的变形组分用相应的弹簧表示,各弹簧有相应的滞回模型,如图 1.5 所示。纤维墙模型是指将墙板和边缘柱或翼墙离散为纤维束,每个纤维基于材料的应力-应变关系,纤维束通过平截面假定建立联系,可以方便考虑墙体弯矩和轴力间的相互作用以及分布非线性。墙板、边缘柱或翼墙的剪切变形分别用剪切弹簧表示,如图 1.6 所示。这两个模型是非线性有限元软件 CANNY 中最常用的剪力墙非线性模型[78]。

文献[79]分别采用多弹簧模型和纤维模型对框架-剪力墙结构模型进行分析,结果表明:多弹簧模型虽然计算稳定,但由于没有考虑弯矩和轴力间的相互作用,计算结果存在着一定的误差。纤维墙模型虽然能较好的模拟单个构件，但对多个构件的情况存在计算不稳定的现象。

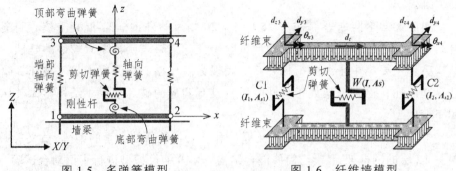

图 1.5　多弹簧模型　　　　　　　图 1.6　纤维墙模型

近年来有些学者提出了新的剪力墙模型，如吕西林[80]基于框架杆系纤维模型提出了纤维墙元模型；叶列平、陆新征等[81]以有限元程序为平台，提出了适用于剪力墙结构非线性分析的分层壳墙单元，可以考虑面内弯曲—面内剪切—面外弯曲之间的耦合，可较为准确地描述实际剪力墙的复杂非线性行为。随着现代计算机计算能力的快速提升，近年来能更全面合理反映剪力墙受力性能的微观模型应用越来越广泛，而宏观模型的应用已较少。

1.3.2　试验研究现状

《高层建筑混凝土结构技术规程》（JGJ 3—2010）[82]中的"混合结构"是指由钢框架或型钢混凝土框架与钢筋混凝土筒体所组成的共同承受竖向和水平作用的高层建筑结构。与钢-混凝土组合框架-混凝土核心筒体系的高层组合结构对比可以看出，两者有一定的交叉，型钢混凝土框架-混凝土核心筒结构既为组合结构也为混合结构。本书所指混合结构采用《高层建筑混凝土结构技术规程》（JGJ 3—2010）中的定义，将型钢混凝土框架-混凝土核心筒结构归属于混合结构。下面首先介绍钢-混凝土混合结构的试验研究。

中国建筑科学研究院结构所龚炳年等[83]于 1994 年对一幢 23 层的钢框架 混凝土核心筒混合结构 1∶20 缩尺模型的动力特性进行了试验研究。试验结果表明：结构的阻尼比约为 3% ~ 4%；模型的整体工作性能较好，具有优于钢结构的刚度特性，优于钢筋混凝土结构的变形性能，完全可以应用于 8 度地震区；结构的顶点位移限制值可以根据钢结构部分与钢筋混凝土结构部分的比例取为 1/300 ~ 1/700，而极限位移约为 1/40H（H 为建筑物总高度）。

试验还表明，良好的钢-混凝土构件连接是保证钢-混凝土混合结构抗震性能的关键。

同济大学李国强等[84]对一 25 层 1∶20 缩尺的外钢框架-混凝土核心筒混合结构模型进行了模拟地震振动台试验研究。结果表明模型有较好的延性。结构破坏主要集中于混凝土核心筒，表现为底层核心筒混凝土受压破坏、暗柱纵筋压屈，而钢框架处于弹性阶段，没有明显的破坏现象。结构整体破坏属于弯曲型。

中国建筑科学研究院的储德文等[85]和西安建筑科技大学的梁博、黄义等[86]对一 12 层的钢框架-混凝土筒体混合结构 1∶10 缩尺模型进行了振动台试验。试验结果表明：结构的破坏集中于混凝土筒体，钢框架基本处于弹性阶段，没有明显的屈服或破坏现象。钢框架可以起到第二道防线的作用，整体破坏属于弯曲型。混合结构的抗震性能在很大程度上取决于混凝土筒体，钢框架对整个结构的贡献是为混凝土筒体提供侧向弹性支撑。并建议在混凝土筒体内预埋尺寸较小的构造用钢柱和钢梁，钢框架与混凝土筒内暗埋的钢柱直接连接。

对型钢混凝土框架-混凝土核心筒混合结构开展的试验研究主要有：

同济大学吕西林、李检保等以北京 LG 大厦、上海世茂国际广场和上海环球金融中心大厦为原型，分别采用 1∶20、1∶35 和 1∶50 的缩尺比例对三个外形钢混凝土框架-混凝土核心筒混合结构整体模型进行了振动台试验。研究了不同强度地震下，结构的破坏机理和破坏模式。试验结果表明结构均满足我国抗震设防目标，并对原型结构设计提出了若干建议[87-90]。

中国建筑科学研究院徐培福、薛彦涛等[91]进行了一个 30 层型钢混凝土框架-核心筒混合结构的 1∶10 缩尺的拟静力试验。试验结果表明：型钢混凝土框架与核心筒协同作用，整体结构有较高的承载能力，也具有一定的延性，抗震性能较好。试验中结构未发生剪切破坏，最终破坏形态是倾覆力矩作用下底部核心筒受拉墙肢及受拉侧外框柱被拉断。

对于钢-混凝土组合框架-混凝土核心筒组合结构开展的试验研究主要有：

Han Lin-Hai 等[92]对两个 30 层的方钢管、圆钢管混凝土框架-混凝土核心筒结构 1∶20 缩尺模型进行了模拟地震振动台试验研究，分析了此类结构的自振特性、地震反应特性和破坏特征。试验结果表明：在小震、中震和大震阶段，结构未发生明显的集中破坏。结构发生破坏时，首先由混凝土核心筒开始，然后至钢管混凝土柱。

韩春、李青宁等[93]为研究带现浇混凝土楼板的框架-剪力墙组合结构体系的抗震性能，对一个 3 层 2 跨缩尺比例为 1：4 的钢管混凝土框架-剪力墙组合结构进行了等效单自由度拟动力试验研究。试验结果表明：带现浇混凝土楼板的刚性可以保证结构的空间整体性和水平力的有效传递，该组合结构体系具有良好的抗震性能，满足抗震设防烈度为 7 度的抗震要求。

任凤鸣[91]对钢管混凝土框架-核心筒减震结构的抗震性能进行了研究，设计制作了缩尺比例为 1：4 的钢管混凝土框架和钢管混凝土减震框架及钢管混凝土框架-剪力墙结构和钢管混凝土框架-剪力墙减震结构等 4 种结构模型，对其进行了低周反复荷载作用下的抗震性能试验。结合试验数据，分析研究了模型结构的滞回性能、骨架曲线、刚度、强度、耗能指标和应变等性能，研究结果表明：钢管混凝土减震框架和钢管混凝土框架-剪力墙减震结构因设置防屈曲支撑改变了结构的受力性能和破坏模式、延缓了塑性铰的开展。

王先铁、周清汉等[95]对 3 个单跨两层 1：3 比例的方钢管混凝土框架-薄钢板剪力墙试件进行了低周反复荷载试验，研究了十字加劲薄钢板剪力墙的抗震性能，并与方钢管混凝土框架-非加劲薄钢板剪力墙比较。

国外对钢-混凝土混合结构体系的研究主要集中在构件、外框架与混凝土核心筒连接节点和外框架或墙体单独反应的层次上，缺乏整体结构模型的振动台试验研究。

1.3.3 理论研究

对于高层混合结构，《高层建筑混凝土结构技术规程》（JGJ 3—2010）中只列出了钢框架-混凝土筒体和型钢混凝土框架-混凝土筒体两种体系的最大弹性层间位移角限值，对弹塑性阶段的层间位移限值并没有明确规定。对于钢管混凝土框架-混凝土筒体体系，《矩形钢管混凝土结构技术规程》（CECS 159：2004）[96]中规定：当多、高层矩形钢管混凝土结构的主要抗侧力结构为钢筋混凝土结构时，其层间相对位移与层高之比值应按现行行业标准《高层建筑混凝土结构技术规程》（JGJ 3—2010）中的规定采用。《钢-混凝土混合结构技术规程》（DBJ 13-61—2004）[97]给出了钢管混凝土框架-混凝土筒体体系的弹性层间位移角限值，但是位移角限值和《高层建筑混凝土结构技术规程》（JGJ 3—2010）中混合结构限值相同。《建筑抗震设计规范》（GB 50011—2010）[98]中仅给出了全混凝土结构和钢结构的弹性和弹塑性层间位移角限值，对组合结构和混合结构并未做详细的规定。另外，对于框架-核心筒结构体系，外框架与核心筒间的刚度匹配问题，规范[98]或规程[82, 96, 97]中也没有具体的规定。

针对高层组合（或混合）结构位移限值、弹塑性层间位移的实用确定方法以及刚度匹配等问题，目前开展的研究主要有：

李国强等[99]对外钢框架-混凝土核心筒混合结构体系弹塑性地震位移的实用计算开展了研究，提出了进行罕遇地震下该类混合结构弹塑性位移验算时的计算数表。李国强、丁翔等[100]运用弹性力学理论将有害层间位移分离成弯曲变形和剪切变形，建议混凝土剪力墙层间位移角限值约为 1/1 000 ~ 1/6 000。同时，还通过算例分析得出，混合结构的钢框架部分的刚度对结构开裂层间位移角的影响很小，层间位移角限值主要取决于混凝土核心筒。

清华大学钱稼茹、魏勇研究了外钢框架-混凝土核心筒结构刚度特征值变化对结构承载能力、破坏模式和极限时破损程度的影响，给出了外钢框架-混凝土核心筒结构刚度特征值的下限[101]。

田淑明、聂建国对 13 个带加强层的钢框架-混凝土核心筒结构和 18 个无加强层的钢框架-混凝土核心筒结构进行了反应谱分析和弹塑性动力分析，给出了钢框架-混凝土核心筒结构在弹性阶段和弹塑性阶段位移限值的取值建议。同时，通过对框架-核心筒混合结构的理论推导，确定了刚度比参数的合理取值范围，提出了适用于正常使用阶段的合理刚度选择流程[79]。

楚留声、白国良对不同结构刚度特征值和核心筒高宽比的型钢混凝土框架-混凝土筒体混合结构进行了 Pushover 分析。研究了结构刚度特征值和核心筒高宽比对混合结构破坏模式、变形特征和框架与核心筒协同受力性能的影响，对结构设计宏观位移控制指标、框架剪力分担率等提出了建议[102]。

对于钢-混凝土组合框架-混凝土核心筒结构体系，目前开展的研究工作不多，且主要集中在单个结构罕遇地震下抗震性能的分析。主要的工作有：邹晋华[103]和胡潇等[104]对比了钢筋混凝土-剪力墙结构和钢管混凝土-剪力墙结构的非线性地震反应，综合评定了钢管混凝土结构的抗震性能，为该类结构的设计和施工提供了一定的参考依据。赵干荣等[105]对钢管混凝土框架-混凝土核心筒体系的动力特性进行了研究，考查了结构在罕遇地震作用下的动力特性，研究了钢管混凝土截面含钢率变化和混凝土筒体内加暗柱对结构整体地震反应的影响。侯光瑜等[106]对北京的 LG 大厦塔楼钢-混凝土组合框架-核心筒结构进行了弹塑性动力时程分析，计算分析表明这种结构体系通过合理设计和构造可以用于高烈度地震区。屠永清等[107]以一典型的平立面较为规则的钢管混凝土框架-混凝土核心筒结构为例，采用 Pushover 方法对结构在罕遇地震下的抗震性能进行了分析。

由以上分析可知，对于钢-混凝土组合框架-混凝土核心筒体系中存在的主要抗震性能问题还没很好地解决：如位移限值、弹塑性位移的实用算法、核心筒与外组合框架的合理刚度比、破坏机制等。规范[98]或规程[82, 96, 97]也没有具体规定，尚缺乏系统的可供参考的定量指标。

1.4 结构抗震分析方法综述

结构地震反应分析是现代抗震设计理论的核心内容，是确定结构地震需求的关键步骤，真正意义上的地震反应分析是从 20 世纪 40 年代开始的。由于结构地震反应取决于地震动和结构动力特性，因此地震反应分析也随着这两方面认识的深入而发展。结构地震反应研究经历了三个方面的发展：从线性弹性分析发展到非线性弹塑性分析；从确定性分析发展到可靠度分析；从等效静力分析阶段发展到动力分析阶段和能量分析阶段。

根据计算分析理论的不同，地震反应分析方法可分为静力分析方法、反应谱分析法和动力分析法等。下面简要介绍目前常用的分析方法。

1.4.1 静力分析方法

静力分析方法起源于日本，是国际上最早形成的抗震分析理论。20 世纪初，日本学者提出水平最大加速度是造成地震破坏的重要因素，并提出按等效静力分析求地震效应的方法。将结构看作刚体，不考虑变形对结构的影响，也不考虑地震作用随时间的变化及其与结构动力特性的关系，结构各质点的水平地震作用最大值为该质点与地面运动加速度的乘积。

1.4.2 反应谱分析法

反应谱分析法目前仍是我国抗震规范[98]及高层规程[82]中计算结构地震作用的主要方法，一般有底部剪力法和振型分解反应谱法。传统的反应谱分析法在使用中除应注意建筑抗震设计规范中给出的限制外，还要注意到这一方法本身的限制。采用反应谱分析时，结构和地震动应满足以下限制条件：

（1）结构体系的地震反应是线弹性的，因而可以采用叠加原理进行计算。

（2）结构所有支承处的地震动完全相同，即采用刚性基础假设，不考虑基础和地基的相互作用。

（3）结构的最不利地震反应为其最大地震反应，而与其他动力反应参数无关，例如到达最大值附近的次数和概率等。

（4）地震动过程是平稳随机过程，因而可以用"平方和开平方"方法求总体反应。

然而随着计算理论的发展，国内外学者在传统反应谱分析方法的基础上提出了许多新的反应谱方法，例如：多维地震动作用下结构的反应谱分析法[108]、多点非一致激励反应谱分析法[109]以及非线性反应谱分析法[110]等，使该方法的应用范围扩大。反应谱分析法在结构抗震分析方法的发展中具有非常重要的贡献，是目前各国抗震规范中给出的一种主要抗震分析方法。

1.4.3 动力时程分析法

动力时程分析法通过对结构运动微分方程直接进行逐步积分求解，得到各质点随时间变化的位移、速度和加速度反应，进而计算出构件内力的时程变化关系。

工程中常用比较简单的弹性动力时程分析方法来进行结构的地震反应分析，对于大多数需要进行弹塑性变形验算的结构，规范中要求采用静力弹塑性分析方法（Pushover方法）或弹塑性时程分析方法进行验算。当前国内外抗震设计的发展趋势，是根据结构在不同超越概率水平地震作用下的性能或变形要求进行设计，结构弹塑性分析将成为抗震设计的一个必要组成部分。

弹塑性时程分析方法，理论上是精确的，可以模拟结构整体或构件进入塑性阶段后强度和刚度的退化情况，求解每一时刻、每一构件的内力和弹塑性位移。但该方法受诸如地震波选取、单元或材料滞回模型、阻尼模型、计算程序或算法等因素的影响，计算量大，计算成本相对较高。但是随着科技的进步和计算机技术的发展，弹塑性时程分析方法已经成为进行罕遇地震下结构反应分析和倒塌模拟研究的有效方法之一。

1.4.4 静力弹塑性（Pushover）分析方法

近年来，广泛应用的结构静力弹塑性分析方法或称Pushover分析方法也是一种静力分析法。Pushover 分析方法概念清晰，实施相对简单，计算成本较低，应用较为广泛，是当前进行罕遇地震作用下结构弹塑性地震反应分析的有效方法之一。

Pushover 分析方法主要用于结构的抗震设计和评估，以非线性变形来评估强地震作用下结构的抗震性能，能清晰地表示结构的变形行为，可满足不同性能需求的抗震设计和评估。该方法基本原理：在结构分析模型上施加按某种方式分布的侧向力用来模拟地震水平惯性力，并逐级单调加大，直到结构达到预定的状态（位移超限或达到目标位移），然后评估结构的性能。

Pushover 方法用于结构抗震性能评估可以从宏观和微观两个角度进行。宏观角度可以通过结构反应与性能目标进行对比以此来判断是否满足功能要求，可以计算结构的整体损伤状况，也可以通过塑性铰分布来判断结构是否有薄弱层，是否符合"强柱弱梁"的延性框架假设等。微观角度可以计算构件的损伤状况，通过构件的变形与构件极限能力的比较，判断是否存在薄弱构件。

Pushover 方法弥补了传统静力线性分析方法如底部剪力法和振型分解反应谱法等的不足，克服了动力时程分析方法的困难。与以往的抗震静力计算方法不同之处主要在于引入了设计反应谱作为结果评价的尺度。

常规的 Pushover 方法对于体系振动以基本振型为主的结构是足够精确，但是对于振动受高阶振型影响较大的结构，计算的目标位移则偏于保守。为了考虑高阶振型的影响，Chopra 等[111]提出了模态推覆分析（Modal Pushover Analysis，即 MPA），Gupta 等[112]提出了采用自适应加载方式的推覆分析（Adaptive Pushover Analysis）。沈蒲生等[113]应用多模态 Pushover 分析方法对高层混合结构体系的抗震性能进行了评估。

1.5 结构地震易损性分析研究

由于经济迅速发展，城市人口急剧膨胀，一次破坏性地震造成的灾害越来越严重，这就使地震灾害的风险分析越来越得到重视。由于地震预测预报是世界性的难题，对地震灾害进行风险分析成为当前工程中主要的防震减灾措施。地震风险分析包括地震危险性分析、地震易损性分析和地震灾害损失估计三个方面[114]。地震危险性分析是工程地震学的研究内容；地震易损性分析则是地震工程学和结构工程学的主要研究内容，涉及到震害调查、结构抗震试验、工程地震动的模拟、工程结构的地震反应分析、结构的抗震可靠度分析等内容，可以预测结构在不同等级的地震作用下发生各级破坏的概率。因此结构地震易损性研究对结构的抗震设计、加固和维修决策具有重要的应用价值，是正确合理地分析各类建筑物的抗震性能、提高建筑物的抗震能力、减少损失的有效途径。地震易损性分析可用于结构的抗震加固，灾后的应急响应计划和直接经济损失估计。

地震易损性（Seismic Fragility）是指一个确定区域内由于地震造成损失的程度。以易损性曲线的形式研究地震易损性是一种应用广泛的方法[115]。易损性传统的定义为在某一特定的地震烈度作用下，结构遭受特定状态损伤的概率。在地震工程中，易损性定义为在给定的地面运动强度下，比如峰值地面加速度、谱加速度、谱位移或地面运动的频谱，结构构件或系统失效的条件概率。结构的地震易损性曲线是评定结构地震可靠性和预测结构震害的基础，因此系统地研究建筑结构地震易损性的分析方法，绘制各类典型工程结构的地震易损性曲线，对于评定结构的地震安全性、预测结构的地震损失、制订防震减灾规划、建立基于可靠度的抗震设计规范和概率性能设计方法以及全生命周期费用优化理论等均具有重要的理论意义和实用价值。

地震易损性曲线是进行结构地震安全性评估的有效方法。结构的地震易损性曲线可以由经验方法和分析方法两种途径获得[116]。经验方法一般基于该类结构已有的地震破坏报告，适用于震害资料比较丰富的结构类型；而分析方法是采用数值模拟的方法通过对结构地震反应的计算分析获得，适用于震害资料缺乏的结构类型。与传统的砌体结构和钢筋混凝土结构相比，钢-混凝土组合结构是一种新型的组合结构形式，在国内外都较少经历过地震的考验，缺乏震害资料，因此不可能得到这类结构的经验易损性曲线。所以分析方法是目前得到这类结构地震易损性曲线的唯一可行方法，但迄今为止对钢-混凝土组合结构地震易损性的研究主要集中于钢管混凝土桥梁[117]，很少对钢-混凝土组合框架[118,119]以及组合框架-钢骨混凝土核心筒结构体系[120]的地震易损性进行研究。

目前，国内外对砌体结构、钢筋混凝土结构、钢结构和桥梁结构的易损性开展了大量的研究，取得了许多成果。现有很多分析方法均可以获得结构的地震易损性曲线[116-124]，通过对现有方法的分析和总结，发现普遍存在：研究对象简单，结构本身随机性考虑不足，结构性能、地震需求等随机变量参数直接来源于规范建议值，不能反映具体结构自身特点等方面的问题。钢-

混凝土组合结构相对比较复杂，且缺少规范给出的性能指标限值，难以直接采用现有的方法。因此，基于现有的易损性分析方法，结合钢-混凝土组合结构的特点，提出合理、可行的基于性能的结构整体地震易损性分析方法是开展这类结构地震易损性研究的基础，也为基于性能的钢管混凝土框架-双钢板混凝土剪力墙结构抗震设计方法的实现提供理论依据。

基于性能的抗震设计方法是结构抗震设计理论的进一步完善和发展，结构易损性曲线可以对设计出的结构进行抗震性能评估，这是基于性能的抗震设计方法的一个重要组成部分。要获得基于性能的地震易损性曲线，对结构抗震性能进行评估以及用于基于性能的结构设计，首先需要合理定义结构的性能水平。结构性能水平的定义在形成结构易损性曲线以及进行基于性能的抗震设计中起着至关重要的作用，直接影响了计算和分析结果。国内外对结构性能水平的划分方法不同，例如：FEMA356[125]定义正常使用（Operational Performance）、立即使用（Immediate Occupancy Performance）、生命安全（Life Safety Performance）和防止倒塌（Collapse Prevention Performance）四个结构性能水平；ACT40[50]定义立即使用、生命安全和结构稳定（Structural Stability）三个结构性能水平；我国《建筑抗震设计规范》（GB 50011—2010）在原有"小震不坏，中震可修，大震不倒"目标性能的基础上，参照结构破坏等级的划分，定义结构性能水平为：性能1、性能2、性能3和性能4。结构的性能水平是一种有限的破坏状态，与不同强度地震下结构期望的最大破坏程度相对应。因此在对现有结构性能水平和结构破坏等级划分方法归纳、总结的基础上，定义结构的极限破坏状态，将结构的性能水平和破坏等级联系起来，提出基于结构极限破坏状态的统一的性能水平的划分方法，应用于不同类型结构性能水平的划分具有重要的科学意义。

结构的抗震性能是结构本身具有的抵抗外荷载效应的一种能力，根据衡量准则的不同，包括承载能力、变形能力、耗能能力等。当采用一个物理量来定义结构的破坏状态时，这个物理量必须能标志结构的抗震能力，称之为性能指标。例如对钢筋混凝土框架结构，常采用层间位移角作为性能指标。性能指标的具体取值称为性能水平限值。对于常见钢筋混凝土结构、钢结构和桥梁结构等，国内外规范或研究成果给出了性能水平限值[125, 126]。对钢-混凝土组合结构，目前尚无可以参考的研究成果，其受力和变形性能也不同于钢筋混凝土结构和钢结构，已有其他结构类型性能指标和性能水平限值是否适用，都需要开展进一步的研究。

钢-混凝土组合结构主要用于高层结构中，若在近场强震下发生严重破坏或倒塌，将引起巨大的经济损失和人员伤亡。随着结构抗震设计思想和方法的完善，人们更希望能清楚了解结构在未来地震作用下的破坏状态。因此对钢-混凝土组合结构的地震易损性能进行研究对评定结构的地震安全性和建立基于可靠度的抗震设计规范有重要意义。

1.6 本书的主要研究内容

1.6.1 研究对象和方法

随着钢-混凝土组合结构的发展，其广泛应用于各种体系中，其中组合框架结构体系是结构体系中最简单、也是最基本的。目前大多数多层和小高层结构采用了这种结构形式。由于框架结构在结构高度上的限制以及更多建筑功能的要求，钢-混凝土组合框架-混凝土核心筒结构体系成为近年来高层建筑中常用的结构体系之一。从前面介绍的研究现状可知，对于钢-混凝土组合结构体系，尤其是组合梁-钢管混凝土柱框架和组合梁-钢管混凝土框架-混凝土核心筒这两种组合类型的组合结构体系，目前的研究滞后于应用，在抗震性能和易损性能方面的研究甚少。因此，本书主要研究由方钢管混凝土柱（CFSST 柱）和钢-混凝土组合梁、圆钢管混凝土柱（CFCST 柱）和钢梁构成的钢-混凝土组合框架结构体系以及外框架为钢-混凝土组合框架（由 CFSST 柱和钢-混凝土组合梁组成），内筒为钢筋混凝土核心筒的钢-混凝土组合框架-混凝土核心筒的组合结构体系，着重于体系在地震作用下变形性能、受力性能、破坏机制和地震易损性的研究。另外对新型的组合结构形式双钢板-混凝土组合墙的力学和变形性能进行研究。研究采用理论分析、数值模拟和试验研究两种方法。

1.6.2 研究内容

课题开展的主要研究工作包括以下 5 个方面：

（1）在已有方钢管混凝土构件试验和理论研究的基础上，通过理论分析和方钢管混凝土柱截面的大量参数分析，提出了一种方钢管混凝土柱截面轴力-弯矩相关屈服面的简化确定方法。对现有方钢管混凝土柱和钢-混凝土组合梁的三折线弯矩-曲率骨架曲线进行了修正，提出了适用于强地震下弹塑性分析的钢-混凝土组合梁和方钢管混凝土柱的四折线弯矩-曲率骨架曲线。通过与已有试验结果的对比分析，对数值模型进行了验证，为钢-混凝土组合结构整体的强地震动力反应分析奠定了基础。（第 2 章）

（2）在已有圆钢管混凝土试验和理论研究的基础上，分别采用纤维模型法和实体有限元法对圆钢管混凝土框架结构进行了静力和动力弹塑性对比分析，结果表明两种模型化方法均具有较好的适用性，且是否考虑钢管与核心混凝土间的黏结滑移对计算结果无明显影响。该结论为纤维模型中钢管与核心混凝土之间应变协调符合平截面假定的合理性提供了一定的理论依据。（第 3 章）

（3）开展了组合梁-方钢管混凝土柱框架结构，钢梁-方钢管混凝土柱框架结构、组合梁-等刚度 RC 柱框架结构、钢梁-等刚度 RC 柱框架结构和 RC 框架结构的系列数值模拟研究。对这 5 种框架结构分别进行了模态分析、多遇地震下的反应谱分析和弹性时程分析，比较了用于结构主要承重构件内力设计控制值的差别以及结构位移反应和动力特性的差别，给出组合框架结构设计建议。着重研究了组合梁-方钢管混凝土柱框架结构、钢梁-方钢管混凝土柱框架结构和钢梁-RC 柱框架结构在罕遇地震下的变形性能和破坏状态。初步探讨了实现组合梁-方钢管混凝土柱框架结构的"强柱弱梁"设计方法。（第 4 章）

（4）对钢梁-圆钢管混凝土柱框架结构和组合梁-方钢管混凝土柱框架结构的"强柱弱梁"问题进行了分析，讨论了柱和梁的极限弯矩比与梁柱线刚度比对结构破坏机制的影响。提出了钢管混凝土柱组合框架"强柱弱梁"的设计公式，为组合框架结构的设计提供参考。（第 5 章）

（5）给出了一种基于性能的结构整体地震易损性分析方法。根据结构的 4 个抗震性能水平和 5 个地震破坏等级，定义了结构整体和楼层的 4 个极限破坏状态，从而将结构抗震性能水平和结构破坏等级联系起来。进而提出了基于结构极限破坏状态确定结构抗震性能水平限值的方法。对两种类型的钢-混凝土组合框架结构，分别采用顶点位移和层间位移作为衡量结构抗震性能水平的量化指标，建立了结构破坏等级与量化指标的对应关系。采用本书建议方法，给出了组合梁 方钢管混凝土柱框架结构和钢梁-方钢管混凝土柱框架结构 4 个性能水平的量化指标限值。（第 6 章）

（6）基于蒙特卡罗方法对第 4 章的组合梁-方钢管混凝土柱框架结构和钢梁-方钢管混凝土柱框架结构的材料参数进行了随机抽样，并考虑地震动的随机性，分别对这两个结构共 2 560 个结构-地震动样本，采用弹塑性动力时程分析法对其进行了地震需求概率分析。根据第 4 章的量化性能指标限值和地震需求分析的结果得到结构的地震易损性曲线，对该类结构地震性能进行评估和分析。讨论了地震需求变异性的影响，研究了基于全概率和半概率的结构地震易损性分析方法的差异和转化关系。最后基于易损性分析结果，建议了基于概率的单体结构震害指数的确定方法,并计算了钢-混凝土组合框架结构在不同设防烈度下的震害指数。(第 7 章)

（7）对钢 混凝土组合框架-混凝土核心筒结构的抗震性能进行了弹塑性地震反应分析和参数影响分析。研究了框架伸臂梁不同连接方式,梁柱截面、核心筒厚度、楼层数变化对结构变形和受力性能的影响。建立了钢-混凝土组合框架-混凝土核心筒结构的弹塑性分析模型，并通过与弹性模型模态分析和振型分解反应谱法计算结果进行对比，验证了模型的精确性。探讨了结构的地震破坏模式，分析了结构变形和外框架剪力随地震作用增大的变化规律，可为结构的设计提供参考。对比了 Pushover 分析方法与弹塑性时程分析方法计算结果的差别，初步探讨了静力弹塑性分析方法的适用性。(第 8 章)

（8）进行了 8 片双钢板-混凝土组合墙的轴心受压试验，研究了不同钢材强度和栓钉间距对钢板局部屈曲、整体破坏形态以及承载能力的影响规律。建立了组合剪力墙的有限元分析模型并对试验结果进行了分析。在试验研究和数值分析的基础上，对可能影响墙钢板局部屈曲的各种因素进行了参数影响分析。(第 9 章)

参考文献

[1] 江见鲸，徐志胜，等. 防灾减灾工程学[M]. 北京：机械工业出版社，2005：110-123.

[2] 梶秀树，冢越功. 城市防灾学 ——日本地震对策的理论与实践[M]. 北京：电子工业出版，2016.

[3] 国家地震局震害防御司. 1966—1989 年中国地震灾害损失资料汇编[M]. 北京：地震出版社，2015.

[4] 国家地震局震害防御司. 2006—2010 年中国大陆地震灾害损失评估汇编[M]. 北京：地震出版社，2015.

[5] 刘晶波，杨建国，杜义欣，等. 国家地震紧急救援训练基地可控地震

废墟设计（Ⅰ）——结构地震破坏模式[J]. 自然灾害学报，2006，15（2）：149-156.

[6]   郝际平，孙晓岭，薛强，等. 绿色装配式钢结构建筑体系研究与应用[J]. 工程力学，2017，34（1）：1-13.

[7]   陈勇，陈鹏，吴一红，等. 中国建筑千米级摩天大楼结构设计与研究[J]. 建筑结构，2017，47（3）：1-9.

[8]   孙垚. 钢管混凝框架-组合剪力墙在高层建筑中的应用研究[D]. 东南大学，2016.

[9]   孙军浩，赵秋红. 钢板剪力墙的工程应用[J]. 建筑结构，2015，45（16）：63-70.

[10]   吴昭华，孙芬，邹安宇，等. 天津富润中心超高层结构设计[J]. 建筑结构，2013，43（11）：42-49.

[11]   王立长，王想军，纪大海，等. 大连国贸中心大厦超高层结构设计与研究[J]. 建筑结构，2012，42（2）：74-80.

[12]   聂建国，陶慕轩，樊健生，等. 双钢板-混凝土组合剪力墙研究新进展[J]. 建筑结构，2013，41(12)：52-60.

[13]   刘阳冰，杨庆年，刘晶波.双钢板-混凝土剪力墙轴心受压性能试验研究[J]. 四川大学学报：工程科学版，2016，48（2）：83-90.

[14]   LIN-HAI HAN, WEILI, REIDAR BJORHOVDE. Developments and advanced applications of concrete-filled steel tubular(CFST) structures: Members. Journal of Constructional Steel Research, 2014, 100(1): 211-228.

[15]   韩林海，杨有福. 现代钢管混凝土结构技术[M]. 北京：中国建筑工业出版社，2007:5-6.

[16]   聂建国，樊健生. 广义组合结构及其发展展望[J]. 建筑结构学报，2006，27（6）：1-8.

[17]   李斌，杨晓云，高春彦. 矩形钢管混凝土框架的塑性铰长度研究[J]. 建筑结构，2014，44（9）：34-38.

[18]   范重，仕帅，李振宝，等. 大直径钢管混凝土柱-H形钢梁节点设计研究[J]. 建筑结构学报，2016，37（1）：1-12.

[19]   牟犇，陈功梅，张春巍，等. 带外加强环不等高梁-钢管混凝土柱组合节点[J]. 建筑结构学报，2017，38（5）：77-84.

25

[20] 程曦，聂鑫，樊建生. 方钢管混凝土节点核心区剪切试验及其数值模拟[J]. 建筑结构学报，2017，38（5）：61-68.

[21] 程晓燕，胡松，杜新喜，等. 装配式钢管混凝土柱-混凝土叠合梁连接节点试验研究[J]. 工程科学与技术，2017，49（3）：96-103.

[22] 刘阳冰，文国治，刘晶波. 钢-混凝土组合框架-RC 核心筒结构弹塑性地震反应分析[J]. 四川大学学报：工程科学版，2011，43（2）：51-57.

[23] 王静峰，潘学蓓，彭啸，等. 两层钢管混凝土柱与组合梁单边螺栓端板连接框架拟动力验研究[J]. 土木工程学报，2016，49（10）：32-40.

[24] 黄远，朱正庚，杨扬，等. 端部设肋方钢管混凝土框架柱抗震性能分析[J]. 湖南大学学报：自然科学版，2016，43（1）：89-96.

[25] 戚菁菁，武霞，谢献忠. 钢-混凝土组合框架动力性能参数分析[J]. 湖南科技大学学报：自然科学版，2015，30（4）：74-79.

[26] SKALOMENOS K A, HATZIGEORGIOU G D, BESKOS D E. Modeling level selection for seismic analysis of concrete filled steel tube/moment resisting frames by using fragility curves[J]. Earthquake Engineering & Structural Dynamics, 2015, 44（2）: 199-220.

[27] 刘晶波，刘阳冰，郭冰. 钢-混凝土组合框架结构体系抗震性能研究[J]. 北京工业大学学报，2010，36（7）：934-941.

[28] DD prEN1994-1-1. Eurocode 4: Design of composite steel and concrete structures: Part 1.1 General rules for buildings[S]. European Committee for Standardization. 1994.

[29] 王静峰，潘学蓓，彭啸，等. 两层钢管混凝土柱与组合梁单边螺栓端板连接框架拟动力试验研究[J]. 土木工程学报，2016，49（10）：32-40.

[30] 刘晶波，郭冰，刘阳冰. 组合梁-方钢管混凝土柱框架结构抗震性能的Pushover 分析[J]. 地震工程与工程振动，2008，28（5）：87-93.

[31] 聂建国，黄远，樊健生. 考虑楼板组合作用的方钢管混凝土组合框架受力性能试验研究[J]. 建筑结构学报，2011，32（3）：99-108.

[32] 钟善桐，张文福，屠永清，等. 钢管混凝土结构抗震性能的研究[J]. 建筑钢结构进展，2002，4（2）：3-15.

[33] 李斌，薛刚，张园. 钢管混凝土框架结构抗震性能试验研究[J]. 地震工程与工程振动，2002，22（5）：53-56.

[34] 李忠献，许成祥，王冬，等. 钢管混凝土框架结构抗震性能的试验研

究[J]. 建筑结构，2004，34（1）：3-6.

[35] 王来，王铁成，齐建伟，史丙成. 方钢管混凝土框架滞回性能试验与理论研究[J]. 地震工程与工程振动，2005，25（1）：76-80.

[36] 王文达，韩林海，陶忠. 钢管混凝土柱-钢梁平面框架抗震性能的试验研究[J]. 建筑结构学报，2006，27（3）：48-58.

[37] 王静峰，王海涛，王冬花，等. 钢管混凝土柱-钢梁单边高强螺栓端板连接框架的拟静力试验研究[J]. 土木工程学报，2017，50（4）：13-20.

[38] Matsui C. Strength and behavior of frames with concrete filled square steel tubular columns under earthquake loading[C]. Proceedings of 1st International Specialty Conference on CFSST, Harbin, 1985:143-146.

[39] Morino S, Kawsguchi J, Yasuzaki C, Kanazawa S. Behavior of concrete filled steel tubular three-dimensional subassemblages[C]. Proceeding of the Engineering Foundation Conference on Composite Construction in Steel and Concrete II, Potosi, USA, June, 1993:726-741.

[40] Kawaguchi J, Morino S, Sugimoto T. Elasto-plastic behavior of concrete-filled steel tubular frames[C]. Proceeding of the Engineering Foundation Conference on Composite Construction in Steel and Concrete Composite Construction III, New York, USA, ASCE 1997:272-281.

[41] 童菊仙，徐礼华，凡红. 方钢管混凝土框架模型振动台试验研究[J]. 工程抗震与加固改造，2005，27（3）：65-69.

[42] 许成祥，徐礼华，杜国锋等. 钢管混凝土柱框架结构模型地震反应试验研究[J]. 武汉大学学报，2006，39（3）：68-72.

[43] 黄襄云，周福霖. 钢管混凝土结构地震模拟试验研究[J]. 西北建筑工程学院学报：自然科学版，2000，17（3）：14-17.

[44] Kuniaki Udagawa, Hiroaki Mimura. Behavior of composite beam frame by pseudo dynamic testing[J]. Journal of Structure Engineering, 1991, 117（5）：1317-1335.

[45] 薛伟辰，李杰，李昆. 预应力组合梁框架抗震性能研究[J]. 建筑结构学报，2003，24（2）：25-32.

[46] 陈戈. 钢-混凝土组合框架的试验及理论分析[D]. 北京：清华大学土木系，2005.

[47] 杜新喜，骆顺心，程晓燕，等. T形钢梁加强负弯矩区组合框架梁的试

验研究[J]. 重庆建筑大学学报，2006，28（4）：56-58

[48] 程晓燕，杜新喜，施浩. 组合框架梁的试验与分析[J]. 工业建筑，2007，37（5）：94-95.

[49] 宗周红，林东欣，房贞政，等. 两层钢管混凝土组合框架结构抗震性能试验研究[J]. 建筑结构学报，2002，23（2）：27-35.

[50] 朱喻之. 钢-混凝土组合转换框架的试验研究与理论分析[D]. 北京：清华大学土木系，2008.

[51] 伍振宇. 长细比对组合框架抗震性能影响的试验研究与理论分析[D]. 中南大学，2010.

[52] 刘海峰. 轴压比对组合框架抗震性能影响的试验研究与理论分析[D]. 中南大学，2010.

[53] 戚菁菁，武霞，谢献忠. 钢-混凝土组合框架抗震性能分析[J]. 建筑结构，2016，43（12）：46-49.

[54] FANG L X, CHAN S L, WONG Y L. Numerical analysis of composite frames with patrial shear-stud interaction by one element per member[J]. Engineering Structures, 2000, 22（10）：1324-1338.

[55] RICHARD LIEW J Y, HONG CHEN, SHANMUGAN N E. Inelastic analysis of steel frames with composite beams[J]. Journal of Structures, 2001, 127（2）：194-202.

[56] Fang L. X., Chan S. L., Wong Y. L. Strength analysis of semi-rigid steel-concrete composite frames[J]. Journal of Constructional steel Research, 1999, 52（3）：269-291.

[57] 王文达，韩林海. 钢管混凝土框架实用荷载—位移恢复力模型研究[J]. 工程力学，2008，25（11）：62-69.

[58] 孙修理，梁书亭，段友利. 钢管混凝土框架骨架曲线研究[J]. 地震工程与工程振动，2007，27（1）：99-103.

[59] NIE JIANGUO, QIN KAI, XIAO YAN. Push-over analysis of the seismic behavior of a concrete-filled rectangular tubular frame structure[J]. Tsinghua Science and Technology, 2006，11（1）：124-130.

[60] 黄襄云，周福霖，徐忠根，等. 钢管混凝土结构抗震性能的比较研究[J]. 世界地震工程，2001, 17（2）：86-89.

[61] 李向真，程国亮，于德介，等. 钢管混凝土结构的弹塑性时程分析[J].

2002，18（1）：73-76.

[62] 何文辉. 方钢管混凝土柱-钢梁组合框架抗震性能研究[D]. 湖南大学，2009.

[63] 陈雪莲. 方钢管混凝土柱-钢梁组合框架抗震性能研究[D]. 湖南大学，2009.

[64] 王文达，韩林海. 钢管混凝土柱-钢梁平面框架的滞回关系[J]. 清华大学学报：自然科学版，2009，49（12）：1934-1938.

[65] 王文达，王军. 远场地震作用下钢管混凝土组合框架的地震反应分析[J]. 工程力学，2012，29（sup I）：124-129.

[66] 安钰丰，李威. 钢管混凝土柱-钢梁多层平面框架倒塌分析研究[J]. 工程力学. 2012，29（sup I），115-118.

[67] 马忠诚，王力，吴振声. 组合梁钢框架抗震性能研究综述[J]. 哈尔滨建筑大学学报，1995,28（6）：132-138.

[68] J Y RICHARD LIEW, HONG CHEN, N E SHANMUGAM. Inelastic analysis of steel frames with composite beams[J]. Journal of Structural Engineering, 2001, 127（2）：194-202

[69] 王锁军，王元清，吴杰，等. 组合梁刚度对组合框架的抗震性能影响分析[J]. 建筑科学与工程学报，2006,23（1）：39-44

[70] 王元清，王锁军，吴杰，等. 组合节点刚度对组合框架的抗震性能影响分析[J]. 郑州大学学报：工学版，2006,27（2）：8-13.

[71] 蒋丽忠，曹华，余志武. 钢-混凝土组合框架地震弹塑性时程分析[J]. 铁道科学与工程学报，2005,2（3）：1-8

[72] LIU JINGBO, LIU YANGBING. Seismic behavior analysis of steel-concrete composite frame structure systems[C]. 14th World Conference on Earthquake Engineering, October 12-17, 2008, Beijing, China.

[73] 刘晶波，刘阳冰，郭冰 等. 钢-混凝土组合框架结构体系抗震性能参数分析[J]. 工业建筑，2009,39（8）：96-100.

[74] 聂建国，黄远. 钢-混凝土组合梁非线性地震反应分析模型[J]. 清华大学学报，2009，49（3）：329-332.

[75] Kabeyasawa, Shioara T.H., Otani S.U.S.-Japan Cooperative research on R/C full-scale building test - part 5: Discussion on dynamic response

system[C]. 8th WCEE, 1984:627-634.

[76] 孙景江, 江近仁. 框架-剪力墙结构的非线性随机地震反应和可靠度分析[J]. 地震工程与工程振动, 1992, 12（2）: 59-68.

[77] Vuleano A, Bertero V. V. Analytical models for predicting the lateral response of RC shear walls: Evaluation of their reliability[R]. EERC – 87/19, Univ. of California Berkley, 1987.

[78] LI KANGNING. Canny for 3D nonlinear static and dynamic structural analysis[R]. 2006.

[79] 田淑明. 框架-混凝土核心筒混合结构的刚度与抗震性能研究[D]. 北京: 清华大学土木系, 2008.

[80] 吕西林, 卢文生. 纤维墙元模型在剪力墙结构非线性分析中的应用[J]. 力学季刊, 2005, 26（1）: 72-80.

[81] 叶列平, 陆新征, 马千里, 等. 混凝土结构抗震非线性分析模型方法及算例[J]. 工程力学, 2006（增刊Ⅱ）: 131-140.

[82] 中华人民共和国建设部. JGJ3—2010 高层建筑混凝土结构技术规程[S]. 北京: 中国建筑工业出版社, 2010.

[83] 龚炳年, 郝锐坤, 赵宁. 钢-混凝土混合结构模型动力特性的试验研究[J]. 建筑结构学报, 1996, 16（3）: 37-43.

[84] 李国强, 周向明, 丁翔. 高层建筑钢-混凝土混合结构模型模拟地震振动台试验研究[J]. 建筑结构学报, 2001, 22（2）: 2-7.

[85] 储德文, 梁博, 王明贵. 钢框架-混凝土筒体混合结构的抗震性能振动台试验研究[J]. 建筑结构, 2005, 35（8）: 69-72.

[86] 梁博. 钢框架-混凝土筒体混合结构的抗震性能振动台试验研究[硕士学位论文]. 西安: 西安建筑科技大学, 2005.

[87] 龚治国, 吕西林, 卢文胜 等. 混合结构体系高层建筑模拟地震振动台试验研究[J]. 地震工程与工程振动, 2004, 24（4）: 99-105.

[88] 武敏刚, 吕西林. 混合结构振动台模型试验研究与计算分析[J]. 地震工程与工程振动, 2004, 24（6）: 103-108.

[89] 李检保, 吕西林, 卢文胜, 等. 北京 LG 大厦单塔结构整体模型模拟地震振动台试验研究[J]. 建筑结构学报, 2006, 27（2）: 10-14.

[90] 邹昀, 吕西林, 钱江. 上海环球金融中心大厦结构抗震性能研究[J]. 建筑结构学报, 2006, 27（6）: 74-80.

[91] 徐培福, 薛彦涛, 等. 高层型钢混凝土框筒混合结构抗震性能试验研究. 建筑结构, 2005, 35（5）: 3-8.

[92] LIN HAI HAN, WEI LI, YOU FU YANG. Seismic behaviour of concrete-filled steel tubular frame to RC shear wall high-rise mixed structures[J]. Journal of Constructional Steel Research, 2009, 65（5）: 1249-1260.

[93] 韩春, 李青宁, 姜维山. 框架-剪力墙组合结构的拟动力试验研究[J]. 建筑钢结构进展, 2016, 18（1）: 23-28.

[94] 任凤鸣. 钢管混凝土框架-核心筒减震结构的抗震性能研究[D]. 广州大学, 2012.

[95] 王先铁, 周清汉, 马尤苏夫, 等. 方钢管混凝土框架-十字加劲薄钢板剪力墙抗震性能试验研究[J]. 土木工程学报, 2016, 49（2）: 11-21.

[96] 中国工程建设标准化协会. CECS 159: 2004 矩形钢管混凝土结构技术规程[S]. 北京: 中国标准出版社, 2004.

[97] 福建省建设厅. DBJ13-61-2004 钢-混凝土组合结构技术规程[S]. 福州: 福建省建设标准, 2004.

[98] 中华人民共和国建设部. GB50011—2010 建筑抗震设计规范[S]. 北京: 中国建筑工业出版社, 2010.

[99] 李国强, 周昊圣, 周向明. 高层钢-混凝土混合结构弹塑性地震位移的工程实用计算[J]. 建筑结构学报, 2003, 24（1）: 40-45.

[100] 李国强, 丁翔, 沈黎元 等. 关于钢-混凝土混合结构层间位移角限值的探讨. 高层建筑抗震技术交流会[C]. 2001: 14-24.

[101] 魏勇. 外钢框架-混凝土核心筒结构抗震性能及设计方法研究[D]. 北京: 清华大学土木系, 2006.

[102] 楚留声. 高烈度区型钢混凝土框架 – 钢筋混凝土筒体混合结构体系抗震性能研究[D]. 西安: 西安建筑科技大学土木工程学院, 2008.

[103] 邹晋华. 钢管混凝土框架-抗震墙非线性地震响应分析[D]. 成都: 西南交通大学土木工程学院, 2003.

[104] 胡潇, 钱永久, 段敬民. 钢管混凝土结构抗震性能的比较研究[J]. 四川建筑科学研究, 2009, 35（1）: 179-183.

[105] 赵干荣. 钢管混凝土框-筒结构动力特性研究[D]. 成都: 西南交通大学土木工程学院, 2004.

[106] 侯光瑜，陈彬磊，苗启松，等. 钢-混凝土组合框架-核心筒结构设计研究[J]. 建筑结构学报，2006，27（2）：1-9.

[107] 屠永清，涂远星，张贵林. 钢管混凝土框架-混凝土核心筒结构抗震性能分析[J]. 哈尔滨工业大学学报，2007，39（Sup. 2）：554-557.

[108] 陈国兴，孙士军，宰金珉. 多维相关地震动作用下结构反应的反应谱法[J]. 南京建筑工程学院学报，1999，51（4）：15-22.

[109] Mounir K. Berrah, Eduardo Kausel. A modal combination rule for spatially varying seismic motions[J]. Earthquake Engineering and Structural Dynamics.1993，22（9）：791-800.

[110] Anil K. Chopra, Rakesh K. Goel. Direct displacement-based design: use of inelastic design spectra versus elastic design spectra[J]. Earthquake Spectra, 2001, 17（1）：47-65.

[111] Chopra A K, Goel A K. A modal pushover analysis procedure to estimate seismic demands for buildings: theory and preliminary evaluation[R]. Report No. Peer-2001/03, Pacific Earthquake Engineering Research Center, University of California, Berkeley, 1999.

[112] Gupta B, Kunnath S K.A daptive spectra-based pushover procedure for seismic evaluation of structures[J]. Earthquake Spectra, 2000,16（2）：367-391.

[113] 沈蒲生，龚胡广. 多模态静力推覆分析及其在高层混合结构体系抗震评估中的应用[J]. 工程力学，2006，23（8）：69-73.

[114] 吕大刚，李晓鹏，张鹏 等. 土木工程结构地震易损性分析的有限元可靠度方法[J]. 应用基础与工程科学学报，2006，14（4）：34-38.

[115] 王丹. 钢框架结构的地震易损性及概率风险分析[D]. 哈尔滨：哈尔滨工业大学，2006.

[116] H. Hwang, 刘晶波. 地震作用下钢筋混凝土桥梁结构易损性分析[J]. 土木工程学报，2004，37（6）：47-51.

[117] 王海良，张铎，王剑，等. 基于 IDA 的钢管混凝土空间组合桁架连续梁桥抗震易损性分析[J]. 世界地震工程，2015，31（2）：76-85.

[118] 刘晶波，刘阳冰. 基于性能的方钢管混凝土框架地震易损性分析[J]. 土木工程学报，2010，43（2）：39-47.

[119] Skalomenos K A, Hatzigeorgiou G D, Beskos D E. Modeling level

selection for seismic analysis of concrete filled steel tube/moment resisting frames by using fragility curves[J]. Earthquake Engineering & Structural Dynamics, 2015, 44（2）：199-220.

[120] 张万开. 某超高层巨型支撑框架-核心筒结构地震倒塌研究[D]. 北京：清华大学, 2013.

[121] PKM Moniruzzaman, Fouzia H Oyshi, Ahmed F Farah. Seismic fragility evaluation of a moment resisting reinforced concrete frame[C]. International Conference on Mechanical, Industrial and Energy Engineering 2014, 26-27 December, 2014, Khulna, BANGLADESH.

[122] Park J, Towashiraporn P, Craig J I et al. Seismic fragility analysis of low-rise unreinforced masonry structures[J]. Engineering Structures, 2009, 31（1）：125-137.

[123] Jong-Su Jeon, Ji-Hun Park, Reginald DesRoches. Seismic fragility of lightly reinforced concrete frames with masonry infills[J]. Earthquake Engineering & Structural Dynamics, 2015, 122（3）：228-237.

[124] 徐 强, 郑山锁, 韩言召, 等. 基于结构整体损伤指标的钢框架地震易损性研究[J]. 振动与冲击, 2014, 33（11）：78-82.

[125] Federal Emergency Management Agency(FEMA). FEMA 356 Commentary on the guidelines for the seismic rehabilitation of buildings [S]. Prepared by American Society Of Civil Engineers, Washington, D.C., 2000.

[126] Applied Technology Council. ATC-40 Recommended methodology for seismic evaluation and retrofit of existing concrete building[S]. Redwood City, California, 1996.

2 基于截面的钢-混凝土组合构件弹塑性模型化方法

为了使组合结构能够更好地在实际工程中得到广泛的应用和推广，就必须全面了解组合结构的整体工作性能和其在地震作用下的工作机理。虽然，从确定结构材料的力学性能，到验证梁、板、柱等单个构件的计算方法，再到建立复杂结构体系的计算理论，都离不开试验研究，但近年来，计算方法的发展、电子计算机的广泛应用以及过去大量结构试验研究所奠定的基础，为用数值模拟对结构进行计算分析创造了条件，使试验研究不再是研究和发展结构理论的唯一途径。

要进行钢-混凝土组合结构的弹塑性静力分析和弹塑性动力时程分析，需要建立正确反映结构弹塑性承载性能的有限元模型。已有的钢-混凝土组合构件和结构的试验结果均可以为结构弹塑性力学模型的建立提供依据并为所建立的弹塑性模型提供验证，在模型获得试验验证的基础上，可以对各种新型的组合结构形式开展大规模的抗震性能研究。本章基于已有方钢管混凝土（CFSST）柱、钢-混凝土组合梁（CB）及梁柱节点研究工作，修正了现有的方钢管混凝土柱和钢-混凝土组合梁的弯矩-曲率关系曲线，并通过方钢管混凝土柱截面力学性能的参数分析，建议了一种简化获得方钢管混凝土柱轴力-弯矩相关屈服面（线）的方法，并对已有的试验结果进行分析，验证建立的CFSST柱和钢-混凝土组合梁弹塑性模型的适用性，为应用提供技术保证。

2.1　方钢管混凝土柱弹塑性模型

在柱的弹塑性模型中，常采用梁单元和轴力-双向弯矩相互作用的塑性铰（简称 PMM 铰）来模拟方钢管混凝土（CFSST）柱的弹塑性性能，当为平面结构或只考虑单轴压弯时，退化为单向轴力-弯矩相互作用塑性铰（简称为 PM 铰）。轴力-双向弯矩相互作用的塑性铰能够考虑空间受力时的内力耦合

34

效应，模型建立时，需定义塑性铰轴力-双向弯矩相互作用关系的空间屈服曲面（简称 N-M_x-M_y 相关屈服面），来确定轴力 N、弯矩 M_x 和弯矩 M_y 的不同组合最先发生屈服的位置。当为平面结构或只考虑单轴压弯时，为轴力-弯矩屈服曲线。

在建立单元的弹塑性模型前，首先要正确确定单元的弹性参数，下面先给出 CFSST 柱弹性参数的确定方法[1]。

2.1.1 弹性单元参数的确定

进行钢管混凝土结构弹性分析时，关键是构件截面刚度和材料质量密度的确定。钢管混凝土柱存在三种刚度，即轴压刚度、弯曲刚度和剪切刚度。在有限元分析中，往往采用折算刚度法，按侧向刚度相等的原则[2]，仅考虑其中的弯曲刚度，将钢管混凝土柱简化成单一材料的柱进行建模，这种处理方法会造成一定的误差[3]。如何在模型中准确反映钢管混凝土的这三种刚度，是弹性分析准确与否的关键。下面介绍边长为 l，钢管壁厚为 t（后面采用 $l×t$ 表示 CFSST 柱的截面）的 CFSST 柱等效为边长为 l 的方形截面柱的方法，目标是等效柱与原钢管混凝土柱刚度和质量相等。

给出一种实现等效柱单元截面与原钢管混凝土截面刚度等效的方法，该方法能实现轴压、弯曲和剪切三种刚度的同时等效[1]。首先根据两种单元截面等轴压刚度、等抗弯刚度和等剪切刚度的原则确定钢管混凝土柱等效为单一材料后的等效轴压弹性模量 E_{eq}，等效抗弯刚度弹性模量 E_{eqI} 和等效剪切刚度 G_{eq}。三种刚度的等效原则应同时满足以下三个公式：

$$E_{eq} \cdot A_{sc} = E_c \cdot A_c + E_s \cdot A_s \tag{2.1}$$

$$E_{eqI} \cdot I_{eq} = E_s \cdot I_s + 0.6 \cdot E_c \cdot I_c \tag{2.2}$$

$$G_{eq} \cdot A_{sc} = G_s \cdot A_s + G_c \cdot A_c \tag{2.3}$$

式中：E_s，E_c 分别为钢材和混凝土的弹性模量；A_{sc} 为 CFSST 组合横截面面积，$A_{sc} = l^2$；A_s，A_c 分别为钢管和混凝土面积；I_s，I_c 分别为钢管和混凝土的截面惯性矩；$I_{eq} = l^4/12$ 为等效柱截面的截面惯性矩；G_s，G_c 分别为钢材和混凝土的剪切模量。式（2.1）～（2.3）即为保证轴压刚度、抗弯刚度和剪切刚度等效的方程。

采用等效轴压弹性模量 E_{eq} 作为 CFSST 柱材料的弹性模量，可以实现等效后的单元截面与原 CFSST 柱截面的轴压刚度相等,但截面的抗弯刚度和剪切刚度与原 CFSST 柱截面的并不相等。此时再通过截面的抗弯刚度修正系数 κ_I 实现与原 CFSST 柱截面抗弯刚度相等。当前,柱的抗弯刚度为 $E_{eq} \cdot I_{eq}$,因此为保证式(2.2)成立,需要对 $E_{eq} \cdot I_{eq}$ 进行修正,抗弯刚度修正系数 κ_I 应满足 $E_{eqI} \cdot I_{eq} = \kappa_I E_{eq} \cdot I_{eq}$。由此得到修正系数 κ_I 为:

$$\kappa_I = E_{eqI} / E_{eq} \qquad (2.4)$$

根据材料剪切模量与弹性模量的关系可知:

$$G_{eq} = \frac{E_{eq}}{2(1 + \nu_{eq})} \qquad (2.5)$$

式中,ν_{eq} 为材料的等效泊松比。根据截面剪切刚度相等,由式(2.1)、(2.3)和式(2.5)可以得到等效泊松比为

$$\nu_{eq} = \frac{E_s \cdot A_s + E_c \cdot A_c}{2(G_s \cdot A_s + G_c \cdot A_c)} - 1 \qquad (2.6)$$

采用上述方法,对于截面为 $l \times t$ 的 CFSST 柱,采用公式(2.1)、(2.4)和(2.6)确定其等效轴压弹性模量、抗弯刚度修正系数和等效泊松比后,就实现了与边长为 l 的方形截面柱轴压刚度、抗弯刚度和剪切刚度相等,正确反映了钢管混凝土柱的三种刚度,且容易编程和在现有有限元程序中实现。

根据质量相等的原则,求得等效后材料的等效质量密度 ρ_{eq} 为:

$$\rho_{eq} = \frac{\rho_c \cdot A_c + \rho_s \cdot A_s}{A_{sc}} \qquad (2.7)$$

式中,ρ_s,ρ_c 分别为钢材和混凝土的质量密度。

2.1.2 单元截面塑性屈服面与极限面

目前对于钢筋混凝土构件,一般采用基于平截面假定的纤维模型法确定截面的轴力-弯矩塑性屈服面和极限面,现有的许多截面分析工具都可以实现这个功能,如 Response2000、XTRACT 等。对于钢管混凝土构件,钢管屈服后,钢管和内部混凝土之间存在着较大的滑移,平截面假定不再适用,因此

36

不能采用这些截面分析工具计算钢管混凝土柱的轴力-弯矩极限面。采用试验方法和能反映黏结滑移的细分有限元法可以较好的对钢管混凝土构件的破坏过程进行研究，基于大量试验研究和有限元数值模拟确定的钢管混凝土构件极限破坏相关面是比较可靠的。目前国内外许多规范、规程以及专著均已经给出了钢管混凝土柱极限面的经验公式[4-7]，可以简便而且可靠的确定钢管混凝土柱的极限面。而对于钢管混凝土柱塑性屈服面，原则上叮以采用XTRACT等软件进行分析计算，获得屈服面，但需要进行额外的分析计算。如果能提出一种类似于确定极限面的方法，根据简单的经验公式来确定塑性屈服面，则可以有效简化截面分析方法，节省计算工作量。下面将给出由现有的钢管混凝土柱极限面直接确定塑性屈服面的方法。

1. CFSST 截面轴力-弯矩相关极限面

对于方、矩形钢管混凝土压弯构件，目前国内外有很多建议公式和计算方法，最常用的是文献[4]中建议的极限面。这一极限面是采用大量试验结果和数值分析获得的。给出了轴力 N、弯矩 M_x、弯矩 M_y 共同作用下双向压弯构件的相关方程如下：

N 为压力，当 $N/N_{u0} \geqslant 2\eta_0$ 时：

$$N/N_{u0} + a \cdot \sqrt[1.8]{(M_x/M_{ux})^{1.8} + (M_y/M_{uy})^{1.8}} = 1 \qquad (2.8a)$$

N 为压力，当 $N/N_{u0} < 2\eta_0$ 时：

$$-b(N/N_{u0})^2 - c(N/N_{u0}) + \sqrt[1.8]{(M_x/M_{ux})^{1.8} + (M_y/M_{uy})^{1.8}} = 1 \qquad (2.8b)$$

当 N 为拉力时：

$$N/N_{ut0} + \sqrt[1.8]{(M_x/M_{ux})^{1.8} + (M_y/M_{uy})^{1.8}} = 1 \qquad (2.8c)$$

式中，N_{u0}、N_{ut0} 分别为极限轴压和轴拉承载力，M_{ux}、M_{uy} 分别为纯弯时 x 向和 y 向的极限抗弯承载力。a、b、c 为与截面约束效应有关的系数。

极限轴压承载力和轴拉承载力的计算公式如下：

$$N_{u0} = f_{sc}A_{sc} \qquad (2.9)$$
$$N_{ut0} = 1.1f_y A_s \qquad (2.10)$$

37

$$f_{sc} = (1.18 + 0.85\xi)f_c \qquad (2.11)$$

$$\xi = A_s f_y / A_c f_c = \alpha f_y / f_c \qquad (2.12)$$

式中，f_y 为钢材的抗拉、抗压和抗弯强度设计值；f_c 为混凝土的轴心抗压强度设计值；α 为钢管混凝土构件截面含钢率，$\alpha = A_s / A_c$；ξ 为截面的约束效应系数。

对于方钢管混凝土（CFSST）纯弯构件极限抗弯承载力的计算公式如下：

$$M_{ux} = M_{uy} = \gamma_m W_{sc} f_{sc} \qquad (2.13)$$

式中，γ_m 为构件截面抗弯塑性发展系数，$\gamma_m = 1.04 + 0.48\ln(\xi + 0.1)$；$W_{sc}$ 为截面抗弯模量，$W_{sc} = l^3 / 6$，l 为 CFSST 柱的边长。

系数 a、b、c 分别由下面公式确定

$$a = 1 - 2\eta_0 \qquad (2.14)$$

$$b = (1 - \zeta_0) / \eta_0^2 \qquad (2.15)$$

$$c = 2 \cdot (\zeta_0 - 1) / \eta_0 \qquad (2.16)$$

式中参数 ζ_0、η_0 为：

$$\zeta_0 = 1 + 0.18\xi^{-1.15} \qquad (2.17)$$

$$\eta_0 = \begin{cases} 0.5 - 0.318\xi & (\xi \leqslant 0.4) \\ 0.1 + 0.13\xi^{-0.81} & (\xi > 0.4) \end{cases} \qquad (2.18)$$

取公式（2.8）中一个方向的弯矩等于 0，就退化为单向压弯/拉弯构件极限承载力的公式。

上述给出的 CFSST 截面轴力-弯矩相关极限破坏面已编入钢管混凝土技术规程（DBJ 13-51-2003）[6]，与许多国内外试验进行了对比，结果吻合较好。该计算公式与国内外许多规范、规程进行了对比，计算结果基本介于这些规范之间，比较合理。因此本书采用上述公式来计算 CFSST 截面的轴力-弯矩极限相关面（或线）。

2. CFSST 压弯截面屈服承载力的参数分析

纤维模型法可以较好的应用于钢管混凝土截面的屈服面（或线）分析，XTRACT 等很多截面计算工具均可以实现这一功能。但从实际应用的角度考

虑，数值方法还是显得较为复杂，不便于工程应用。因此，本节对影响 CFSST 压弯性能的钢材和混凝土强度、含钢率等主要参数进行了系统的分析，考察了参数变化对截面屈服承载力的影响规律，对所得大量计算结果进行统计分析，并与已有 CFSST 截面极限面进行对比，从而建议了一种简化的方法，用以确定 CFSST 截面的屈服面。

首先以单向拉/压弯受力截面为研究对象进行了分析，然后扩展到双向受力截面。图 2.1 给出典型的单向受力截面的 N-M 极限相关曲线和屈服相关曲线，轴力以受压为正。图中下标含"r"的字符代表截面实际的屈服承载力。极限相关曲线由公式（2.8）计算得到，图中虚线由纤维模型法计算得到的实际屈服相关曲线。从图中可以清楚地看出截面的极限相关线和屈服相关曲线形状相似。因此屈服相关线可以通过对极限相关线的折减来确定，图 2.1 也给出折减极限相关线后得到的屈服相关线示意。

对于拉弯段，极限相关线和屈服相关线都是直线，如图 2.1 所示。因此拉弯段的屈服相关线方程比较容易确定。只需求得单向受拉时折减得到的屈服拉力 N_{yt0} 和单向受弯时折减得到的屈服弯矩 M_{y0}，然后用直线相连就可以。

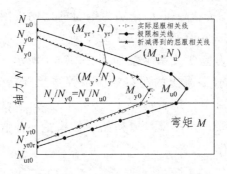

图 2.1 截面相关曲线示意图

对于压弯段，屈服相关线可以通过对极限相关线的弯矩和轴力同时进行折减来求得，即令：

$$M_y = A \cdot M_u$$
$$N_y = B \cdot N_u$$

（2.19）

式中，A、B 分别为屈服弯矩和轴力的折减系数。而（M_u，N_u）和（M_y，N_y）分别为极限相关线和折减得到的屈服相关线上对应的两点。

对于压弯段，除了纯弯点和纯压点外，弯矩和轴力需要同时进行折减，此时对于任一极限点其相应屈服点的弯矩和轴力都是变化的，极限点和相应的屈服点难确定。从图 2.1 可以看出，取极限相关线上任一点轴力 N_u 与单轴受压时的极限轴力 N_{u0} 的比值等于实际屈服面（或折减屈服面）上任一点轴力 N_{yr}（ N_y ）与单轴受压时的屈服轴力 N_{y0r}（ N_{y0} ）的比值，即令 $n = N_{yr}/N_{y0r} = N_y/N_{y0} = N_u/N_{u0}$ 时，当 n 从 0 到 1 变化时，极限相关线上的点和屈服相关线上的点是一一对应的。这样就确定了极限相关线与屈服相关线上一一对应的点。

关键问题就是折减系数 A 和 B 的确定。下面采用基于纤维模型法的 XTRACT 截面分析工具对实际工程中常用的 CFSST 柱截面的屈服承载力进行参数分析，并与公式（2.8）给出的极限承载力进行比较，最后对所得结果进行统计和分析，从而确定系数 A 和 B。

XTRACT 软件是在加州大学伯克力分校开发的 UCFyber 程序的基础上发展得到的，在许多建筑和桥梁工程中得到了广泛的应用，已经发展成为地震分析中评估截面性能一种有效的实用工具[8]。

分析中，对于常用的低碳软钢及低合金钢采用如图 2.2（a）所示的应力应变关系，其中，f_e、f_y 和 f_u 分别为钢材的比例极限、屈服强度和极限强度，$f_e = 0.8f_y$，$\varepsilon_e = 0.8f_y/E_s$，$\varepsilon_y = 1.5\varepsilon_e$，$\varepsilon_h = 10\varepsilon_y$，$\varepsilon_u = 100\varepsilon_y$。钢管内受压区约束混凝土应力应变关系示意如图 2.2（b）所示，曲线具体计算方法参见文献[9]，当钢管混凝土的约束效应系数 ξ 大于等于 ξ_0 时，混凝土应力不出现下降段，对于方钢管混凝土 $\xi_0 \approx 4.5$。对于受拉区混凝土，假设应力应变关系为直线，弹性模量取初始弹性模量，并假设混凝土达到抗拉强度 f_t 后就退出工作。

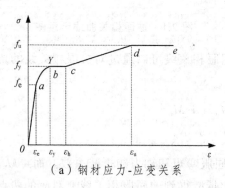

（a）钢材应力-应变关系

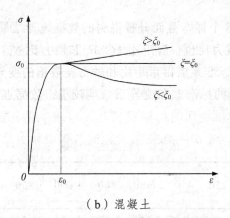

（b）混凝土

图 2.2　材料应力—应变关系示意图

公式（2.8）的适用条件是：$\xi = 0.2 \sim 5$，$f_y = 200 \sim 700\ \text{N/mm}^2$，$f_{cu} = 30 \sim 120\ \text{N/mm}^2$，$\alpha = 0.03 \sim 0.2$。适用条件基本涵盖了所用到 CFSST 截面。以此为依据，分别选用 78 个不同 CFSST 构件截面，每个截面分别选取对应的 5 对数据，共计 390 对数据，如表 2.1 所示。截面边长的变化范围为 140 ~ 1 500 mm，含钢率的变化范围为 0.03 ~ 0.19，约束效应系数标准值（混凝土强度采用标准值）变化范围为 0.35 ~ 3.1，钢材屈服强度变化值 200 ~ 420 MPa，混凝土强度等级 C30 ~ C80。实际工程应用中，为更充分发挥钢管和混凝土的性能，相关规程和文献中[4,5]均建议了合理的钢管和混凝土材料的组合。一般情况下，钢管混凝土的约束效应系数标准值不宜大于 4，也不宜小于 0.3。因此所选取用于分析的截面样本具有一般代表性。

表 2.1　CFSST 压弯截面屈服承载力与极限承载力的比值

序号	边长 l /mm	壁厚 t /mm	含钢率 α	ξ	f_y /MPa	f_{cu} /MPa	截面数量	数据对的数量
1	140	2 ~ 5	0.06 ~ 0.16	0.48 ~ 3.10	215 ~ 390	30 ~ 50	9	45
2	250	2 ~ 10	0.03 ~ 0.18	0.35 ~ 2.80	215 ~ 420	30 ~ 50	9	45
3	400	5 ~ 15	0.08 ~ 0.17	0.87 ~ 2.60	215 ~ 380	30 ~ 60	12	60
4	600	15 ~ 25	0.10 ~ 0.19	0.87 ~ 2.79	205 ~ 360	30 ~ 60	9	45
6	800	10 ~ 34	0.05 ~ 0.17	0.80 ~ 3.02	310 ~ 420	30 ~ 50	9	45
7	1 000	15 ~ 35	0.04 ~ 0.17	0.44 ~ 1.95	215 ~ 360	30 ~ 60	9	45
8	1 200	10 ~ 50	0.03 ~ 0.19	0.40 ~ 1.69	200 ~ 340	30 ~ 70	9	45
9	1 500	20 ~ 60	0.06 ~ 0.18	0.53 ~ 1.98	310 ~ 420	30 ~ 80	12	60
总计	140 ~ 1 500	2 ~ 60	0.03 ~ 0.19	0.35 ~ 3.10	200 ~ 420	30 ~ 80	78	390

表 2.2 给出了 78 个样本截面分析得到的数据统计结果，分别采用实际屈服承载力与极限承载力比值：弯矩比 M_{yr}/M_u 和轴力比 N_{yr}/N_u 来表示。根据表 2.2 中样本的均值和标准差求得弯矩比和轴力比数据的变异系数分别为 0.052 和 0.031，可知样本的标准差和变异系数均较小，数据点分布比较集中，离散程度小。

表 2.2 数据统计结果

边长/mm		140	250	400	600	800	1 000	1 200	1 500	样本总计	
										均值	标准差
弯矩比 $\dfrac{M_{yr}}{M_u}$	均值	0.818	0.823	0.826	0.805	0.835	0.824	0.825	0.824	0.823	0.042 5
	均方差	0.045	0.050	0.046	0.034	0.031	0.045	0.047	0.035		
轴力比 $\dfrac{N_{yr}}{N_u}$	均值	0.903	0.910	0.910	0.896	0.924	0.925	0.907	0.906	0.910	0.028 5
	均方差	0.042	0.033	0.028	0.020	0.021	0.025	0.027	0.017		

为了粗略了解弯矩比和轴力比数据点的分布情况，给出了弯矩比和轴力比的直方图，其中弯矩比的变化区间为[0.678，0.950]，轴力比的变化区间为[0.807，0.964]。图 2.3 为弯矩比和轴力比的直方图。

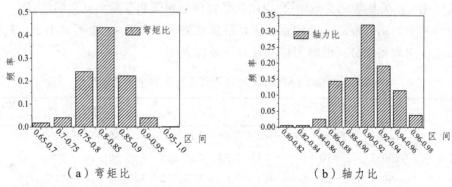

（a）弯矩比　　　　　　　　（b）轴力比

图 2.3 数据分布直方图

直方图的外廓曲线基本接近于总体的概率密度曲线，从图 2.3 中可以看出，直方图的外廓线有一个峰，中间高，两端低，基本上比较对称，因此假设弯矩比和轴力比分别为表 2.2 给出的总体均值和标准差的正态分布 N（0.823，0.042 5）和 N（0.910，0.028 5）。对弯矩比和轴力比分别采用"χ^2

检验法"和"偏度、峰度检验法"两种方法进行分布拟合检验,检验其是否符合正态分布,显著水平为 0.05。

经检验认为弯矩比和轴力比数据来自正态分布总体。因此

$$\frac{M_{yr}}{M_u} \sim N(0.823, 0.042\ 5)\ ;\quad \frac{N_{yr}}{N_u} \sim N(0.91, 0.028\ 5) \qquad (2.20)$$

对于折减系数 A 和 B,取弯矩比和轴力比随机变量的均值,为简化取弯矩折减系数 A 为 0.8,轴压力折减系数 B 为 0.9。

在拉弯段中,CFSST 构件轴心受拉,钢管受拉屈服时,其受拉屈服承载力近似为 $N_{yt0} = f_y A_s$,受拉极限承载力 $N_{ut0} = 1.1 f_y A_s$,因此 $N_{yt0} = 0.909 N_{ut0}$,与轴压力的折减系数 0.9 比较相近。因此轴向力折减系数统一取为 0.9。拉弯段的极限相关线和屈服相关线均为直线,纯弯点和轴心受拉点的弯矩和轴力的折减系数即为其相应的弯矩折减系数和轴力折减系数。由前面的分析可知,轴力折减系数为 0.9,弯矩折减系数为 0.8 和压弯段的轴力折减系数和弯矩折减系数相同。

3. CFSST 截面 $N\text{-}M_x\text{-}M_y$ 相关屈服面的简化确定方法

对于单轴受力截面,取式(2.8)中 M_x 或 M_y 为 0,得到以 M_u 和 N_u 表示的极限相关曲线以后,将 $M_y = 0.8 M_u$,$N_y = 0.9 N_u$ 代入极限相关线,经化简就可以得到 CFSST 截面轴力-弯矩相关屈服曲线:

轴力为压力时:

(1)当 $N_y / N_{u0} \geqslant 1.8\eta_0$ 时:

$$\frac{M_y}{M_{u0}} = \frac{1}{\alpha}\left(0.8 - 0.889\frac{N_y}{N_{u0}}\right) \qquad (2.21a)$$

(2)当 $N_y / N_{u0} < 1.8\eta_0$ 时:

$$\frac{M_y}{M_{u0}} = 0.8 + 0.889c\left(\frac{N_y}{N_{u0}}\right) + 0.988b\left(\frac{N_y}{N_{u0}}\right)^2 \qquad (2.21b)$$

轴力为拉力时:

$$\frac{M_y}{M_{u0}} = 0.8 - 0.889\frac{N_y}{N_{ut0}} \qquad (2.21c)$$

式中，M_{u0} 为单向纯弯承载力，可由式（2.13）确定；字母 "y" 表示屈服，其他取值均同极限相关面取值。

对于双向受力截面，将 M_y / M_{u0} 以 $\sqrt[1.8]{(M_{yx} / M_{ux})^{1.8} + (M_{yy} / M_{uy})^{1.8}}$ 代入式（2.21），即得到 $N\text{-}M_{yx}\text{-}M_{yy}$ 共同作用下相关方程，下标第一个字母 "y" 表示屈服。

轴力为压力时：

（1）当 $N_y / N_{u0} \geqslant 1.8\eta_0$ 时：

$$\sqrt[1.8]{\left(\frac{M_{yx}}{M_{ux}}\right)^{1.8} + \left(\frac{M_{yy}}{M_{uy}}\right)^{1.8}} = \frac{1}{\alpha}\left(0.8 - 0.889\frac{N_y}{N_{u0}}\right) \qquad （2.22a）$$

（2）当 $N / N_{u0} < 1.8\eta_0$ 时：

$$\sqrt[1.8]{\left(\frac{M_{yx}}{M_{ux}}\right)^{1.8} + \left(\frac{M_{yy}}{M_{uy}}\right)^{1.8}} = 0.8 + 0.889c\left(\frac{N_y}{N_{u0}}\right) + 0.988b\left(\frac{N_y}{N_{u0}}\right)^2 \qquad （2.22b）$$

轴力为拉力时：

$$\sqrt[1.8]{\left(\frac{M_{yx}}{M_{ux}}\right)^{1.8} + \left(\frac{M_{yy}}{M_{uy}}\right)^{1.8}} = 0.8 - 0.889\frac{N_y}{N_{ut0}} \qquad （2.22c）$$

式中 M_{yx}、M_{yy} 分别表示双向弯曲下 X 向和 Y 向的屈服弯矩。实际应用中，屈服面是由空间相关的屈服曲线生成的，为了使公式便于使用和编程实现，令 $M_{yy} = kM_{yx}$，对于 CFSST 截面 $M_{ux} = M_{uy}$，代入公式（2.22），得到如下公式：

轴力为压力时：

（1）当 $N_y / N_{u0} \geqslant 1.8\eta_0$ 时：

$$\frac{M_{yx}}{M_{u0}} = \frac{d}{\alpha}\left(0.8 - 0.889\frac{N_y}{N_{u0}}\right) \qquad （2.23a）$$

（2）当 $N / N_{u0} < 1.8\eta_0$ 时：

$$\frac{M_{yx}}{M_{u0}} = d\left[0.8 + 0.889c\left(\frac{N_y}{N_{u0}}\right) + 0.988b\left(\frac{N_y}{N_{u0}}\right)^2\right] \qquad （2.23b）$$

轴力为拉力时：

$$\frac{M_{yx}}{M_{u0}} = d\left(0.8 - 0.889\frac{N_y}{N_{ut0}}\right) \tag{2.23c}$$

式中 $d = 1/\sqrt[1.8]{1 + k^{1.8}}$ 。求得在给定轴力作用下的 M_{yx} 后，乘以系数 k 即可求得 M_{yy} 。至此，根据式（2.23）可以较容易的得到轴力-弯矩屈服相关曲面。

为了验证本书建议简化方法的正确性，以文献[10]中截面为 250 mm × 10 mm 和文献[11]中截面为 140 mm × 4 mm 单轴压弯的 CFSST 柱为例，采用本书建议方法和截面纤维单元软件 XTRACT，计算截面的单向压弯作用下轴力-弯矩屈服相关曲线。钢材及混凝土的材料性能参数如表 2.3 和 2.4 所示，截面基本力学参数如表 2.5 所示。

表 2.3　钢材力学性能指标

截面编号	截面尺寸/（mm × mm）	f_y/MPa	f_u/MPa	E_s/MPa
S1	250×10	242.2	390	169.6E+3
S2	140×4	361	433.8	206.2E+3

表 2.4　混凝土的材料强度

截面编号	截面尺寸/（mm × mm）	f_{cu}/MPa	f_{ck}/MPa	E_c/MPa
S1	250×10	41.0	27.5	32.8E+3
S2	140×4	52.6	34.0	33.8E+3

表 2.5　截面基本力学参数

截面编号	截面尺寸/（mm × mm）	含钢率	约束效应系数
S1	250×10	0.181	1.598
S2	140×4	0.125	1.326

屈服相关曲线为单向压弯或拉弯作用下，钢管外侧拉应变或压应变达到钢材应力应变曲线屈服点 Y 时对应的状态[如图 2.2（a）所示]。图 2.4 给出 $S1$、$S2$ 截面的纤维划分。图 2.5 给出了采用本书简化方法和 XTRACT 计算得到的截面轴力-弯矩相关屈服曲线。

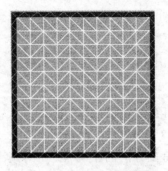

图 2.4　CFSST 截面纤维模型

图 2.5 中极限相关线是根据公式（2.8）计算得到的，材料的强度值均取实测值，轴向受压为正。从图上可以看出采用软件 XTRACT 计算得到的屈服相关线与本书建议的简化方法得到的屈服线比较接近。

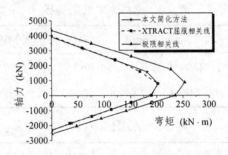

（a）S1 截面轴力-弯矩屈服相关线

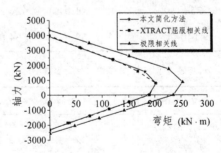

（b）S2 截面轴力-弯矩屈服相关线

图 2.5　轴力-弯矩屈服相关线

2.1.3　考虑材料变化的屈服面简化确定方法

上节中提出了方钢管混凝土（CFSST）构件屈服面的一种确定方法，基于不同截面的大量参数分析可知，在本书给出的截面参数范围内，不考虑材料和截面本身的变异性，建议的弯矩和轴力折减系数均可以采用。

若需要考虑材料的变异性或者构件截面的参数特征不在本书参数分析的范围内，可以通过确定构件截面纯弯、纯压和纯拉三个典型受力状态时屈服承载力和极限承载力的比值，给出弯矩、轴向压力和拉力近似的折减系数，进而通过极限面的折减获得屈服面。

2.1.4 弯矩-曲率骨架曲线

CFSST 截面弯矩-曲率骨架曲线，主要可以采用试验、数值模拟和简化公式三种方法获得。对每个需要进行弹塑性分析的钢管混凝土结构中的构件进行试验研究，以取得所需的计算参数，这是不现实的。

目前基于材料应力应变关系的纤维模型法和有限元等数值方法，可以较为准确的计算出钢管混凝土截面的弯矩-曲率关系曲线。但从实际应用的角度考虑，数值方法还是显得较为复杂，不便于工程应用。为此，许多学者在对钢管混凝土构件力学性能进行深入的理论分析和试验研究的基础上，提出了简化实用的计算方法[4,12-14]，为 CFSST 结构体系的弹塑性分析提供参考。文献[4]中提出了 CFSST 构件（$f_y = 200 \sim 500$ MPa；$f_{cu} = 30 \sim 90$ MPa）弯矩-曲率骨架曲线的三折线模型，如图 2.6（a）所示。其中 n 为轴压比，即截面所承担轴向压力与极限轴力 N_{u0} 的比值。M_u 取值见公式（2.8），其他数值见式（2.24）。现有大多数的三折线模型形状基本上均与该模型相似，只有关键点取值不同。

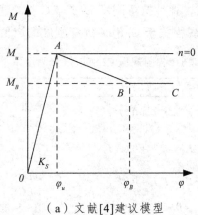

（a）文献[4]建议模型

47

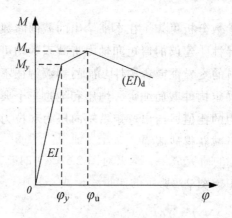

（b）文献[13]建议模型

图 2.6　CFSST 截面弯曲-曲率（M-φ）骨架曲线

$$K_s = E_s I_s + 0.2 E_c I_c$$

$$M_B = M_y (1-n)^{k_0}$$

$$\varphi_B = 20\varphi_e (2-n) \qquad\qquad （2.24）$$

$$k_0 = (\xi + 0.4)^{-2}$$

$$\varphi_e = 0.544 f_y /(E_s l)$$

　　文献[13]中对方钢管高强混凝土构件（混凝土立方体抗压强度平均值在 82.8～95.85 MPa），也提出了弯矩-曲率骨架曲线的三折线模型，与上述的三折线模型形状不同，如图 2.6（b）所示。图 2.6（b）中极限承载力 M_u 为按照欧洲规范 4（EC 4）[7]计算得到的极限承载力。屈服承载力 M_y 约为极限承载力 M_u 的 0.6～0.84 倍，弹性抗弯刚度 EI 按 EC 4 的建议取值，如表 2.6 所示。表 2.6 给出了各国规程关于 CFSST 抗弯刚度的取值。

表 2.6　各国规程 CFSST 抗弯刚度取值

编号	抗弯刚度表达式	规范名称
1	$K_s = E_s I_s + 0.2 E_c I_c$	ACI（2005） AIJ（1997）
2	$K_s = E_s I_s + 0.6 E_c I_c$	EC 4（2004） DBJ 13-51—2003（2003）
3	$K_s = E_s I_s + 0.8 E_c I_c$	AISC-LRFD （AISC, 1999） CECS 159: 2004
4	$K_s = 0.95 E_s I_s + 0.45 E_c I_c$	BS 5400（2005）

从式（2.24）和表 2.6 可以看出，图 2.6（a）截面弹性阶段的抗弯刚度 K_s，采用了日本规程 AIJ 中的取值，而极限承载力采用了规程 DBJ 13-51—2003 中的取值（公式 2.8）。本书在 2.1.1 节中，采用了规程 DBJ 13-51—2003 中弹性刚度的确定方法，这也是目前采用较多的弹性抗弯刚度的取值，图 2.6（b）模型也采用了相同的取值。

为了保持弹性阶段抗弯刚度的一致并与轴力-弯矩相关屈服曲线相对应，综合了文献[4]和[14]的研究成果，本书对图 2.5（a）的三折线弯矩-曲率骨架曲线进行修正，采用如图 2.7 所示的四折线形式，其中

$$K_s = E_s I_s + 0.6 E_c I_c \qquad (2.25a)$$
$$\varphi_y = M_y / K_s \qquad (2.25b)$$
$$\varphi_u = 2M_y / K_s \qquad (2.25c)$$

式中，M_y 采用公式（2.21）计算，其他取值同图 2.6（a）。与图 2.6（a）相比可以看出，修正后的模型将 OA 段分成两段，增加了钢管屈服时对应的点 A'，其相应屈服弯矩的取值与建议的轴力-弯矩屈服相关线上的弯矩取值对应。修正后的骨架曲线考虑了钢管屈服后截面弯曲刚度的退化，更符合实际情况。

下面采用修正后的计算公式计算文献[14]中及 2.1.2 节中的 S_1、S_2 截面的弯矩-曲率骨架曲线并与原有模型以及数值分析结果进行对比，验证修正后骨架曲线的适用性。

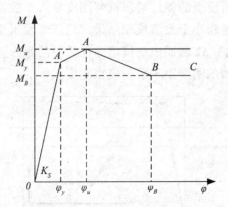

图 2.7　修正后的 CFSST 截面弯矩-曲率（M-φ）骨架曲线

文献[14]中采用数值模拟和该文献建议的简化模型对轴压比 n 为 0.6 的

CFSST 柱截面的弯矩-曲率关系曲线进行了分析。采用文献[4]建议简化模型以及本书修正后骨架曲线对其进行模拟分析，图 2.8 给出三种不同简化模型和数值模拟计算结果的对比。

从图 2.8 中可以看出，文献[4]建议的模型弹性刚度在屈服点前小于数值模拟的计算结果，屈服点后又大于数值模拟的计算结果。文献[4]建议的模型是在文献[14]模型基础上发展的，文献[4]结果相对文献[14]偏于安全。本书修正后的计算结果也和数值模拟结果吻合较好，且物理意义明确，相对于原有的简化模型，并没有增加太多的计算工作量。

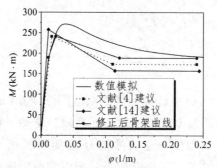

图 2.8　不同简化模型弯矩-曲率骨架曲线计算结果比较

（截面 230×9；f_y = 345 MPa，f_{ck} = 48 MPa，n = 0.6）

图 2.9 和 2.10 分别给出了 $S1$ 和 $S2$ 截面数值模拟和文献[4]中原有骨架曲线简化模型以及本书修正后模型的计算结果比较。从图中可以看出，在轴压比 n 为 0 时，修正后模型的弹性阶段抗弯刚度略大于数值模拟的结果，原有的简化模型弹性刚度稍小于数值模拟结果。但随着轴压比的增大，弹性刚度提高，当 n 为 0.3 时，$S2$ 截面修正模型弹性阶段的弯曲刚度与数值模拟吻合较好，而原简化模型的刚度小于数值模拟刚度。

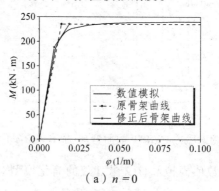

（a）n = 0

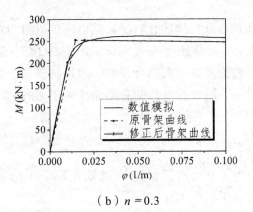

（b）$n = 0.3$

图 2.9　$S1$ 截面弯矩-曲率骨架曲线

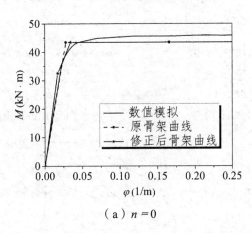

（a）$n = 0$

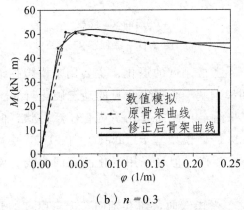

（b）$n = 0.3$

图 2.10　$S2$ 截面弯矩-曲率骨架曲线

　　一般柱都是在一定的轴压比下工作的，因此本书修正后的骨架曲线的弹性刚度的取值更合理，且与弹性分析阶段截面刚度取值相对应。钢管屈服后考虑截面刚度的退化，极限曲率直接取屈服曲率的 2 倍。从图上可以看出修正后的骨架曲线与数值模拟结果吻合较好，增加计算量不大，且与相关屈服线上的屈服点相对应，因此修正后的骨架曲线对于 CFSST 截面是适用的。

2.1.5 滞回模型

图 2.11 分别给出了 Wen 滞回模型、随动硬化 Kinematic 滞回模型和 Takeda 滞回模型（退化的武田模型）。

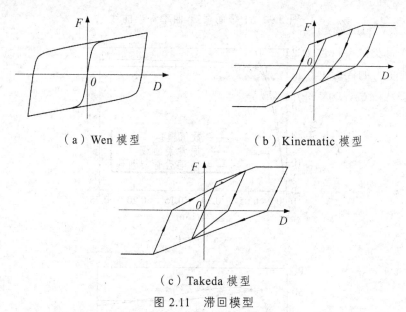

（a）Wen 模型　　　　　　　（b）Kinematic 模型

（c）Takeda 模型

图 2.11　滞回模型

Wen 滞回模型不考虑刚度的退化，主要用来模拟钢结构构件的滞回性能；Kinematic 滞回模型基于金属中常见的动态硬化行为，非线性力-变形关系用多段线性曲线来给定。此曲线几乎可有任意形状，但是必须遵从一定的限制条件。Takeda 滞回模型基于 Takeda[16]在 1970 年提出的滞回模型，与随动硬化模型非常相似，但是采用退化的滞回曲线，该模型在有限元软件中应用较多。

对于 CFSST 柱，考虑双向弯曲和轴向三个自由度的非线性。对于轴向自由度，采用 Kinematic 滞回模型；对于弯曲自由度采用退化的 Takeda 滞回模型。

2.2 CFSST 柱弹塑性模型的试验验证

为了验证所建立的用于 Pushover 分析和往复荷载分析弹塑性单元的适用性，采用本书模型分析结果与 CANNY 纤维模型法的分析结果以及试验结果进行对比。

2.2.1 单调加载试验验证

1. CFSST 柱骨架曲线验证

文献[10]对 CFSST 柱模型进行拟静力试验研究，试验柱高 1.52 m。CFSST 柱截面及材料特性为 2.1.2 节中的 S1 截面。试件底部固定，在轴向保持 737 kN 常轴压力的同时，在试件顶部施加往复水平荷载。图 2.12 给出了本书模型分析结果和 CANNY 纤维模型分析结果与试验结果的比较。

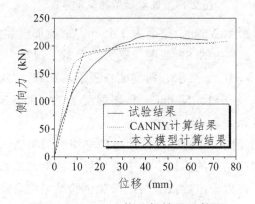

图 2.12　CFSST 柱分析结果比较图

从图 2.12 中可以看出，采用本书模型数值模拟的结果总体上低于试验结果。在弹性段初始刚度稍低于试验结果，而 CANNY 的分析结果高于试验结果。这主要是由纤维模型没有考虑钢管和混凝土之间的滑移作用以及混凝土刚度的折减造成的。采用本书方法构造的非线性单元的模拟结果总体上优于纤维模型的结果，计算效率也大于 CANNY 纤维模型。

2. 钢梁-CFSST 柱框架骨架曲线验证

为了研究钢梁-CFSST 柱平面框架结构的抗震性能，文献[11]对 6 个 1 榀单层单跨方钢管混凝土框架试件开展了在恒定轴力和水平往复荷载作用下的试验研究，试验加载装置如图 2.13 所示。本书选择模型编号为 SF22 的 1 榀试验框架，采用 SAP2000 和 CANNY 对其进行静力弹塑性分析，并与试验得到的骨架曲线进行比较。SAP2000 中采用本书弹塑性模型构造 CFSST 柱非线性单元，CANNY 中 CFSST 柱采用纤维模型法。

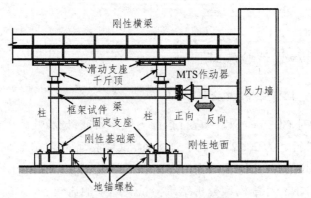

图 2.13   试验模型加载示意图

模型框架的跨距为 2.5 m，层高为 1.45 m。试验加载装置 CFSST 柱截面及材料特性为 2.1.2 节中的 S2 截面，梁为工字钢，规格为 $180 \times 80 \times 4.34 \times 4.34$。按轴压比（$n = 0.3$）要求，两框架柱顶端均加载 375kN 轴压力。钢梁钢材的屈服强度 f_y 为 361.6 N/mm^2，极限强度 f_u 为 495.5 N/mm^2，弹性模量 E_s 为 2.042×10^3 N/mm^2。

图 2.14 给出了钢梁-CFSST 柱框架结构采用本书模型和 CANNY 纤维模型的计算结果与试验结果的比较。图中横坐标为框架顶端水平位移，纵坐标为水平力。从图中可以看出数值分析结果和试验结果吻合良好。

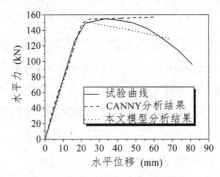

图 2.14   钢梁-CFSST 柱框架分析结果

从图 2.12 和图 2.14 可以看出采用本书弹塑性模型的数值分析结果总体上

低于试验结果，CANNY 纤维模型数值模拟的弹性刚度略大于试验结果。两种数值方法的计算结果基本上和试验结果吻合，因此本书提出 CFSST 柱弹塑性模型对于 CFSST 柱的单调加载是合理可用的。

2.2.2 往复荷载试验验证

采用本书建立的 CFSST 柱模型和纤维模型同样对文献[11]中的 SF11 和 SF12 试验结构进行往复荷载分析。采用本书模型进行分析时钢梁采用 Wen 塑性模型，CFSST 柱滞回模型如 2.1.3 节所述。CANNY 中钢梁采用无退化双线性滞回模型，CFSST 柱采用纤维模型。试验结果对比分别如图 2.15 和图 2.16 所示。

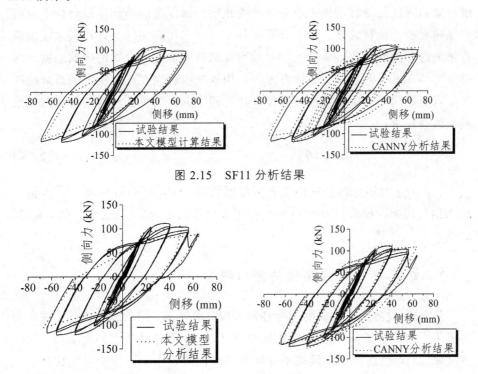

图 2.15   SF11 分析结果

图 2.16   SF12 分析结果

从图 2.15 和图 2.16 中可以看出两种方法均能较好的对试验结果进行模拟。总体上讲，基于纤维模型的分析结果稍微高估了结构的滞回耗能能力，且存在计算耗时久，不易收敛问题。本书模型的分析结果略微低估了结构的滞回耗能能力，计算速度快。

2.3 钢-混凝土组合梁弹塑性模型

框架梁构件一般都是按照"强剪弱弯"设计的。因此，为了简化计算，对于梁构件仅考虑在平面内的单向弯曲，剪切变形假定为弹性。

2.3.1 弹性单元基本参数的确定

由于组合梁在正弯矩和负弯矩作用下刚度是不同的，因此在地震作用下，组合梁的刚度是随着弯矩正负变化而变化的。而在实际结构体系分析中，由于结构复杂，计算繁复，现有计算条件不可能采用真实的实体建模来模拟组合梁的这种刚度变化，一般采用平均刚度法计算框架组合梁的等效刚度，本书参考 Viest[17]及文献[18]的计算方法，用框架组合梁在正弯矩下的折减刚度和负弯矩作用下考虑钢筋作用的刚度进行线性插值的方法计算框架梁的等效截面惯性矩 B_{eq}，如下式表示

$$B_{eq} = 0.4B + 0.6E_s I'$$ （2.26）

式中，B 为正弯矩区的折减刚度，可参照我国《钢结构设计规范》[19]取值，E_s 为钢材的弹性模量，I' 表示负弯矩作用下组合截面的惯性矩，可参照文献[20]取值。

2.3.2 弯矩-曲率骨架曲线与滞回模型

建立钢-混凝土组合梁的弹塑性模型时，需要确定梁的骨架曲线。现有研究成果[18,22]给出了典型三折线弯矩-曲率（M-φ）骨架曲线，如图 2.17 所示。另文献[23]等也提出了三段式型曲线型骨架曲线，由于计算相对比较复杂，这里不再介绍。

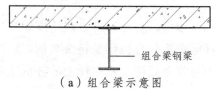

（a）组合梁示意图

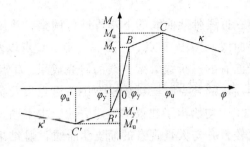

（b）弯矩-曲率（M-φ）骨架曲线

图 2.17　典型三折线组合梁弯矩-曲率（M-φ）骨架曲线

　　钢-混凝土组合梁相应的钢梁，在弹塑性分析时弯矩-曲率骨架曲线通常采用双线性模型，图 2.18（a）给出了组合梁和相应钢梁截面弯矩-曲率骨架曲线的比较，从图中可以看出考虑楼板组合作用的组合梁在正弯矩区段，截面的刚度和极限承载力较钢梁有很大的提高，但在下降段出现了低于钢梁承载力的情况，这与实际情况是不符合的。因为即使在承载力后期混凝土板完全退出工作，在相同曲率下，截面的承载力也不可能低于钢梁。同样在负弯矩区的下降段也存在这样的问题。

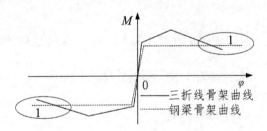

（a）钢梁与组合梁骨架曲线比较示意图

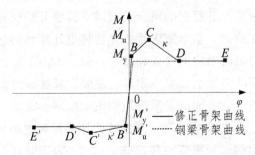

（b）修正后弯矩-曲率（M-φ）骨架曲线

图 2.18　组合梁修正后的四折线弯矩-曲率（M-φ）骨架曲线

因此对组合梁三折线骨架曲线的下降段进行调整，建议了如图 2.18（b）所示的四折线骨架曲线。图中 B 点、B' 点、C 点、C' 点以及下降段的斜率 κ 和 κ' 的取值均基于已有的三折线骨架曲线的研究成果。D 点和 D' 点取组合梁下降段与钢梁骨架曲线的交点。三折线模型中关键点以及负刚度的取值，在文献[18]、[21]和[23]中均给出了建议的确定方法，本书通过对已有的研究成果进行了总结和比较，并与大量现有的简支组合梁试验结果进行对比，发现原有模型对于下降端斜率的取值偏大，在 2.4 节试验验证中会给出比较，且文献[24]中对于连续组合梁滞回模型的骨架曲线没有下降段，因此对下降段斜率进行修正，给出计算公式如下所示：

正弯矩区段：

$$M_{y} = 0.9 f_{y} I_{eq}/h_{sy} , \quad \varphi_{y} = (1+\zeta)\varepsilon_{sy}/h_{sy} \tag{2.27}$$

$$M_{u} = M_{s} + \eta^{0.5}(M_{u0} - M_{s}) , \quad \varphi_{u} = 5.7(h_{s}/h_{c})^{0.2}\varphi_{y} \tag{2.28}$$

$$\kappa = 0.02 M_{u}/\varphi_{u} \tag{2.29}$$

负弯矩区段：

$$M_{y}' = f_{ry} I'/(h-c-h_{sy}') , \quad \varphi_{y}' = \varepsilon_{ry}/(h-c-h_{sy}') \tag{2.30}$$

$$M_{u}' = M_{u0}' , \quad \varphi_{u}' = 10\varepsilon_{sy}'/h_{su}' \tag{2.31}$$

$$\kappa' = 0.02 M_{u}'/\varphi_{u}' \tag{2.32}$$

其中：M_{y}、M_{y}' 和 φ_{y}、φ_{y}' 分别为组合梁正、负弯矩区段屈服弯矩和曲率，正弯矩区是按弹性理论计算得到的组合梁截面下翼缘开始屈服时并考虑滑移效应所对应的弯矩和曲率，负弯矩区是按弹性理论计算得到的组合梁截面混凝土板内钢筋开始屈服时对应的弯矩和曲率；M_{u}、M_{u}' 和 φ_{u}、φ_{u}' 分别表示按照简化塑性理论计算并考虑组合梁中钢梁与混凝土翼缘板之间的剪力连接程度 η 影响所得到的组合梁截面的极限弯矩和极限曲率；M_{s} 表示钢梁的极限抗弯承载力；M_{u0}、M_{u0}' 分别表示按简化塑性理论计算得到的组合梁截面在正、负弯矩作用下所能达到的极限弯矩和曲率；f_{y}、f_{ry} 为钢梁和混凝土板钢筋的屈服强度；κ、κ' 分别表示下降段的斜率；I_{eq}、I_{eq}' 分别为正、负弯矩作用下组合梁截面的换算惯性矩，$I = I_{eq}/(1+\zeta)$ 为考虑滑移效应的正弯矩区换算截面惯性矩，其中 ζ 为刚度折减系数，可参照我国《钢结构设计规范》（GB 50017—2016）取值；ε_{sy}、ε_{sy}' 分别为正弯矩和负弯矩区钢梁下翼缘的屈服应变，ε_{ry} 为组合梁翼缘内钢筋的屈服应变；h_{sy} 和 h_{sy}' 分别为正、负弯矩作用下截面弹性中和轴到钢梁下翼缘的距离，h_{su} 为负弯矩作用下塑性中和轴到钢梁下翼缘的距离，h_s、h_c 分别表示钢梁和混凝土板的高度，h 表示组合梁总高度，c 表示钢筋形心距混凝土翼板顶部的距离。

对于钢-混凝土组合梁滞回模型采用退化的 Takeda 滞回模型，图 2.11（c）中给出了 CFSST 柱滞回模型示意图，其正、负弯矩区刚度和强度均相等。组合梁正、负弯矩区刚度和强度均不相同，图 2.19 给出组合梁滞回模型示意图。

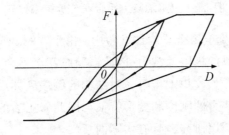

图 2.19　组合梁 Takeda 滞回模型示意

2.4　钢-混凝土组合梁弹塑性模型试验验证

文献[25]为研究钢-混凝土组合梁的抗弯性能，对 5 根不同抗剪连接程度的简支组合梁进行了静力全过程试验研究。本书采用集中塑性模型方法对两个不同抗剪连接程度的 SCB-1（$\eta = 1.141$）和 SCB-5（$\eta = 0.673$）试验梁进行数值模拟，试验和数值分析结果对比如图 2.20 所示。

图 2.20 给出了原有三折线骨架曲线计算结果、修正后骨架曲线计算结果以及下降段斜率 κ 取 0 时的计算结果比较。从图中可以看出，选取这三种骨架曲线进行分析时，在试验梁达到极限荷载之前，骨架曲线略总体上低于单调加载曲线，这与实际情况相符。过了极限荷载后，原三折线骨架曲线下降端斜率远远低于单调加载曲线；斜率为 0 时，对组合梁会高估其承载能力。本书修正的骨架曲线计算结果介于两者之间。且由于实测变形有限，试验时组合梁的残余承载力未下降到等于纯钢梁的情况，数值模拟结果只给到下降段。

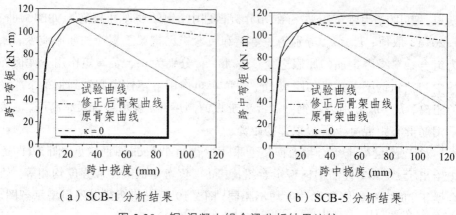

（a）SCB-1 分析结果　　　　　　　（b）SCB-5 分析结果

图 2.20　钢-混凝土组合梁分析结果比较

在实际的钢-混凝土组合梁构件试验中，由于实测变形有限，且主要关注的问题是构件设计时的极限承载力，因此试验时甚至不会得到明显的下降段。但是在近场强震下，如汶川地震等，对结构的倒塌破坏进行研究，就需要清楚知道构件极限承载力的刚度和变形特征，因此修正后的模型对于极端荷载作用下的大变形和倒塌研究，具有实际的意义。

2.5　小　结

主要内容包括以下几个方面：

（1）给出了实现建立非线性构件单元与原 CFSST 构件轴压刚度、弯曲刚度、剪切刚度等效以及质量等效的方法。

（2）根据已有的 CFSST 截面轴力-弯矩极限相关曲线，通过大量 CFSST 截面非线性力学性能的数值分析，给出了方钢管混凝土截面轴力-弯矩屈服相关曲面的简化计算公式。并修正了现有的方钢管混凝土截面的弯矩-曲率关系曲线。

（3）通过对现有的钢-混凝土组合梁弯矩-曲率骨架曲线的总结和比较，修正了钢-混凝土组合梁弯矩-曲率下降段的骨架曲线。

（4）对已有的试验结果进行分析，验证了建立的方钢管混凝土柱和钢-混凝土组合梁弹塑性模型的适用性，为后面的计算分析提供技术保证。

（5）本章所发展的组合梁、钢管混凝土柱非线性单元可以通过自编软件实现，也可以在现有的大型有限元分析软件中实现，例如可以在 SAP2000 中直接实现。

参考文献

[1] 刘阳冰，刘晶波，韩强，等. 方钢管混凝土压弯构件塑性屈服面的简化确定方法. 重庆大学学报，2010，33（10）：70-75.

[2] 李珠，郭秀华，张文芳，等. 中国国家大剧院分析中钢管混凝土柱的简化分析[J]. 工程力学，2004，21（4）：34-38.

[3] 陈麟，张素梅，陈洪涛，等. 钢管混凝土空间框架的刚度分析[J]. 哈尔滨建筑大学学报，2001，34（2）：22-26.

[4] 韩林海，杨有福. 现代钢管混凝土结构技术[M]. 北京：中国建筑工业出版社，2007:5-6.

[5] 中国工程建设标准化协会. CECS 159 :2004 矩形钢管混凝土结构技术规程[S]. 北京：中国标准出版社，2004.

[6] 福建省建设厅. DBJ13-51—2003 钢管混凝土结构技术规程[S]. 福州：福建省建设标准，2003.

[7] Eurocode 4, 1994. Design of composite steel and concrete structures, Part. 1: General rules and rules for buildings (together with United Kingdom National Application Document)[S]. DD ENV 1994-1-1: 1994, British Standard Institution, London W1A2BS.

[8] Charles Chadwell. XTRACT User's Manual. University of California at Berkeley, 2001.

[9] 韩林海. 钢管混凝土结构-理论与实践[M]. 北京：科学出版社，2007：72-74.

[10] 张建辉. 方钢管混凝土框架柱的抗震性能分析[D]. 天津：天津大学，2004

[11] 王文达，韩林海，陶忠. 钢管混凝土柱-钢梁平面框架抗震性能的试验研究[J]. 建筑结构学报，2006，27（3）：48-58.

[12] 韩林海，游经团，杨有福，等. 往复荷载作用下矩形钢管混凝土构件力学性能的研究[J]. 土木工程学报，2004，37（11）：11-22.

[13] 张素梅，刘界鹏，王玉银等. 双向压弯方钢管高强混凝土构件滞回性能试验与分析[J]. 建筑结构学报，2005，26（3）：9-18.

[14] 陶忠，杨有福，韩林海. 方钢管混凝土构件弯矩-曲率滞回性能研究[J]. 工业建筑，2000，30（6）：7-12.

[15] 韩林海，陶忠，王文达. 现代组合结构和混合结构-试验、理论和方法[M]. 北京：科学出版社，2009：497-498.

[16] TAKEDA T, SOZEN M A, NIELSEN N N. Reinforced concrete response to simulated earthquakes[J]. J. Struct. Engrg. Div., ASCE, 1970, 96（12）：2257-2573.

[17] VIEST I M, COLACO J P, GRIFFIS R W, et al. Composite construction design for buildings[M], McGraw-Hill, New York, 1997.

[18] 陈戈. 钢-混凝土组合框架的试验及理论分析. 北京：清华大学，2005.

[19] 中华人民共和国建设部. GB50017—2003 钢结构设计规范[S]. 北京：中国计划出版社, 2003.

[20] 聂建国，刘明，叶列平. 钢-混凝土组合结构[M]. 北京：中国建筑工业出版社，2005.

[21] 聂建国，余洲亮，袁彦声,等. 钢-混凝土组合梁恢复力模型的研究[J]. 清华大学学报：自然科学版，1999, 39（6）：121-123.

[22] 蒋丽忠，余志武，曹华，等. 钢-混凝土简支组合梁的恢复力模型. 现代钢结构，2007, 37（11）：85-87.

[23] 聂建国. 钢-混凝土组合梁结构 ——试验、理论与应用[M]. 北京：科学出版社，2005.

[24] 辛学忠，蒋丽忠，曹华. 钢-混凝土连续组合梁的恢复力模型[J]. 建筑结构学报, 2006, 27（1）：83-89.

[25] 薛建阳. 钢-混凝土简支组合梁抗弯性能的试验与理论研究. 西安：西安建筑科技大学，2007.

[26] LIU YANGBING, CHEN FANG, LIU JINGBO. Research on skeleton curves of steel-concrete composite beams[C]. Advances Materials Research, 2011,Vols.255-260: 861-865.

3 基于纤维模型的钢-混凝土组合构件弹塑性模型

3.1 概 述

由于建筑结构的多样性和结构自身非线性行为的特殊性，使得建筑结构的弹塑性建模方法多种多样。三维实体单元模型精细化程度高，但是计算代价高、建模复杂等问题使得它只适用于单个构件的分析及较小的框架结构分析中。对于大型结构体系，杆系模型是描述弹塑性变形情况的理想模型，能较全面地考虑各杆件逐个进入塑性阶段的过程及对整个结构的影响。

杆件离散单元根据所采用的恢复力模型可以分为三类：基于材料的模型、基于截面的模型和基于构件的模型。第 2 章第 2.1 节所建议的方钢管柱弹塑性模型为基于截面的弹塑性模型，所采用的原理方法同样适用于圆钢管混凝土柱。为了讨论采用不同模型建立钢管混凝土柱弹塑性模型的方法，本章对弹塑性模型化方法进行进一步的讨论，以圆钢管混凝土柱为例，分别采用基于材料的实体模型法和基于截面的纤维模型法进行分析，讨论不同方法的适用性。

3.2 基于纤维模型的组合构件弹塑性模型

3.2.1 纤维模型简介

纤维模型是将构件沿纵向分段，将构件截面划分为若干网格，每一网格按中心点进行数值积分，该网格的纵向微段即为纤维。这种方法将截面划分为细小的纤维单元，通过定义纤维单元材料恢复力模型，积分得到截面的恢复力。这种模型方法精细化程度高、适用性强。

模拟钢-混凝土组合构件就可以采用这种基于材料模型的非线性纤维梁-柱单元，通过赋予截面纤维不同的材料属性，来实现由钢与混凝土两种不同材料构成的组合截面。纤维模型是基于下述假定的：

（1）平截面假定，认为构件截面在变形过程中始终保持为平面；

（2）钢管与核心混凝土之间应变协调；

（3）纤维处于单轴应力状态。

对于柱构件的常用剪跨比范围，基本上可以满足上述假定。计算时依据平截面假定，由构件截面的轴向应变和弯曲应变得到截面上每一个纤维单元的应变，再根据纤维的本构关系得到每个纤维的应力，将各个纤维沿截面积分，得到截面总的刚度和抗力。

3.2.2　操作平台及纤维划分

目前，采用纤维模型的软件平台有 CANNY、MIDAS、OpenSees、PERFORM-3D 等，本书的纤维模型计算，均在 PERFORM-3D 软件中进行。

PERFORM-3D[1]（Nonlinear Analysis and Performance for 3D structure）三维结构非线性分析与性能评估软件，它的前身为美国加州大学 Berkeley 分校的鲍威尔教授开发的 Drain-2DX 和 Drain-3DX，是一个致力于研究结构抗震设计的非线性分析工具，可通过以变形为基础或强度为基础的极限状态来对结构进行非线性分析。PERFORM-3D 为用户提供了一个复杂的地震工程工具来进行静力 Pushover 分析和动力弹塑性时程分析。

PERFORM-3D 提供了两种典型的纤维截面分别用于定义梁截面和柱截面。梁截面纤维可以考虑轴力和面内弯矩的非线性弯矩（面外弯矩为弹性）；柱截面纤维可以考虑轴力和两个方向弯矩的相关行为。PERFORM-3D 提供的梁纤维截面为条带纤维，即只沿梁截面的一个方向轴划分纤维条，一个纤维截面可以包括总数为 12 的钢纤维或混凝土纤维。对于柱截面，钢纤维与混凝土纤维沿两个主轴方向布置，一个纤维截面中的纤维总数最多为 60。对钢梁及钢管混凝土柱的截面纤维划分见图 3.1。

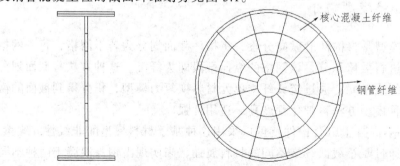

（a）钢梁截面的纤维划分　　　（b）钢管混凝土柱截面的纤维划分

图 3.1　梁柱截面的纤维划分

3.2.3 材料强度取值规定

在对结构进行弹塑性分析时，希望反映的是结构构件实际能够发挥的强度水准，《混凝土结构设计规范》（GB 50010—2013）第 5.5.1 条规定，材料的性能指标宜取平均值，并宜通过试验分析确定，也可按本规范附录 C 的规定确定。因此，根据混凝土规范附录 C 中式（C.2.1-1），混凝土的抗压强度平均值 f_{cm} 与标准值 f_{ck} 之间的关系为：

$$f_{cm} = f_{ck}/(1-1.645\delta_c) \tag{3.1}$$

式中 δ_c 为混凝土强度变异系数。如 C30 混凝土轴心抗压强度标准值 f_{ck} = 20.1 MPa，变异系数 δ_c = 17.2%，代入式（3.1），可得混凝土轴心抗压强度平均值 f_{cm} = 28.03 MPa。

混凝土圆柱体轴心抗压强度 f_c' 与立方体抗压强度 f_{cu} 的换算关系见表 3.1。

表 3.1　混凝土轴压强度不同表达值之间的近似对应关系

强度等级	C30	C40	C50	C60	C70	C80	C90
f_{ck}/MPa	20	26.8	33.5	41	48	56	64
f_c'/MPa	24	33	41	51	60	70	80

钢材的屈服的强度同样采用平均值，计算得到 Q345 钢材的屈服强度平均值为 389.90 MPa，Q235 钢材的屈服强度平均值为 270.61 MPa。

3.2.4 材料本构关系模型

1. 核心混凝土单轴受压应力-应变关系

在钢管混凝土中，由于混凝土受到钢管约束作用，核心混凝土的力学性能不同于普通钢筋混凝土结构中的混凝土，从而使得钢管核心混凝土的受力更加复杂。采用文献[2]提出的适用于纤维模型法且考虑了钢管约束效应的核心混凝土本构，其中 ξ 为约束效应系数。对于圆钢管混凝土和方钢管混凝土，分别由式（3.2）、式（3.3）所示。

（1）对于圆钢管混凝土

$$y = 2x - x^2 \qquad\qquad (x \leqslant 1)$$

$$y = \begin{cases} 1 + q(x^{0.1\xi} - 1) & (x > 1, \xi \geqslant 1.12) \\[2mm] \dfrac{x}{\beta(x-1)^2 + x} & (x > 1, \xi < 1.12) \end{cases} \qquad (3.2)$$

式中：

$$x = \frac{\varepsilon}{\varepsilon_0}$$

$$y = \frac{\sigma}{\sigma_0}$$

$$\sigma_0 = \left[1 + (-0.054\xi^2 + 0.4\xi) \left(\frac{24}{f_c'} \right)^{0.45} \right] f_c'$$

$$\varepsilon_0 = \varepsilon_{cc} + \left[1400 + 800 \left(\frac{f_c'}{24} - 1 \right) \right] \xi^{0.2} \cdot 10^{-6}$$

$$\varepsilon_{cc} = (1300 + 12.5 \cdot f_c') \cdot 10^{-6}$$

$$q = \frac{\xi^{0.745}}{2 + \xi}$$

$$\beta = (2.36 \times 10^{-5})^{[0.25 + (\xi - 0.5)^7]} (f_c')^2 \times 3.51 \times 10^{-4}$$

其中，f_c' 为混凝土圆柱体强度，以 MPa 计。

（2）对于方、矩形钢管混凝土

$$y = 2x - x^2 \qquad\qquad (x \leqslant 1)$$

$$y = \frac{x}{\beta(x-1)^{\eta} + x} \qquad\qquad (x > 1) \qquad (3.3)$$

式中：

$$x = \frac{\varepsilon}{\varepsilon_0}$$

$$y = \frac{\sigma}{\sigma_0}$$

$$\sigma_0 = \left[1 + (-0.0135 \cdot \xi^2 + 0.1\xi) \cdot \left(\frac{24}{f_c'} \right)^{0.45} \right] f_c'$$

$$\varepsilon_0 = \varepsilon_{cc} + \left[1330 + 760 \cdot \left(\frac{f_c'}{24} - 1\right)\right]\xi^{0.2} \cdot 10^{-6}$$

$$\varepsilon_{cc} = (1300 + 12.5 \cdot f_c') \cdot 10^{-6}$$

$$\eta = 1.6 + 1.5 / x$$

$$\beta = \begin{cases} \dfrac{(f_c')^{0.1}}{1.35\sqrt{1+\xi}} & (\xi \leqslant 3.0) \\[4mm] \dfrac{(f_c')^{0.1}}{1.35\sqrt{1+\xi(\xi-2)^2}} & (\xi > 3.0) \end{cases}$$

由式（3.2）、式（3.3）可知，当 $x \leqslant 1$，即核心混凝土达到峰值应力 σ_0 之前，应力-应变关系与素混凝土本构关系模型在形式上类似。当 $x>1$ 时，核心混凝土的应力-应变关系则随着钢管约束效应系数 ξ 的变化而变化。第 2 章 2.1.2 节中图 2-2（b）所示为钢管约束混凝土的典型 σ-ε 关系。当 $\xi \geqslant \xi_0$ 时，混凝土应力达到 σ_0 之后，σ-ε 关系仍然不出现下降段；当 $\xi \approx \xi_0$ 时，混凝土应力达到 σ_0 之后，σ-ε 关系趋于平缓；当 $\xi<\xi_0$ 时，混凝土应力达到 σ_0 之后，σ-ε 关系会出现下降段。

2. 核心混凝土单轴受拉应力-应变关系

核心混凝土的单轴受拉应力-应变曲线采用沈聚敏等[3]提出的本构模型

$$y = \begin{cases} 1.2x - 0.2x^6 & (x \leqslant 1) \\[2mm] \dfrac{x}{0.31\sigma_{t0}^2(x-1)^{1.7} + x} & (x > 1) \end{cases} \tag{3.4}$$

式中，$x = \dfrac{\varepsilon_t}{\varepsilon_{t0}}$；$y = \dfrac{\sigma_c}{\sigma_{t0}}$，$\sigma_{t0}$ 为峰值拉应力，ε_{t0} 为峰值拉应力时的应变，分别按下式计算：

$$\sigma_{t0} = 0.26(1.25f_c')^{2/3} \tag{3.5}$$

$$\varepsilon_{t0} = 43.1\sigma_{t0}(\mu\varepsilon) \tag{3.6}$$

3. 钢材的单轴本构关系

对于 Q235 钢、Q345 钢和 Q390 钢等建筑工程中常用的低碳软钢，应力-应变关系曲线采用二次塑流模型，可分为弹性段（Oa）、弹塑性阶段（ab）、塑性段（*bc*）、强化段（*cd*）和二次塑流（*de*）等五个阶段，同第 2 章 2.1.2 节中图 2.2（a）所示。

对于高强钢材，采用如图 3.2 所示的双线性模型，强化段的模量可取值为 $0.01E_s$，E_s 为钢材的弹性模量。

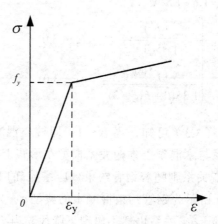

图 3.2　高强钢材的应力-应变关系

3.2.5　材料的 *F-D* 曲线拟合

PERFORM-3D 软件中的非线性本构模型包括截面本构模型（塑性铰本构模型）、材料本构模型及弹簧本构模型均采用统一的骨架曲线形式，即广义力-广义位移（*F-D*）曲线。*F-D* 曲线只能由一定数量的折线段组成，如图 3.3，只能输入特征点，不允许用户自定义，采用其他形式的曲线。由第 3.2.4 节计算的材料本构关系，实际为曲线形式，因此，需要将曲线拟合成 PERFORM-3D

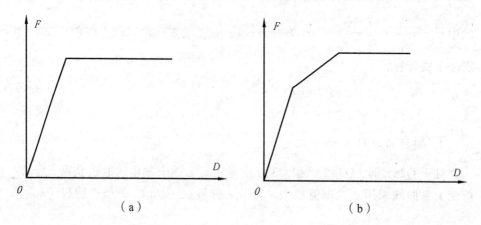

（a）　　　　　　　　　　　　　（b）

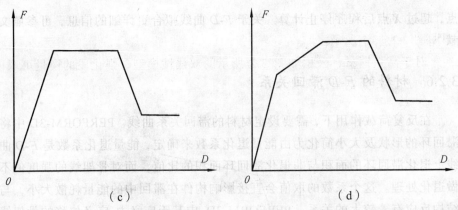

（c）   （d）

图 3.3　PERFORM-3D 中的 *F-D* 曲线

中规定的形式。实际工程中大多数研究者采用等面积拟合的原则，即折线段与坐标轴所包围的面积大致等于曲线与坐标轴所包围的面积。*F-D* 关系的选择依据材料的实际本构进行，以图 3.4 中的五折线段为例，进行拟合说明。

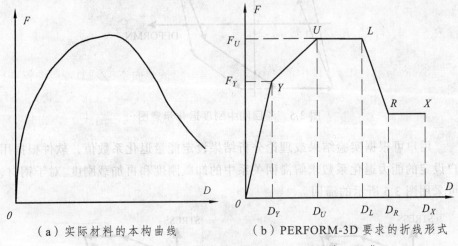

（a）实际材料的本构曲线　　　（b）PERFORM-3D 要求的折线形式

图 3.4　实际材料的本构和 PERFORM-3D 的输入要求

图 3.4（b）所示的 Y、U、L、R、X 点为拟合的关键点。其中 Y 点为屈服点，一般在该点之后 *F-D* 曲线开始表现出非弹性性质；Y 点到 U 点为强化段，这一段强度仍旧上升，但是刚度较弹性段降低；U 点到 L 点之间为平台段，这段表现为理想弹塑性；L 点之后曲线开始下降，下降到 R 点结束；之后一直保持一定的残余强度到最大变形值 X 点处，X 点一般为程序计算控制

点，超过 X 点后程序停止计算。关于 F-D 曲线拟合更详细的信息，可参照文献[4]。

3.2.6 材料的 F-D 滞回关系

在反复荷载作用下，需要设定材料的滞回关系曲线。PERFORM-3D 中将滞回环的形状及大小简化为由能量退化系数来确定，能量退化系数是 F-D 曲线上退化滞回环的面积与非退化滞回环面积的比值，而对骨架线的强度值不做退化处理。这个系数的取值会直接影响构件在滞回中的能量耗散大小，与结构反应有着较大的关系。PERFORM-3D 中基于广义力-广义位移的骨架线滞回关系设定，如图 3.5 所示。

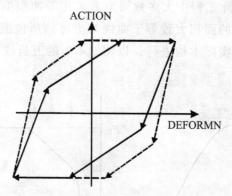

图 3.5　滞回圈中刚度退化示意图

用户可根据实验结果或理论分析结果设定能量退化系数值，软件根据用户设定的能力退化系数求解滞回关系中的卸载刚度和再加载刚度。对于钢材，可采用图 3.5 所示的滞回。

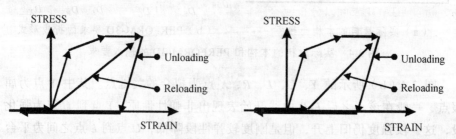

（a）能量耗散系数为 1 时的加卸载过程　（b）能量耗散系数不为 1 时的加卸载过程

图 3.6　受压混凝土 F-D 曲线能量耗散

图 3.6 为混凝土受压应力-应变循环退化方式，不考虑混凝土受拉时的能量退化。卸载线与再加载线所围成的面积为一次循环中的能量耗散，当循环耗散系数等于 1 时，耗散能量最大，当能量耗散系数等于 0 时，卸载线与再加载线重合，一次循环不耗散能量。图 3.6（a）为能量耗散系数为 1 时的加卸载情况，图 3.6（b）为能量退化系数小于 1 时的加卸载情况，由图中可以看出，在一次循环加载过程中，图 3.6（a）的滞回耗能大于图 3.6（b）的滞回耗能。

钟煜（2012）[5]根据试验中钢材和混凝土的加卸载规律发现，钢材与混凝土的单轴滞回耗能存在较大的差别。钢材在加卸载过程中刚度与强度退化均不明显，滞回曲线饱满，说明耗散的能量大。而混凝土材料在加卸载过程中卸载线和再加载线几乎重合，能量耗散小。因此，对两种材料在强度区的能量退化系数作了合理规定，本书的能量退化系数取值采用该文献方法。

3.3　基于实体模型的组合构件弹塑性模型

3.3.1　实体模型简介

虽然纤维模型法能够有效地模拟钢-混凝土组合框架结构，但是纤维模型法是一种简化的数值分析方法，在进行组合构件力学性能分析时，不能准确分析钢管和混凝土单元的三向应力以及两者间的黏结滑移现象，而采用有限元方法则可以很好地解决这个问题，同时还可以进一步验证纤维模型法的计算结果。

选用大型通用有限元软件 ABAQUS 进行基于实体模型的组合构件弹塑性分析。ABAQUS 可以分析复杂的固体力学和结构力学系统，模拟非常复杂庞大的模型，处理高度非线性问题。同时，ABAQUS 具有丰富的、可以模拟任何几何形状的单元库，并拥有各种类型的材料模型库，可以模拟大多数典型工程材料。此外在非线性分析中，ABAQUS 能够自动选择合适的载荷增量和收敛准则，并在分析过程中不断地调整这些参数值，确保得到精确解。

以下探讨在有限元软件 ABAQUS 中钢-混凝土组合框架的建模方法、材料本构关系的选取、钢管与核心混凝土之间界面的处理等问题，并选取典型的组合框架进行单调加载下的数值模拟。

3.3.2 材料本构关系模型

1. 混凝土本构关系

ABAQUS 中的混凝土塑性损伤模型是基于拉、压各向同性塑性的连续线性损伤模型，它假定混凝土材料主要因为拉伸开裂和压缩破碎而破坏。核心混凝土在受压时受到钢管的侧向约束作用，且该侧向力是被动的，随着纵向压力的增大而增大。混凝土的塑性性能增加，主要表现在：一是对应于峰值应力的应变值增大；二混凝土应力-应变关系下降段变得平缓。韩林海[2]经过大量算例分析，提出了适用于 ABAQUS 有限元软件分析的核心混凝土等效单轴受压应力-应变关系，其具体表达式如下：

$$y = \begin{cases} 2x - x^2 & (x \leqslant 1) \\ \dfrac{x}{\beta_0 (x-1)^\eta + x} & (x > 1) \end{cases} \tag{3.7}$$

式中：

$$x = \frac{\varepsilon}{\varepsilon_0}; \qquad y = \frac{\sigma}{\sigma_0}$$

$$\sigma_0 = f_c'; \qquad \varepsilon_0 = \varepsilon_c + 800\xi^{0.2} \cdot 10^{-6}$$

$$\varepsilon_c = (1300 + 12.5 f_c') \cdot 10^{-6}$$

$$\eta = \begin{cases} 2 & （圆钢管混凝土） \\ 1.6 + 1.5/x & （方钢管混凝土） \end{cases}$$

$$\beta_0 = \begin{cases} (2.36 \times 10^{-5})^{\left[0.25 + (\xi - 0.5)^7\right]} \cdot (f_c')^{0.5} \cdot 0.5 \geqslant 0.12 & （圆钢管混凝土） \\ \dfrac{(f_c')^{0.1}}{1.2\sqrt{1+\xi}} & （方钢管混凝土） \end{cases}$$

在以上各式中，混凝土圆柱体抗压强度 f_c' 以 N/mm² 为单位计。

钢管混凝土承受弯矩作用时，核心混凝土会受到拉力，因此需要定义混凝土的受拉软化性能。ABAQUS 软件提供了三种定义混凝土受拉软化性能的方法：（1）混凝土后继应力-应变关系；（2）混凝土后继破坏应力-开裂位移关系；（3）混凝土后继应力-断裂能关系。后继应力-断裂能关系模型假定开裂后材料强度线性地变化到零，是基于脆性破坏概念定义开裂的单位面积作为材料参数，当采用此模型定义混凝土受拉软化性能时，计算时收敛性较好。

72

因此，采用该模型来模拟混凝土受拉软化性能，如图 3.7 所示。

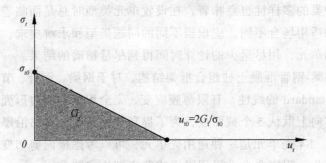

图 3.7　混凝土受拉软化模型

混凝土抗拉强度完全丧失时法向开裂位移为

$$\mu_{to} = 2G_f / \sigma_{to} \tag{3.8}$$

式中 G_f 和 σ_{to} 分别为混凝土受拉时的断裂能和峰值破坏应力，峰值拉应力 σ_{to} 可按混凝土抗拉强度确定，即式（3.5）确定，而断裂能 G_f 的取值在 40 ~ 120 N/mm，对于普通混凝土（其抗压强度大约为 20 MPa）取低值，对于高强混凝土（其抗压强度大约为 40 MPa）取高值。

2. 钢材的本构关系

ABAQUS 提供了基于经典金属塑性的弹塑性本构模型，此模型在多轴应力状态下满足 Von Mises 屈服准则，并遵循弹塑性金属材料相关流动法则。在单调荷载作用下，采用等向强化法则；在反复荷载作用下，可采用随动强化法则。实体模型中钢材的单轴应力-应变本构关系同纤维模型中的钢材本构关系。

钢材在三向应力状态下的应力强度和应变强度分别为：

$$\sigma_i = \frac{\sqrt{2}}{2}\left[(\sigma_1 - \sigma_2)^2 + (\sigma_2 - \sigma_3)^2 + (\sigma_3 - \sigma_1)^2\right]^{1/2}$$
$$\varepsilon_i = \frac{\sqrt{2}}{3}\left[(\varepsilon_1 - \varepsilon_2)^2 + (\varepsilon_2 - \varepsilon_3)^2 + (\varepsilon_3 - \varepsilon_1)^2\right]^{1/2} \tag{3.9}$$

3.3.3　单元类型选取及网格划分

ABAQUS 具有丰富的单元库，单元种类多达 433 种，共分为八大类：实体单元、壳单元、薄膜单元、梁单元、杆单元、刚体单元、连接单元和无限元。单元种类的多样性也意味着，在设置单元类型时总是面临着多种选择。每种单元的适用场合不同，应根据不同的问题类型和求解要求，为模型选择出最合适的单元，用尽量少的计算时间得到尽量精确的结果。

对于钢梁-钢管混凝土柱组合框架结构，对于钢梁、钢管、节点环板使用ABAQUS/Standard 的线性、有限薄膜应变、完全积分的四边形壳单元（S4）。壳的厚度方向上默认 5 个截面点，为了提高计算精度，本书沿厚度方向采取9 个截面点。S4 壳单元是一种通用壳单元，可以考虑横向剪切变形，且随着壳厚度的变化，程序会自动采用厚壳或薄壳理论求解。

对于核心混凝土，采用 8 节点六面体线性减缩积分的三维实体单元（C3D8R）。减缩积分单元在每个方向上比完全积分单元少用一个积分点。减缩积分的线性单元只在单元的中心有一个积分点（实际上，在 ABAQUS 中这些一阶单元采用了更精确的均匀应变公式，即计算了单元应变分量的平均值）。对于多数问题，采用线性减缩积分单元的细划网格所产生的误差在一个可接受的范围之内。当采用此类单元模拟承受弯曲载荷的任何结构时，沿厚度方向上应至少采用四个单元。对于框架加载盖板、柱脚加劲板等构造作用的钢板，同样可采用三维实体单元（C3D8R）模拟。

有限元模型网格划分采用映射自定义网格划分，在满足计算精度的前提下合理选择网格密度，以达到计算精度和计算效率的平衡。对于本书的圆钢管混凝土柱，由于主面（钢管内表面）和从面（混凝土外表面）都是圆弧面，应注意让主面和从面在圆弧方向的网格密度相同，以保证从面节点和主面节点是一一对应的，使计算过程具有较好的收敛性。

3.3.4 边界及荷载添加

组合框架的柱脚与基础固接，主要是通过加劲板与底板的焊接实现的。因此，在 ABAQUS 中，对钢管与加劲板下表面采用嵌固边界，约束单元所有自由度，而对于核心混凝土，仅约束其轴向位移。

在向组合框架施加点荷载时，由于材料的非线性，直接对某个单元节点施加点荷载易造成变形高度集中、计算不收敛。可根据实际情况改用面荷载或线荷载，或者采用耦合约束为荷载作用点附近的几个节点建立刚性连接，让这些节点共同承担点荷载。

3.3.5 界面接触处理

钢管与核心混凝土之间的界面处理是模拟钢-混凝土组合构件的一个关键问题。根据钢管混凝土柱的受力特点,可对界面法线方向采用硬接触,认为垂直于接触面的压力 p 可以在界面间自由传递;对界面切线方向采用库伦摩擦模型,如图 3.8(a)所示,界面间的剪应力可以传递,当达到临界剪应力值 τ_{crit} 时,界面间发生相对滑动,并在滑动过程中保持剪应力 τ_{crit} 不变。界面临界剪应力与界面法向压力的关系如图 3.8(b)所示。

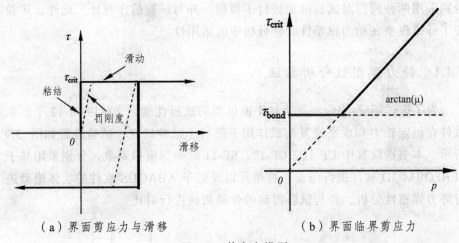

(a)界面剪应力与滑移   (b)界面临界剪应力

图 3.8 剪应力模型

剪应力临界值 τ_{crit} 与界面压力 p 成正比,且不小于界面平均黏结力 τ_{bond},即

$$\tau_{crit} = \mu \cdot p \geqslant \tau_{bond} \qquad (3.10)$$

式中,μ 为界面摩擦系数,钢与混凝土间摩擦系数的取值在 0.2 ~ 0.6[6-7]。文献[8]经过对大量钢管混凝土柱的试算并与试验值对比发现,摩擦系数值取为 0.6 时,可以获得与试验值整体符合良好的计算结果。τ_{bond} 为钢管与混凝土间的界面平均黏结力,其计算方法同样参考文献[8]。

对于组合框架,除了考虑钢管与混凝土之间的界面接触外,还应考虑节点部位钢梁、环板与钢管,以及柱脚加劲板与钢管之间的关系。在 ABAQUS 分析时,采用自由度耦合的方法进行处理,即认为这些部位连接处具有相同连续的自由度。采用约束命令 TIE 将环板与钢管、钢梁腹板与钢管,以及柱脚加劲板与钢管绑定在一起，实现自由度耦合。由于钢管（壳单元）和端板（实体单元）采用不同的单元类型，两者间的约束采用 Shell-to-Solid Coupling 命令。端板与核心混凝土间可采用只传递法向压力的硬接触。

3.4 弹塑性模型验证

为了验证纤维模型与实体模型在静力弹塑性分析中计算结果的可靠性，分别采用两种模型对试验框架进行了模拟，并与试验值作对比。此外，还验证了纤维模型在动力弹塑性时程分析中的适用性。

3.4.1 静力弹塑性分析验证

为了探讨钢梁-钢管混凝土柱平面框架的抗震性能，文献[9]对 12 个框架试件在恒定轴力和水平往复荷载作用下进行了试验研究，试验装置如图 3.9 所示。本书选取其中 CF-11、CF-12、SF-11 框架为模拟对象，分别采用基于 PERFORM-3D 软件的纤维梁、柱单元以及基于 ABAQUS 软件的实体模型进行静力弹塑性分析，并与试验得到的骨架曲线进行对比。

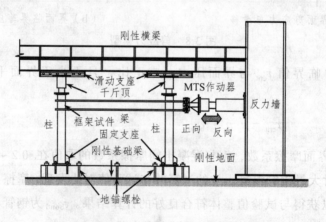

图 3.9　试验装置示意图

各框架试件的基本情况如表 3.2 所示，其中试件编号 CF 代表圆钢管混凝土柱框架，SF 代表方钢管混凝土柱框架，梁为工字钢梁。各框架柱顶依据轴压比要求施加相应轴力，钢材的力学性能指标如表 3.3 所示，混凝土的弹性模量为 33 800 N/mm²，立方体抗压强度为 52.3 N/mm²。

表 3.2　试验试件一览表

试件编号	试件尺寸/mm			梁柱线刚度比	轴压比 n	含钢率 α
	部位	截面	长度			
CF-11	柱	$\phi140×2.0$	1 450	0.57	0.07	0.06
	梁	150×70×3.44×3.44	2 500			
CF-12	柱	$\phi140×2.0$	1 450	0.57	0.3	0.06
	梁	150×70×3.44×3.44	2 500			
SF-11	柱	$\phi120×3.46$	1 450	0.62	0.05	0.126
	梁	160×80×3.44×3.44	2 500			

表 3.3　钢材力学性能指标

钢材类型	厚度 /mm	屈服强度 f_y /（N/mm²）	极限强度 f_u /（N/mm²）	弹性模量 E_s /（N/mm²）	泊松比 μ_s
圆钢管	2.0	327.7	397.9	$2.063×10^5$	0.266
方钢管	3.46	404	510.5	$2.064×10^5$	0.278
环板和钢梁	3.44	303	440.9	$2.061×10^5$	0.262

基于纤维模型法的截面纤维划分如图 3.1，图 3.10 所示为基于实体模型法的框架试件有限元模型中，节点区域、柱脚区域的网格划分以及试件整体网格划分示意。

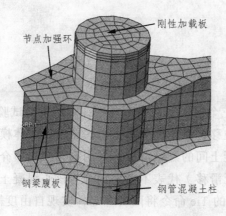

刚性加载板
节点加强环
钢梁腹板
钢管混凝土柱

（a）框架节点区域网格划分示意

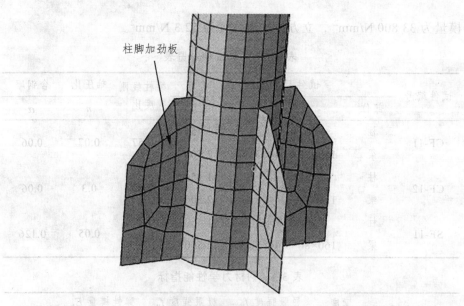

柱脚加劲板

（b）框架柱脚区域网格划分

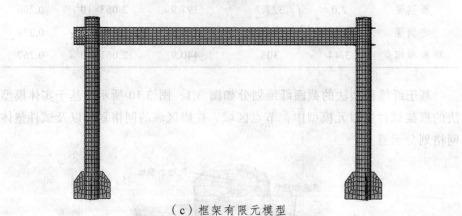

（c）框架有限元模型

图 3.10　框架试件有限元分析模型

　　图 3.11 给出了三个框架采用本章模型计算结果与试验结果的对比，横坐标为框架顶端水平位移，纵坐标为水平力。图中，实体模型（有滑移）代表考虑钢管与核心混凝土间的黏结滑移，采用第 3.3.5 节介绍的界面接触处理方法；实体模型（无滑移）代表不考虑钢管与核心混凝土间的黏结滑移，采用 Constraint 约束中的 Tie 命令将两者绑定，实现自由度耦合。

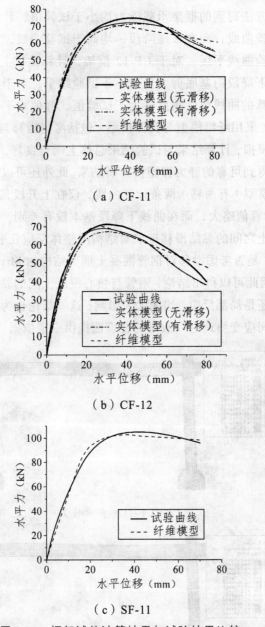

（a）CF-11

（b）CF-12

（c）SF-11

图 3.11 框架试件计算结果与试验结果比较

由图 3.11 可知，对于 CF-11 框架，采用实体模型（无滑移）计算的曲线弹性刚度与试验曲线最为接近，采用实体模型（有滑移）计算的试验曲线弹性刚度稍小于试验曲线，而采用纤维模型计算的曲线弹性刚度略大于试验曲线。三种模拟方法得到的框架承载能力均小于试验值，计算曲线在刚开始下降阶段低于试验曲线，而在末尾阶段，均高于试验曲线，总的来说计算曲线的下降段较试验曲线平缓。对于 CF-12 框架，计算曲线上升段规律与 CF-11 框架类似，而下降段的基底剪力普遍小于试验结果；对于 SF-11 框架，采用纤维模型法计算的曲线弹性刚度略大于试验值，峰值水平力略低于试验值。

综上所述，采用纤维模型与实体模型（包括考虑滑移与不考虑滑移）对试验框架的进行模拟，计算结果与试验结果总体上吻合良好，说明采用这两种模型方法都可以得到可靠的静力弹塑性分析结果。此外还可以发现，实体模型（无滑移）与实体模型（有滑移）两条计算曲线，仅在上升段稍有差异，实体模型（无滑移）的计算值略大，而在曲线下降段基本没有差别，这说明是否考虑钢管与核心混凝土之间的黏结滑移现象对结构的整体反应几乎没有影响。而由图3.12 可以看出，是否考虑滑移对钢管混凝土框架结构的 Mises 应力云图分布同样影响很小。因此可以得出结论，钢管与核心混凝土间的黏结滑移不管是对结构的整体反应还是局部反应，均无太大影响，这一结论也为纤维模型中钢管与核心混凝土之间应变协调这一假定的合理性提供一定依据。

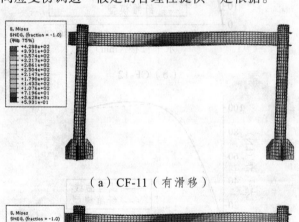

（a）CF-11（有滑移）

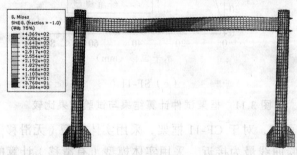

（b）CF-11（无滑移）

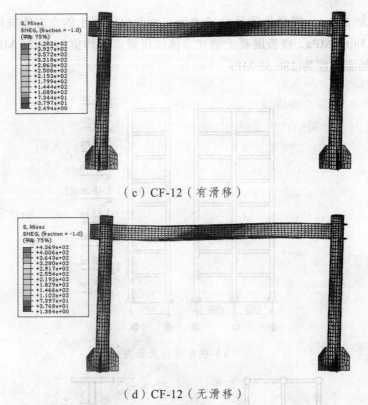

（c）CF-12（有滑移）

（d）CF-12（无滑移）

图 3.12　钢管混凝土框架的 Mises 应力云图

虽然实体模型精细化程度高，但是建模过程复杂，计算量大，时间花费多。为提高效率，第 5 章的分析计算采用纤维模型进行。

3.4.2　动力弹塑性分析验证

选取文献[10]中按 1/10 缩尺比例设计制作的单榀圆钢管混凝土柱-H 钢梁框架结构模拟地震振动台试验模型为研究对象。

模型的主要参数如下：

① 试验模型层高 0.35 m，两开间及进深均为 0.60 m，模型的立面、平面及 H 钢梁断面分别如图 3.13 所示。

② 试验模型选用 ϕ68 mm×3 mm 无缝钢管和 C30 细石混凝土，梁采用 H40 mm×45 mm×2.5 mm×3 mm 焊接钢梁。梁柱节点采用外加强环形式，柱脚采用加劲肋板式，楼板采用 20 mm 厚的现浇混凝土板。试验模型每层附

加质量为 56 kg，模型总质量为 760 kg。钢管内混凝土的立方体抗压强度平均值为 38.65 MPa，楼板混凝土的立方体抗压强度平均值为 23.28 MPa，钢管钢材的屈服强度为 286.55 MPa。

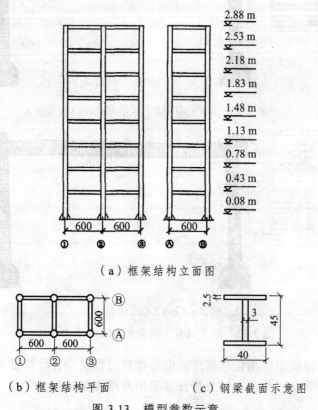

（a）框架结构立面图

（b）框架结构平面　　　　　（c）钢梁截面示意图

图 3.13　模型参数示意

　　输入地震波为模型试验中输入的天津波（N-S），如图 3.14 所示。地震波输入方向为 AB 方向，地震动峰值加速度为 0.96g。计算时模型阻尼比取为 0.05，数值计算的结构前 5 阶自振频率与试验模型测出的结构前 5 阶自振频率对比如表 3.4 所示。表 3.5 为试验与数值模拟所得各楼层最大位移反应的对比。由于只用到文献中提供的参数，有些参数的取值具有一定的不确定性，难免对计算结果带来一定的误差。结果表明，通过选择合理的材料参数模型，基于 PERFORM-3D 中的非线性纤维梁-柱单元能够较好的模拟钢-混凝土混合框架结构的动力特性，且总体上模拟效果较好。

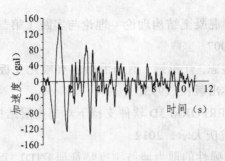

图 3.14 天津波（N-S）

表 3.4 数值计算与试验得到的结构自振频率对比

	第一阶 /Hz	第二阶 /Hz	第三阶 /Hz	第四阶 /Hz	第五阶 /Hz
试验值	9.51	10.91	17.75	37.10	38.26
数值计算	9.74	10.76	17.89	32.27	34.87

表 3.5 天津波（N-S）作用下结构各层最大位移计算结果与试验结果比较

楼层		1	2	3	4	5	6	7	8
最大位移 /mm	实验值	0.26	1.01	1.76	1.93	2.36	3.16	3.63	3.84
	数值计算	0.36	1.03	1.74	2.41	2.98	3.45	3.80	4.05

3.5 小 结

基于已有的钢-混凝土组合结构拟静力试验和振动台试验结果，对纤维模型化方法和实体有限元方法的有效性进行了验证，并对比了纤维模型法与实体有限元法是否考虑钢管与核心混凝土滑移的计算结果。结果表明：两种模型方法均具有较好的适用性，且是否考虑钢管与核心混凝土间的黏结滑移对结构的计算结果无明显影响。

参考文献

[1] Perform-3D Version 5, Components and Structures Inc., Berkeley, CA. 2011.

[2] 韩林海. 钢管混凝土结构理论—理论与实践（第二版）[M]. 北京：科学出版社，2007.

[3] 沈聚敏，王传志，江见鲸. 钢筋混凝土有限元及板壳极限分析[M]. 北京：清华大学出版社，1993.

[4] 秦宝林. 在 PERFORM 3D 软件支持下对超高层结构实例抗震性能的初步评价[D]. 重庆大学，2012.

[5] 钟煜. 考虑非弹性的剪力墙肢刚度特征研究[D]. 重庆大学，2012.

[6] Baltay P, Gjelsvik A. Coefficient of friction for steel on concrete at high normal stress. Journal of Materials in Civil Engineering, 1990, 2（1）：46-49.

[7] Boverket's handbook for betongkonstruktioner BBK 94, Band 1, Konstruktion (Boverket's Handbook for Concrete Structures, BBK 94, Vol. 1, Design. In Swedish). Boverket, Byggavdelningen, Karlskrona, Sweden.1994. 185.

[8] 刘威. 钢管混凝土局部受压时的工作机理研究[D]. 福州大学，2005.

[9] 王文达，韩林海，陶忠. 钢管混凝土柱-钢梁平面框架抗震性能的试验研究[J]. 建筑结构学报，2006，27（3）：48-58.

[10] 许成祥，徐礼华等. 钢管混凝土柱框架结构模型地震反应试验研究[J]. 武汉大学学报（工学版），2006，39（3）：68-72.

[11] 陈芳. 钢-混凝土混合框架结构强柱弱梁破坏机制研究[D]. 重庆大学，2013.

4 钢-混凝土组合框架结构体系抗震性能分析

钢-混凝土组合结构以其良好的经济性及优越的抗震性能被广泛应用于高层和超高层建筑。目前对钢管混凝土柱和钢-混凝土组合梁的基本性能和受力机理已经进行了系统的试验和理论研究，对钢管混凝土柱与梁的各种节点形式也进行了较多的试验与理论研究。但对钢-混凝土结构体系的整体抗震性能特别是动力性能方面的研究还处于起步阶段[1-8]。

因此，本章在第 2 章方钢管混凝土（CFSST）柱和钢-混凝土组合梁（CB）弹塑性模型研究的基础上，采用 SAP2000 有限元分析软件，分别建立了 15 层的组合梁-方钢管混凝土柱框架结构（CB-CFSST）、钢梁-方钢管混凝土柱框架结构（SB-CFSST）、组合梁-等刚度 RC 柱组合框架结构（CB-ETRC）、钢梁-等刚度 RC 柱框架结构（SB-ETRC）以及 RC 框架结构的弹性模型和弹塑性力学模型；并对这 5 个结构进行模态分析、反应谱分析、多遇地震下的弹性时程分析以及罕遇地震下的弹塑性时程分析，通过对各个结构内力和变形结果的比较，研究了钢-混凝土组合框架结构体系的抗震性能。

4.1 结构及材料模型

所研究的 5 个结构的首层层高均为 4.5 m，其他层层高均为 3.6 m，总高 54.9 m。结构的平面布置如图 4.1 所示，立面布置如图 4.2 所示。图 4.1 中柱的编号用 Z 表示，梁的编号用 L 表示。各结构模型的梁、柱截面类型及尺寸见表 4.1。图 4.3 给出了结构梁、柱构件截面示意图，其中钢梁均采用焊接工字钢，等刚度的 RC（ETRC）柱是指与方钢管混凝土（CFSST）柱等抗弯刚度。在有限元模型中，梁柱均采用梁单元模拟。CFSST 柱混凝土强度等级为 C40，钢筋混凝土梁和柱的混凝土强度等级分别为 C30 和 C40，钢筋均采用 HRB335。钢管钢材采用 Q345-B，钢梁钢材采用 Q235-B。楼面及屋面均采用

140 mm 厚混凝土板，混凝土强度等级 C30，钢筋均采用 HRB335，在有限元模型中采用壳单元（shell）模拟。混凝土板内上部筋直径为 14 mm，沿框架横梁间距 100 mm，沿框架纵梁间距 130 mm。栓钉直径 19 mm，按完全剪力连接设计，双排布置。

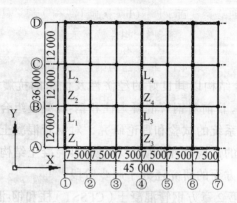

图 4.1　结构平面图

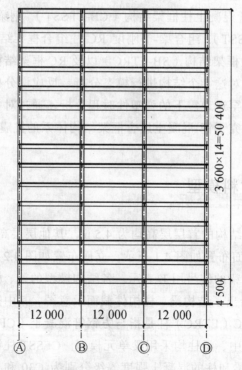

图 4.2　结构立面图

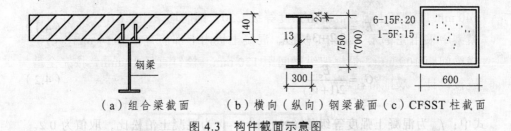

（a）组合梁截面　　（b）横向（纵向）钢梁截面（c）CFSST柱截面

图 4.3　构件截面示意图

表 4.1　框架结构梁、柱截面参数

框架类型		RC	CB-CFSST	SB-CFSST	SB-ETRC	CB-ETRC
柱类型		RC 柱	CFSST 柱	CFSST 柱	RC 柱	RC 柱
柱截面 (mm)	1-5F	900×900	600×20	600×20	712×712	712×712
	6-15F	800×800	600×15	600×15	682×682	682×682
梁截面 (mm)	横梁	350×900	750×300×13×24	750×300×13×24	750×300×13×24	750×300×13×24
	纵梁	350×800	700×300×13×24	700×300×13×24	700×300×13×24	700×300×13×24
楼板厚度		140 mm	140 mm	140 mm	140 mm	140 mm

计算中楼面恒载考虑楼板自重、楼面装饰层（包括吊顶管道）以及填充墙折减的均布荷载，屋面荷载考虑屋面板自重、屋面的保温防水层自重及吊顶管道自重。两者恒荷载标准值均取为 4.5 kN/m²，活载标准值均取为 2.0 kN/m²。

4.2　结构的弹性分析

4.2.1　单元弹性参数确定

在进行钢管混凝土结构弹性分析时，将钢管混凝土简化成单一材料进行建模，根据第 2 章 2.1.1 节中钢管混凝土单元弹性参数的确定方法计算，其中混凝土材料弹性模量 E_c 和剪切模量 G_c 分别按式（4.1）和（4.2）计算，钢材弹性模量 $E_s = 206\,000$ N/mm²，剪切模量 $G_s = 79\,000$ N/mm²。计算得到结构中方钢管混凝土（CFSST）柱截面物理参数如表 4.2 所示。

$$E_c = \frac{10^5}{2.2 + 34.7 / f_{cu}}\quad\quad\quad\quad (4.1)$$

$$G_c = \frac{E_c}{2(1 + \nu_c)}\quad\quad\quad\quad (4.2)$$

式中：f_{cu} 为混凝土强度等级值（N/mm²）；ν_c 为混凝土泊松比，取值为 0.2。

表 4.2　CFSST 柱截面材料参数确定

CFSST 柱	材料等效密度 ρ_{eq} / (kg/m³)	等轴压弹性模量 E_{eq}/ (N/mm²)	抗弯刚度修正系数 κ_I	等效泊松比 ν_{eq}
1-5 层	3 098.09	54 949.19	1.174	0.248
6-15 层	2 926.86	49 506.35	1.094	0.240

同时计算框架组合梁的刚度，用与相应钢梁刚度的比值来表示，得到结果如表 4.3 所示。

表 4.3　组合梁与钢梁刚度比

位置	横向边梁	横向中梁	纵向边梁	纵向中梁
与钢梁刚度比	1.39	1.53	1.37	1.52

从表 4.3 中数值可以看出，中梁刚度比的取值与《高层建筑民用钢结构技术规程》（JGJ 99—2015）[9]第 6.1.3 条中规定的 1.5 倍比较接近，边梁刚度比的取值大于规定的 1.2 倍取值。组合梁刚度的取值与楼板的厚度、楼板上部钢筋的数量等均有很大关系，一般与钢梁的刚度比均会大于规程中的取值，文献[10]中的算例分析也证实了这一点。规程中给出了组合梁与相应钢梁刚度比的下限值。

4.2.2　模态分析

表 4.4 给出 5 个框架结构的前 10 阶自振周期，其中结构的第一阶振型均为沿 y 向的平动振动，第二阶振型均为沿 x 向的平动振动，第三阶振型均为结构整体扭转振型。结构扭转为主的第一自振周期与平动为主的第一自振周期比均小于 0.9，满足《高层建筑混凝土结构技术规程》（JGJ 3-2010）[11]（以下简称《高规》）中对结构扭转效应的限制。

表 4.4　前 10 阶自振周期比较　　　　　　　　　单位：s

阶数	RC	CB-CFSST	SB-CFSST	SB-ETRC	CB-ETRC
1	2.264	2.162	2.462	2.583	2.182
2	2.006	1.905	2.085	2.239	1.926
3	1.917	1.826	2.034	2.121	1.839
4	0.741	0.714	0.808	0.848	0.720
5	0.661	0.632	0.689	0.740	0.639
6	0.631	0.605	0.671	0.700	0.609
7	0.423	0.416	0.467	0.489	0.419
8	0.381	0.370	0.402	0.430	0.373
9	0.364	0.355	0.391	0.408	0.357
10	0.284	0.286	0.318	0.333	0.288

由表 4.4 可看出，钢梁-方钢管混凝土柱框架结构（SB-CFSST）第一阶自振周期要比组合梁-方钢管混凝土柱框架结构（CB-CFSST）增大约 14%左右。对于与 CFSST 柱等抗弯刚度的 RC（ETRC）柱框架结构，周期比相应的 CFSST 柱框架结构稍长，但柱截面远远大于 CFSST 柱截面。RC 框架结构是用来与 CB-CFSST 进行整体性能比较，希望两者的动力特性接近，从表 4.4 中数据计算可知，两者之间周期变化基本上在 5%之内。

4.2.3　弹性内力和变形计算分析

为了讨论弹性阶段混凝土楼板组合作用以及不同类型的框架柱（RC 柱、钢管混凝土柱）对结构主要承重构件内力设计值和变形性能的影响，根据《建筑结构抗震规范》（GB 50011—2010）[12]（以下简称《抗震规范》）和《高规》对 5 个结构分别进行风荷载组合下和地震作用组合下受力和变形性能分析。

1. 永久荷载＋可变荷载＋风荷载组合下的内力和变形

基本风压取为 0.45 kN/m^2。荷载基本组合下，风荷载作用方向取 Y 负方向（结构弱向），5 个计算模型得到的结构基底反力如表 4.5 所示。风荷载采用高规中的简化计算方法，5 个结构施加的风荷载相同，因此结构沿 Y 方向的基底反力 F_Y 相等。RC 框架总的受力最大，等刚度 RC（ETRC）柱框架结构的基底总的竖向力反力和反力矩绝对值略大于相应的方钢管混凝土（CFSST）柱框架结构。

表 4.5　风荷载组合下结构总基底反力和反力矩

结构类型	基底反力/kN			基底反力矩/（kN·m）		
	F_X	F_Y	F_Z	M_X	M_Y	M_Z
RC	0	2 088.83	284 133.72	-77 938.47	0	0
CB-CFSST	0	2 088.83	232 600.08	-68 543.60	0	0
SB-CFSST	0	2 088.83	232 600.08	-68 543.60	0	0
SB-ETRC	0	2 088.83	234 004.76	-68 662.21	0	0
CB-ETRC	0	2 088.83	234 004.76	-68 662.21	0	0

取图 4.1 中轴线①边框架和轴线④中框架的两榀框架来比较计算模型的受力性能。图 4.4～图 4.7 分别给出了轴线①上柱 Z1、Z2 和轴线④上柱 Z3、Z4 的轴力和弯矩图。图中轴力以拉力为正，弯矩沿 X 正方向为正。

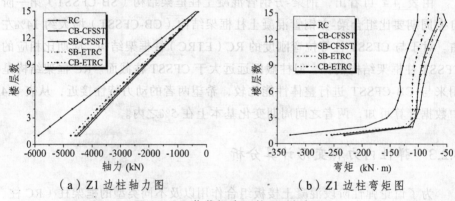

（a）Z1 边柱轴力图　　　　　　（b）Z1 边柱弯矩图

图 4.4　风荷载组合下柱 Z1 内力图

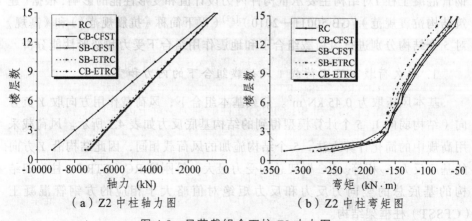

（a）Z2 中柱轴力图　　　　　　（b）Z2 中柱弯矩图

图 4.5　风荷载组合下柱 Z2 内力图

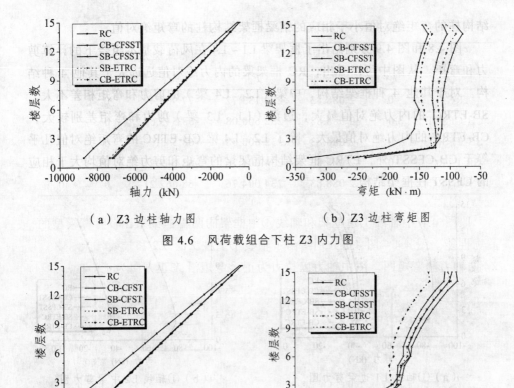

（a）Z3 边柱轴力图　　　　　　（b）Z3 边柱弯矩图

图 4.6　风荷载组合下柱 Z3 内力图

（a）Z4 中柱轴力图　　　　　　（b）Z4 中柱弯矩图

图 4.7　风荷载组合下柱 Z4 内力图

从图 4.4～图 4.7 可以看出，除了 RC 框架外，其余 4 个模型的柱轴压力相差不大；除中跨中柱 Z4 柱外，组合梁框架结构（CB-CFSST 和 CB-ETRC）柱的轴力绝对值稍大于相应的钢梁框架结构（SB-CFSST 和 SB-ETRC）；ETRC柱框架结构（CB-ETRC 和 SB-ETRC）RC 柱的轴力绝对值稍大于相应 CFSST柱框架结构（CB-CFSST 和 SB-CFSST）柱的轴力。对于边柱（Z1 和 Z3 柱），总体上 RC 结构的柱弯矩绝对值最大；对于中柱（Z2 和 Z4 柱），除了在结构底部 2 层范围内，RC 框架柱的弯矩绝对值最大外，总体上组合梁-等刚度 RC柱框架结构（CB-ETRC）的弯矩绝对值最大。对 Z1～Z4 柱来讲，总体上看，ETRC 框架结构柱的弯矩绝对值大于相应的 CFSST 框架结构；组合梁框架结构柱的弯矩绝对值要大于相应的钢梁框架结构，但在结构 1～3 层组合梁框架

91

结构柱的弯矩绝对值小于相应的钢梁框架结构柱的弯矩绝对值。

图 4.8 和图 4.9 分别给出了框架梁 L1～L4 在风荷载基本组合下的计算剪力和弯矩。从图中可以看出，RC 框架梁的内力绝对值远远大于其他 4 种结构。对于其他 4 种框架结构，中梁（L2、L4 梁）的剪力和弯矩相差不大，SB-ETRC 的内力绝对值最大，边梁（L1、L3 梁）剪力和弯矩差别较大，CB-ETRC 的内力绝对值最大。除了 L2、L4 梁 CB-ETRC 的弯矩绝对值几乎等于 CB-CFSST 外，ETRC 框架结构框架梁的弯矩和剪力绝对值均大于相应的 CFSST 柱框架结构。

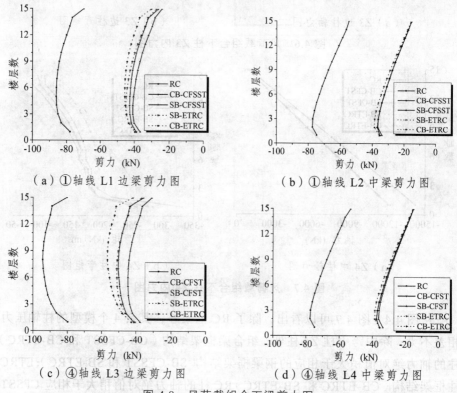

（a）①轴线 L1 边梁剪力图　　　　　（b）①轴线 L2 中梁剪力图

（c）④轴线 L3 边梁剪力图　　　　　（d）④轴线 L4 中梁剪力图

图 4.8　风荷载组合下梁剪力图

从风荷载基本组合下框架梁内力计算结果的统计分析可知：对于 CB-CFSST 和 SB-CFSST，CB-ETRC 和 SB-ETRC 的边梁，沿结构高度组合梁的剪力和弯矩绝对值均大于相应的钢梁，其中剪力绝对值增大约 5%～20%，弯矩绝对值增大约 6%～26%；对于中梁，CB-CFSST 组合梁的剪力总体上大于 SB-CFSST 钢梁的剪力，增大约在 5%内；CB-ETRC 组合梁的剪力总体上小于 SB-ETRC 钢梁的剪力，约在 5%内。组合梁的弯矩在结构底部稍大于钢梁但相差不大，约在 5%以内，在结构上部小于钢梁，除顶层相差较大外，其余均在 10%以内。

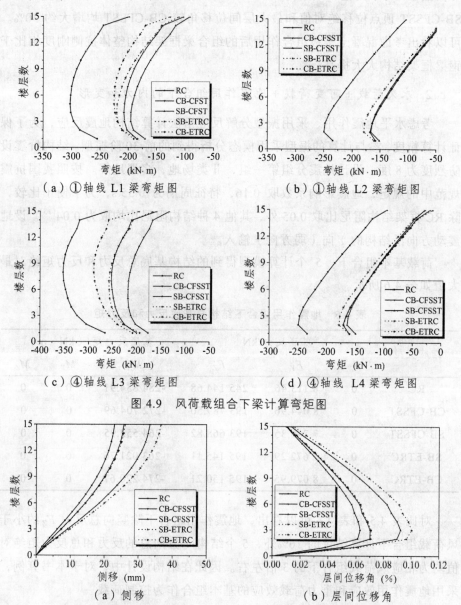

（a）①轴线 L1 梁弯矩图　　　　（b）①轴线 L2 梁弯矩图

（c）④轴线 L3 梁弯矩图　　　　（d）④轴线 L4 梁弯矩图

图 4.9　风荷载组合下梁计算弯矩图

（a）侧移　　　　　　　　（b）层间位移角

图 4.10　Y 负向风荷载作用下结构侧移与层间位移角绝对值比较

93

图 4.10 为 Y 负方向风荷载标准组合下,结构侧移和层间位移角绝对值的比较,从图上可以看出, RC 框架结构抗侧刚度最大,侧移和层间位移角绝对值最小。对于其他 4 个结构, CB-CFSST 的变形最小, SB-ETRC 变形最大。SB-CFSST 顶点位移绝对值和最大层间位移角较 CB-CFSST 均增大约 30%。可以看出考虑混凝土楼板组合作用后的组合梁框架结构整体抗侧刚度相比于钢梁框架结构大大提高。

2. 永久荷载 + 可变荷载 + 地震作用组合下的内力和变形

考虑水平地震作用,采用振型分解反应谱法计算结构地震反应,为了保证计算精度,参与计算的振型采用模态分析得到的前 30 阶振型。结构抗震设防烈度为 8 度,设计地震分组第一组,Ⅱ类场地,多遇地震。按照我国抗震规范中的规定,地震影响系数取 0.16,特征周期为 0.35 s,为了便于比较,除 RC 框架结构阻尼比取 0.05 外,其他 4 种结构阻尼比均取为 0.04[13]。设地震动方向沿结构的 Y 向(弱方向)输入。

荷载基本组合下,5 个计算模型得到的结构基底总反力和反力矩绝对最大值如表 4.6 所示。

表 4.6　地震作用组合下结构总基底反力和反力矩

结构类型	基底反力/kN			基底反力矩/(kN·m)		
	F_X	F_Y	F_Z	M_X	M_Y	M_Z
RC	0	8 113.46	245 144.68	-284 834.91	0	0
CB-CFSST	0	8 044.96	193 789.50	-272 704.69	0	0
SB-CFSST	0	7 746.35	193 668.82	-264 552.95	0	0
SB-ETRC	0	7 672.29	195 145.11	-263 021.76	0	0
CB-ETRC	0	8 079.95	195 150.21	-274 220.67	0	0

对比表 4.5 和表 4.6 可以看出,地震作用组合下除竖向总反力 F_Z 约小于风荷载组合下计算结果的 16% 外,5 个结构 Y 方向总的反力和总反力矩绝对值均为相应风荷载组合下的 3 倍左右。因此在结构设计中,对于本书算例,采用地震作用效应和重力荷载效应的基本组合作为控制荷载。

从表 4.6 中可以看出 RC 框架由于自重和抗侧刚度较大,结构总基底反

力 F_Y、F_Z 和反力矩 M_X 绝对值最大；ETRC 柱框架结构自重稍大于相应的 CFSST 柱结构，因此其基底反力 F_Y、F_Z 和反力矩 M_X 绝对值稍大于相应的 CFSST 柱结构。组合梁框架结构和相应的钢梁框架结构虽然重力荷载代表值相同，但因组合梁刚度较相应的钢梁大，所以其基底反力 F_Y 和反力矩 M_X 绝对值大于相应的钢梁框架结构。

图 4.11～图 4.14 分别给出了轴线①上柱 Z1、Z2 和轴线④上柱 Z3、Z4 的轴力和弯矩图。图中轴力以拉力为正，弯矩沿 X 正方向为正。从图中可以看出，5 个结构柱轴力和弯矩的计算结果与风荷载效应组合下的变化规律一致，只是轴力数值略小于风荷载效应组合下的计算结果，而弯矩远远大于相应的风荷载效应组合下的计算结果。

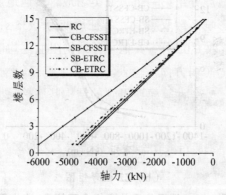

（a）Z1 柱轴力图

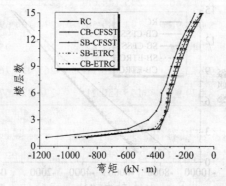

（b）Z1 柱弯矩图

图 4.11　地震作用效应组合下柱 Z1 内力图

95

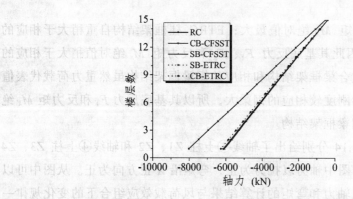

（a）Z2 柱轴力图

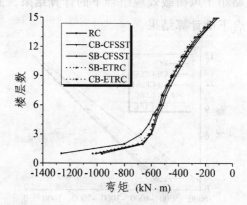

（b）Z2 柱弯矩图

图 4.12 地震作用效应组合下柱 Z2 内力图

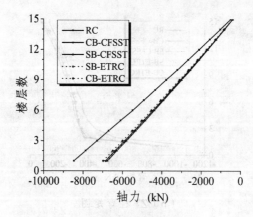

（a）Z3 柱轴力图

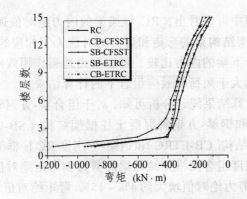

（b）Z3 柱弯矩图

图 4.13　地震作用效应组合下柱 Z3 内力图

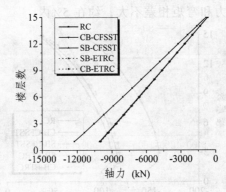

（a）Z4 柱轴力图

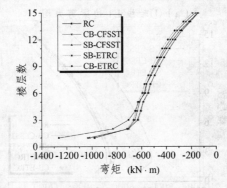

（b）Z4 柱弯矩图

图 4.14　地震作用效应组合下柱 Z4 内力图

图 4.15 和图 4.16 分别为框架梁 L1～L4 在地震作用效应组合下的计算剪

力和弯矩图。从图中可以看出，RC框架梁的内力绝对值远远大于其他4种结构。ETRC柱框架结构梁的弯矩和剪力绝对值大于相应的CFSST柱框架结构。与风荷载组合下梁的内力比较，可以看出地震作用效应组合下梁的剪力和弯矩绝对值远远大于风荷载效应组合下的计算结果。

从梁内力的计算结果统计分析可知，对于组合梁-方钢管混凝土柱框架结构（CB-CFSST）和钢梁-方钢管混凝土柱框架结构（SB-CFSST），组合梁-等刚度RC柱框架结构（CB-ETRC）和钢梁-等刚度RC柱框架结构（SB-ETRC）的边梁，沿结构高度组合梁框架结构梁的剪力和弯矩绝对值均大于相应的钢梁框架结构，其中剪力绝对值增大约4%~15%，弯矩绝对值增大约5%~18%；对于中梁，CB-CFSST组合梁的剪力和弯矩绝对值总体上均大于SB-CFSST钢梁的计算结果，增大百分比大约在12%内。CB-ETRC组合梁的剪力和弯矩与SB-ETRC梁的剪力和弯矩相差不大，约在5%内。

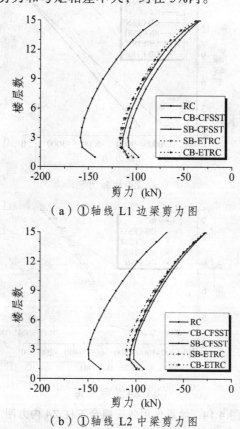

（a）①轴线L1边梁剪力图

（b）①轴线L2中梁剪力图

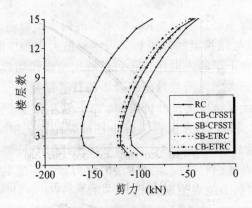

（c）④轴线 L3 边梁剪力图

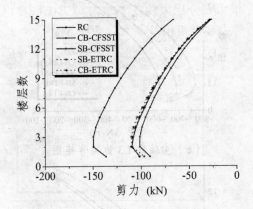

（d）④轴线 L4 中梁剪力图

图 4.15　地震作用效应组合下梁计算剪力图

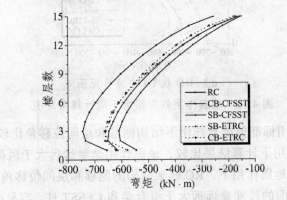

（a）①轴线 L1 边梁弯矩图

3 倒地震作用组合时，对于框架结构柱剪力，楼层位移随楼层增加而下降，与风荷载作用下楼层剪力基本相同。地震作用下框架结构位移下的变化，在相同地震作用下，比其他楼层相对位移值相应较大，但 RC 结构的梁弯矩的增加与梁端相对位移较为相近的 CFSST 柱，梁弯矩明显低于 CB-CFSST 的梁弯矩的增加，SB-ETRC 的侧移相对层间位移值均较大。处于CB-CFSST 结构，SB-ETRC 的侧移相对层间位移值均较大，处于

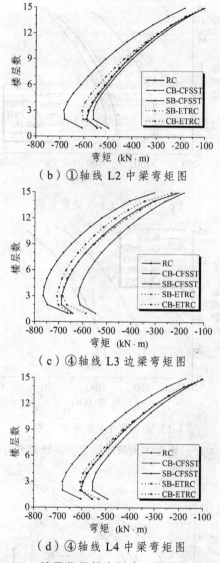

（b）①轴线 L2 中梁弯矩图

（c）④轴线 L3 边梁弯矩图

（d）④轴线 L4 中梁弯矩图

图 4.16　地震作用效应组合下梁计算弯矩图

　　Y 向地震作用标准值组合作用下结构侧移和层间位移角比较如图 4.17 所示，与风荷载作用下计算结果比较，地震作用结果远远大于风荷载效应下的变形值。在相同地震作用下，RC 框架结构的侧移和层间位移角最小，但 RC 结构的梁、柱截面的尺寸要远远大于组合梁和 CFSST 柱，容易出现"肥梁胖柱"。CB-CFSST 的侧移和层间位移角次之，CB-ETRC 的侧移和层间位移角稍大于 CB-CFSST 结构，SB-ETRC 的侧移和层间位移角最大，大于

SB-CFSST。CB-CFSST 的顶层位移为 66.27 mm，最大层间位移角为 1/563，发生在结构第三层；SB-CFSST 的顶层位移为 83.63 mm，最大层间位移角为 1/442，发生在结构第三层。两者均满足《矩形钢管混凝土结构技术规程》（CECS 154：2004）[13]中弹性层间位移角 1/300 的限值要求。可以看出考虑楼板的组合作用的框架组合梁对结构的刚度影响显著，结构整体刚度提高，结构变形减小。对于 ETRC 柱框架结构，最大层间位移角均出现在结构第三层，计算得到的侧移和层间位移角均大于与其相对应的 CFSST 柱框架结构。

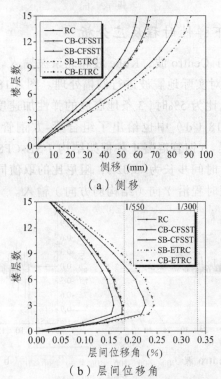

（a）侧移

（b）层间位移角

图 4.17　Y 向地震作用下结构侧移与层间位移角比较

3. 构件承载力校核

对 5 个结构进行多遇地震作用下的构件承载力和变形验算：

（1）组合梁-方钢管混凝土柱框架结构（CB-CFSST）和钢梁-方钢管混凝土柱框架结构（SB-CFSST）和构件均满足承载力和变形要求。

（2）对于与 CFSST 柱等抗弯刚度的 RC（ETRC）柱框架结构，部分 RC 柱截面尺寸不能满足承载力的要求，轴压比超限。因此，对组合梁-等刚度 RC 柱框架结构（CB-ETRC）和钢梁-等刚度 RC 柱框架结构（SB-ETRC），在后面的时程分析中，1-5 层柱的截面尺寸增大为 850 mm×850 mm，6-15 层柱的截面尺寸增大为 750 mm×750 mm。CB-ETRC 和 SB-ETRC 改用组合梁-RC 柱框架结构（CB-RC）和钢梁-RC 柱框架结构（SB-RC）表示。

（3）对于 RC 框架结构，抗震规范对于 8 度区框架结构的高度限值为 45 m。从计算分析过程来看，虽然结构刚度大，很容易满足变形的要求，但框架柱不满足轴压比限值的要求。通过增大柱截面，也很难解决这一问题。因为柱截面增大，结构自重和地震作用相应增大，柱轴压力增大，对减小轴压比效果不显著。

4.2.4 多遇地震下弹性时程反应分析

弹性时程采用 El Centro 波，Kobe 波和北京波输入。分别按多遇地震加速度峰值为 0.7 m/s² 对实际地震波进行调幅处理。图 4.18 为调幅后的地震波加速度时程图和阻尼比为 5%时，3 条地震波的弹性加速度反应谱与规范规定反应谱，同时图 4.18（d）中也给出了组合梁-方钢管混凝土柱框架结构（CB-CFSST）和钢梁-方钢管混凝土柱框架结构（SB-CFSST）基本周期对应的加速度反应谱值。时间步长为 0.02 s，阻尼比的取值同振型分解反应谱法中的取值，将加速度时程沿 Y 向（结构弱方向）输入。

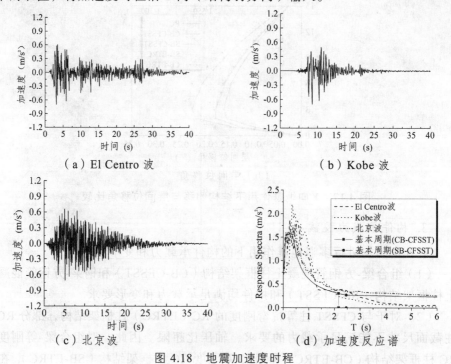

图 4.18 地震加速度时程

下面给出 CB-CFSST 与 SB-CFSST 的弹性地震反应结果，来比较框架梁是否考虑混凝土楼板组合作用，框架柱为 CFSST 柱时，结构弹性位移反应的差别。同时给出 SB-CFSST 和钢梁-RC 柱框架结构（SB-RC）的反应结果，来比较框架梁相同时，框架柱分别为 CFSST 柱和 RC 柱时，结构位移反应的差别。

多遇地震作用下 CB-CFSST、SB-CFSST 和 SB-RC 层间位移角包络线如图 4.19 所示，最大层间位移角和顶层最大位移幅值如表 4.7 所示。表中括号内的数值为负方向的最大层间位移角和顶层最大位移幅值。

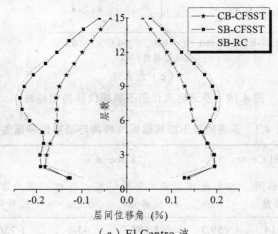

（a）El Centro 波

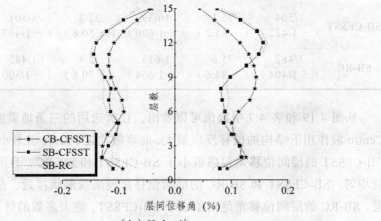

（b）Kobe 波

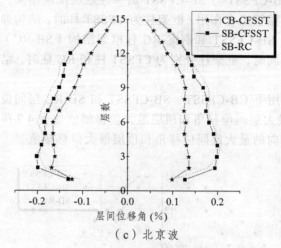

（c）北京波

图 4.19　多遇地震作用下层间位移角包络线

表 4.7　多遇地震下结构层间位移角与顶层位移幅值

结构形式	El Centro 波		Kobe 波		北京波	
	最大层间位移角	顶层位移/mm	最大层间位移角	顶层位移/mm	最大层间位移角	顶层位移/mm
CB-CFSST	1/514（−1/552）	59.3（−60.8）	1/695（−1/767）	43.8（−40.4）	1/736（−1/596）	47.1（−59.8）
SB-CFSST	1/504（−1/422）	75.1（−85.2）	1/639（−1/690）	32.3（−50.6）	1/501（−1/497）	73.4（−68.3）
SB-RC	1/482（−1/404）	75.6（−84.6）	1/613（−1/664）	32.4（−50.8）	1/482（−1/500）	73.5（−69.0）

从图 4.19 和表 4.7 中数值可以看出，在所选用的三条地震波作用下，El Centro 波作用下结构的位移反应最大，北京波次之，Kobe 波最小。总体上看，CB-CFSST 的层间位移角包络值小于 SB-CFSST 和 SB-RC，且沿高度变化比较均匀。SB-CFSST 和 SB-RC 的层间位移角包络线形状接近，在结构底部几层，SB-RC 的层间位移角绝对值小于 SB-CFSST，绝大多数的情况下，SB-RC 的包络线在 SB-CFSST 的外侧。且两个结构的层间位移角和顶层位移绝对最大值相差不多。但 RC 柱截面远远大于相应的 CFSST 柱截面。

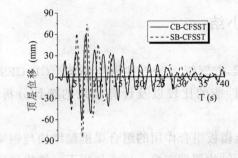

（a）El Centro

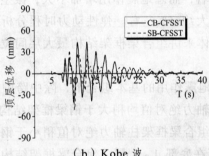

（b）Kobe 波

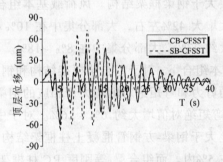

（c）北京波

图 4.20　CFSST 柱框架结构顶层位移时程比较

　　图 4.20 分别给出 CB-CFSST 和 SB-CFSST 两个结构的顶层位移时程，从图上可以看出在 El Centro 波和北京波作用下 SB-CFSST 在绝大部分时刻顶层位移均要大于 CB-CFSST。Kobe 波作用下，SB-CFSST 在负向最大位移大于 CB-CFSST，正向最大位移小于 CB-CFSST，但在最初 10 秒左右，SB-CFSST 的位移反应均大于 CB-CFSST。SB-CFSST 和 SB-RC 两个结构的顶层位移时程反应几乎是重合，这里不再给出 SB-RC 的计算结果。

4.3 弹性分析小结

从 4.2 节组合梁-方钢管混凝土柱框架结构（CB-CFSST）与其他 4 个框架结构弹性抗震性能的比较以及计算结果的统计分析，可以得到以下结论：

（1）考虑混凝土楼板组合作用的组合梁框架结构与钢梁框架结构相比，结构刚度明显提高，结构周期变短。地震作用下，结构顶层位移和最大层间位移角减小约 20%左右，而总地震作用增加不大，振型分解反应谱法计算得到的总地震作用力增大约 5%左右。弹性动力时程分析得到的结构反应与地震波的选取有关，总体来讲组合梁框架结构最大层间位移角和顶层位移幅值小于钢梁框架结构。

（2）在风荷载和地震作用的基本组合下，除中跨中柱（Z4）外，组合梁框架结构的框架柱的轴力绝对值均稍大于钢梁框架结构，增大在 5%以内，中跨中柱（Z4）上，组合梁框架柱轴力绝对值稍小于钢梁框架结构，减小约 2%以内。框架柱弯矩在底部 1~3 层，组合梁框架结构柱弯矩绝对值小于钢梁框架结构，其他层大于钢梁框架结构。风荷载基本组合下，组合梁结构框架柱弯矩绝对值最大增大 42%左右，大部分集中在 10%~20%；地震作用基本组合下，最大增大约 27%，大部分集中在 8%~18%。

（3）在风荷载基本组合下，对于组合梁框架结构和钢梁框架结构的边梁，沿结构高度组合梁的剪力和弯矩绝对值均大于相应的钢梁，其中剪力绝对值增大约 5%~20%，弯矩绝对值增大约 6%~26%。对于中梁，CB-CFSST 中组合梁的剪力总体上大于钢梁-方钢管混凝土柱框架结构（SB-CFSST）中钢梁的剪力，增大约在 5%内。而组合梁-等刚度 RC 柱框架结构（CB-ETRC）组合梁的剪力总体上小于钢梁-等刚度 RC 柱框架结构（SB-ETRC）钢梁的剪力，约在 5%内。组合梁的弯矩在结构底部稍大于钢梁且相差不大，约在 5%以内；在结构上部小于钢梁，除顶层相差较大外，其余均在 10%以内。地震作用基本组合下，对于边梁，组合梁框架结构梁的剪力和弯矩绝对值均大于相应的钢梁框架结构，其中剪力绝对值增大约 4%~15%，弯矩绝对值增大约 5%~18%；对于中梁，CB-CFSST 组合梁的剪力和弯矩绝对值总体上均大于 SB-CFSST 钢梁的计算结果，增大百分比大约在 12%内。CB-ETRC 组合梁的剪力和弯矩与 SB-ETRC 相差不大，约在 5%内。

（4）对于 ETRC 柱框架结构，地震作用力、结构顶层位移和最大层间位移角均大于相应的 CFSST 柱框架结构。除了风荷载基本组合下，中梁上，CB-ETRC 组合梁的弯矩绝对值略小于 CB-CFSST 外，其他情况下 ETRC 柱框架结构的构件内力均大于相应的 CFSST 柱框架结构。且 ETRC 柱截面轴压比不能满足截面抗震验算的要求，需要增大截面来满足承载力的要求。

（5）RC 框架结构虽然刚度较大，能满足变形条件的要求，但是由于结构自重大，在超过规范规定高度限值下，不采取加强措施，纯 RC 框架很难满足承载力的要求。在相同构件尺寸条件下，CB-CFSST 能达到更高的高度和更大的跨度。

（6）弹性时程分析表明：在选用的 3 条地震波作用下，由于组合梁对结构整体抗侧刚度的贡献，CB-CFSST 的层间位移角和顶层位移绝对最大值要小于相应的 SB-CFSST。SB-CFSST 和钢梁-RC 柱框架结构（SB-RC）对比表明，动荷载作用下，CFSST 柱在远小于 RC 柱截面的情况下，和 RC 柱框架结构具有相同的变形。

4.4　钢-混凝土组合框架结构弹塑性动力时程分析

对弹性时程分析中的组合梁-方钢管混凝土柱框架结构（CB-CFSST）、钢梁-方钢管混凝土柱框架结构（SB-CFSST）和钢梁-RC 柱框架结构（SB-RC）进行罕遇地震作用下的弹塑性时程分析，讨论在罕遇地震作用下结构变形和破坏状态的差别。

弹塑性分析中构件的非线性模型采用集中塑性模型，采用 SAP2000 中的非线性连接单元方法来实现。组合梁和钢梁考虑弯曲变形的非线性，滞回模型分别采用 Takeda 模型和 Wen 模型，CFSST 柱考虑轴向和弯曲变形的非线性，滞回模型分别采用 Kinematic 模型和 Takeda 模型（详见 2.1.5 和 2.3.2 节）。输入地震波峰值调整为 0.4g，弹塑性时程分析采用 Rayleigh 阻尼，阻尼比按 5%考虑。

在弹塑性时程反应计算前，先将重力荷载代表值（1.0 倍恒荷载与 0.5 倍活荷载之和）施加在结构上，确定结构初始内力。

对于 SB-RC 结构，框架柱配筋率取设防烈度为 8 度，抗震等级为一级，多遇地震作用下 PKPM 的计算结果，来进行罕遇地震下结构的弹塑性变形验算。为了方便比较，1～5 层采用同一截面，6～15 层采用同一截面，如图 4.21 所示。RC 柱也采用集中塑性模型，考虑轴向和弯曲非线性，滞回模型分别 Kinematic 模型和 Takeda 模型。

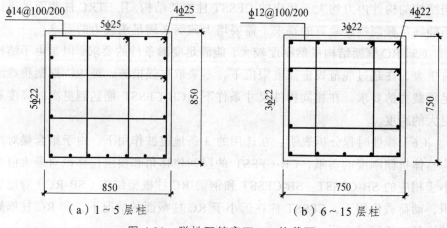

（a）1～5 层柱　　　　　　　　　（b）6～15 层柱

图 4.21　弹性配筋率下 RC 柱截面

4.4.1　弹塑性位移结果分析

图 4.22 给出了罕遇地震下 3 条地震波沿 Y 向输入时，组合梁-方钢管混凝土柱框架结构（CB-CFSST）和钢梁-方钢管混凝土柱框架结构（SB-CFSST）的层间位移角包络线。与多遇地震计算结果比较，考虑楼板组合作用的 CB-CFSST 对弹塑性位移反应的降低作用不如多遇地震下显著，且在北京波作用下，层间位移角幅值沿结构高度的分布形状与多遇地震下的分布形状略有不同，在结构上部，CB-CFSST 层间位移角包络值要大于 SB-CFSST 的计算结果。总体上看，CB-CFSST 的层间位移角包络值要小于 SB-CFSST，且沿结构高度变化比较均匀。

表 4.8 列出了两个结构最大层间位移角和顶层位移幅值。可以看出，层间位移角均满足弹塑性层间位移角 1/50 的限值，除 Kobe 波 Y 正方向顶层位移外，CB-CFSST 的层间位移角和顶层位移绝对最大值均小于 SB-CFSST。Kobe 波作用下，结构反应最小，故下面的分析中只给出其他两条地震波的计算结果。El Centro 波作用下 SB-CFSST 的顶层位移绝对最大值也最大，北京波作用下两个结构层间位移角绝对最大值均最大，且 CB-CFSST 顶层位移绝对最大值也最大。

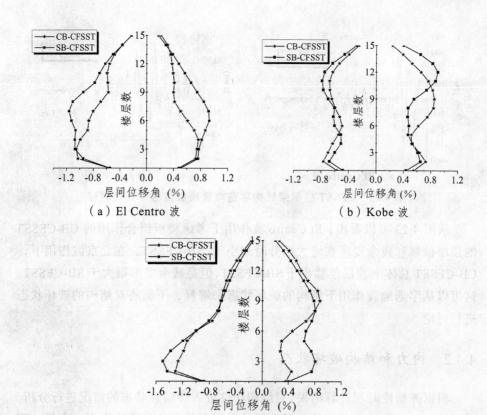

（a）El Centro 波　　　　　　　　（b）Kobe 波

（c）北京波

图 4.22　罕遇地震作用下层间位移角包络线

表 4.8　罕遇地震下结构层间位移角与顶层位移幅值

结构形式	El Centro 波		Kobe 波		北京波	
	最大层间位移角	顶层位移/mm	最大层间位移角	顶层位移/mm	最大层间位移角	顶层位移/mm
CB-CFSST	1/130（−1/95）	232（−312）	1/118（−1/131）	254（−224）	1/115（−1/76）	233（−333）
SB-CFSST	1/108（−1/86）	316（−412）	1/111（−1/125）	180（−263）	1/124（−1/66）	275（−385）

为了全面比较 CFSST 柱框架结构在各个时间点上的位移反应，图 4.23 给出了 El Centro 波和北京波作用下结构顶层的弹塑性位移时程比较。

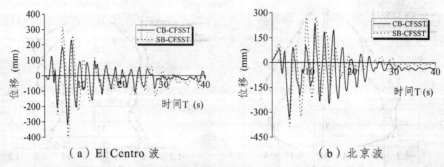

（a）El Centro 波　　　　　　　（b）北京波

图 4.23　CFSST 柱框架结构罕遇地震顶层位移弹塑性时程

从图 4.23 可以看出，El Centro 波作用下考虑楼板组合作用的 CB-CFSST 的顶层位移和残余变形在绝大部分时刻小于 SB-CFSST，在北京波作用下，CB-CFSST 总体上顶层位移小于 SB-CFSST，但是残余变形则大于 SB-CFSST。这可以从罕遇地震作用下结构的破坏状态来解释，下面将对结构的破坏状态进行讨论。

4.4.2　内力和结构破坏状态

根据弹塑性时程计算结果，对结构构件进入弹塑性状态的情况进行分析。对于连接单元方法，判断构件弹塑性状态时不如塑性铰方法直观、方便。需要根据连接单元非线性自由度的内力或变形与该自由度的屈服力或屈服变形的比值来判断，若比值大于 1，则该连接单元进入弹塑性状态。以组合梁-方钢管混凝土柱框架结构（CB-CFSST）L4 梁（如图 4.1 所示）靠近 B 轴线梁端 link435 单元为例，给出 θ_3 自由度（即梁强轴弯矩 M3）的内力与相应屈服弯矩的比值，如图 4.24 所示。从图中可以看出，该单元屈服。

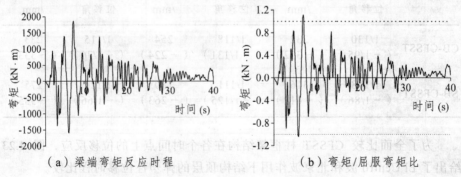

（a）梁端弯矩反应时程　　　　　　（b）弯矩/屈服弯矩比

图 4.24　El Centro 波作用下 CB-CFSST 结构梁端弯矩反应时程

采用此方法对全部 link 单元进行判别，确定结构中进入弹塑性状态的构件。图 4.25 和图 4.26 分布给出组合梁-方钢管混凝土柱框架结构（CB-CFSST）、钢梁-方钢管混凝土柱框架结构（SB-CFSST）和钢梁-RC 柱框架结构（SB-RC）④轴轴线上-榀框架在 El Centro 波和北京波作用下，构件进入弹塑性的分布情况。

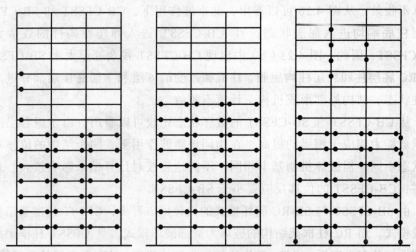

●：构件端部进入弹塑性状态

（a）CB-CFSST　　　　　（b）SB-CFSST　　　　　（c）SB-RC

图 4.25　El Centro 波作用下④轴线框架弹塑性构件分布状态

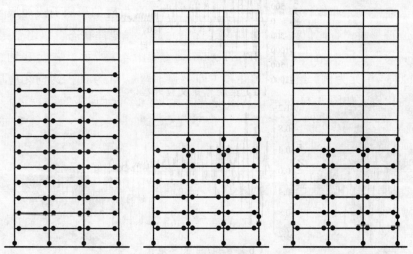

●：构件端部进入弹塑性状态

（a）CB-CFSST　　　　　（b）SB-CFSST　　　　　（c）SB-RC

图 4.26　北京波作用下④轴线框架弹塑性构件分布状态

从图 4.25 可以看出，在 El Centro 波作用下，CB-CFSST 和 SB-CFSST 的柱端均没有屈服，CB-CFSST 的弹塑性构件数量稍少于 SB-CFSST，且由分析结果可知，大部分钢梁的塑性变形大于组合梁，因此 SB-CFSST 的残余变形大于 CB-CFSST，SB-RC 底层柱底端和部分柱顶端均屈服，结构局部破坏，计算不收敛。从图 4.26 可以看出，北京波作用下，CB-CFSST 和 SB-CFSST 底层柱底端均进入屈服状态，且 CB-CFSST 进入弹塑性构件的数量大于 SB-CFSST，因此，图 4.23（b）中出现 CB-CFSST 残余变形大于 SB-CFSST。SB-RC 底层柱和二层柱均屈服，柱截面改变的 6 层和 7 层柱顶端部分进入弹塑性状态，结构局部形成机构，计算不收敛。

从 CB-CFSST 和 SB-CFSST 的破坏状态比较可以看出，由于组合梁刚度和承载能力相应于钢梁的提高，在相同地震波作用下，两个结构的位移和破坏状态不同，但破坏机制基本相同，不同地震波对计算结果影响较大。总体来讲，CB-CFSST 的位移反应要小于 SB-CFSST。

由 SB-CFSST 与 SB-RC 破坏模式的比较可以看出，CFSST 柱框架结构为梁铰模式，而 RC 柱框架结构的破坏为局部破坏模式，且 CFSST 柱框架结构的塑性铰分布更广泛、均匀，结构的破坏为整体机制，具有更良好的吸能能力。

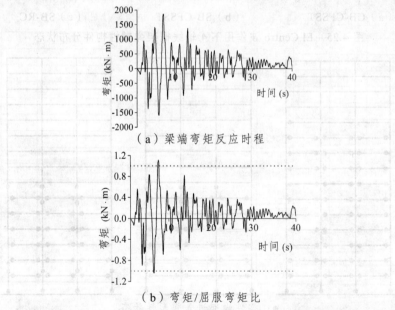

（a）梁端弯矩反应时程

（b）弯矩/屈服弯矩比

图 4.27　El Centro 波作用下 CB-CFSST 结构梁端弯矩反应时程

采用此方法对全部 link 单元进行判别，确定结构中进入弹塑性状态的构件。

图 4.28 和图 4.29 分布给出组合梁-方钢管混凝土柱框架结构（CB-CFSST）、钢梁-方钢管混凝土柱框架结构（SB-CFSST）和钢梁-RC 柱框架结构（SB-RC）④轴线上一榀框架在 El Centro 波和北京波作用下，构件进入弹塑性的分布情况。

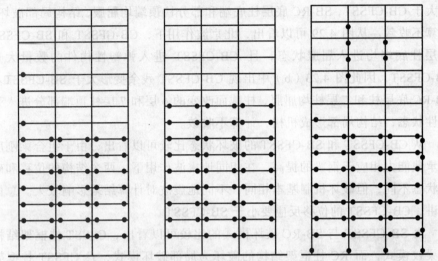

●：构件端部进入弹塑性状态

（a）CB-CFSST　　　　　（b）SB-CFSST　　　　　（c）SB-RC

图 4.28　El Centro 波作用下④轴线框架弹塑性构件分布状态

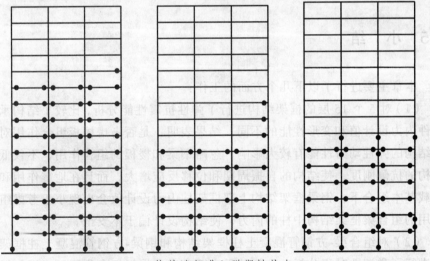

●：构件端部进入弹塑性状态

（a）CB-CFSST　　　　　（b）SB-CFSST　　　　　（c）SB-RC

图 4.29　北京波作用下④轴线框架弹塑性构件分布状态

从图 4.28 可以看出，在 El Centro 波作用下，CB-CFSST 和 SB-CFSST 的柱端均没有屈服，CB-CFSST 的弹塑性构件数量稍少于 SB-CFSST，且由分析结果可知，大部分钢梁的塑性变形大于组合梁，因此 SB-CFSST 的残余变形大于 CB-CFSST，SB-RC 底层柱底端和部分柱顶端均屈服，结构局部破坏，计算不收敛。从图 4.29 可以看出，北京波作用下，CB-CFSST 和 SB-CFSST 底层柱底端均进入屈服状态，且 CB-CFSST 进入弹塑性构件的数量大于 SB-CFSST，因此图 4.23（b）中出现 CB-CFSST 残余变形大于 SB-CFSST。SB-RC 底层柱和二层柱均屈服，柱截面改变的 6 层和 7 层柱顶端部分进入弹塑性状态，结构局部形成机构，计算不收敛。

从 CB-CFSST 和 SB-CFSST 的破坏状态比较可以看出，由于组合梁刚度和承载能力相应于钢梁的提高，在相同地震波作用下，两个结构的位移和破坏状态不同，但破坏机制基本相同，不同地震波对计算结果影响较大。总体来讲，CB-CFSST 的位移反应要小于 SB-CFSST。

由 SB-CFSST 与 SB-RC 破坏模式的比较可以看出，CFSST 柱框架结构为梁铰模式，而 RC 柱框架结构的破坏为局部破坏模式，且 CFSST 柱框架结构的塑性铰分布更广泛、均匀，结构的破坏为整体机制，具有更良好的吸能能力。

4.5 小 结

本章主要进行了以下几个方面的工作：

（1）对 5 个 15 层的框架结构进行了弹性抗震性能分析，比较了结构承重构件内力设计值和变形性能的不同。结果表明：是否考虑楼板组合作用对框架结构的弹性动力性能有较大影响。忽略钢梁和楼板的组合作用，不仅低估结构的抗侧刚度，使结构的自振周期和位移反应增大，而且在地震作用和风荷载基本组合下，钢梁框架结构上部框架柱内力设计值会出现小于考虑组合作用的组合梁框架结构中柱的内力，使结构设计偏于不安全。

（2）对组合梁-方钢管混凝土柱框架结构和钢梁-方钢管混凝土柱框架结构进行了弹塑性时程分析。分析结果表明：考虑楼板组合作用后，框架梁刚度和承载能力提高，总体上看，组合梁-方钢管混凝土柱框架结构位移反应要小于钢梁-方钢管混凝土柱框架结构，且层间位移角包络值沿高度变化比较均匀。由于组合梁刚度和承载能力的提高，改变了梁、柱线刚度比和承载力比，进而也改变了结构的整体刚度和承载能力，使两种结构在罕遇地震下破坏状态并不相同，因此忽略楼板组合作用，并不能反映结构的真实破坏状态。

（3）对钢梁-方钢管混凝土柱框架结构和钢梁-RC 柱框架结构的抗震性能进行了研究。与方钢管混凝土柱框架结构相比，等抗弯刚度的 RC 柱框架结构虽然可以满足结构变形的要求，但柱轴压比不能满足截面抗震验算的要求。增大截面后，按多遇地震下弹性设计的钢梁-RC 柱框架结构，不能抵御罕遇地震，为混合破坏机制；而方钢管混凝土柱框架结构可以抵御罕遇地震作用，除北京波作用下底层柱底端出现塑性铰外，其他塑性铰均出现在梁上，且分布均匀，具有良好的吸能能力。由于设计的框架结构高度超过了规范中对 RC 框架结构的高度限值，计算表明 RC 框架结构很难通过增大柱截面和提高配筋率抵御罕遇地震。与 RC 柱框架结构相比，方钢管混凝土柱框架结构能达到更高的高度。

参考文献

[1] 刘晶波，刘阳冰，郭冰. 钢-混凝土组合框架结构体系抗震性能研究[J]. 北京工业大学学报，2010，36（7）：934-941.

[2] 刘阳冰，刘晶波，韩强. 钢-混凝土组合框架结构受力性能分析，第 19 届全国结构工程学术会议，济南，2010，III-366-III-371.

[3] 刘晶波，刘阳冰，郭冰等. 钢-混凝土组合框架结构体系抗震性能参数分析[J]. 工业建筑，2009，23（8）：96-100.

[4] LIU JINGBO, LIU YANGBING. Seismic Behavior Analysis of Steel-Concrete Composite Frame Structure Systems[C]. 14th World Conference on Earthquake Engineering, October 12-17, 2008, Beijing, China.

[5] LIU JINGBO, LIU YANGBING, GUO BING. Parameter Analysis of Seismic Behavior of Steel-Concrete Composite Frame Structures[C]. Proceedings of 12th International Conference on Computing in Civil and Building Engineering & 2008 International Conference on Information Technology in Construction (ICCCBE-XII & INCITE). October 16-18, 2008, Beijing, China.

[6]　刘阳冰，郭冰，刘晶波. 组合梁-方钢管混凝土框架结构体系抗震性能分析[C]. 第 16 届全国结构工程学术会议论文集，太原，2007：98-103.

[7]　刘晶波，郭冰，刘阳冰. 组合梁-方钢管混凝土柱框架结构抗震性能的 Pushover 分析[J]. 地震工程与工程振动，2008, 28（5）：87-93.

[8]　戚菁菁，武霞，谢献忠. 钢-混凝土组合框架动力性能参数分析[J]. 湖南科技大学学报：自然科学版，2015，30（4）：74-79.

[9]　中华人民共和国建设部. JGJ99-2015 高层民用建筑钢结构技术规程[S]. 北京：中国建筑工业出版社，2015.

[10]　陈戈. 钢-混凝土组合框架的试验及理论分析[博士学位论文]. 北京：清华大学土木系，2005.

[11]　中华人民共和国建设部. JGJ3—2010 高层建筑混凝土结构技术规程[S]. 北京：中国建筑工业出版社，2010.

[12]　中华人民共和国建设部. GB50011—2010 建筑抗震设计规范[S]. 北京：中国建筑工业出版社，2010.

[13]　中国工程建设标准化协会. CECS 159：2004 矩形钢管混凝土结构技术规程[S]. 北京：中国标准出版社，2004.

5 钢-混凝土组合框架的"强柱弱梁"问题分析

"5.12汶川大地震"造成大量房屋建筑破坏倒塌,对于钢筋混凝土框架结构,出现了大量的柱铰破坏机制而不是梁铰破坏机制,主要原因之一是没有考虑现浇楼板的对梁强度和刚度的增强作用。框架结构的变形能力与框架的破坏机制密切相关。试验研究表明,梁先屈服,可使整个框架有较大的内力重分布和能量消耗能力,极限层间位移角增大,抗震性能较好,即所谓的"强柱弱梁"。因此按照框架结构抗震概念设计的要求,结构应具有多道抗震防线,其中的一个原则就是"强柱弱梁"。我国抗震规范对于钢筋混凝土框架结构和钢框架结构均采用提高节点处柱端承载力的方法来实现。对于钢-混凝土组合框架结构,规范中还没有给出相应的方法来实现"强柱弱梁"机制,对由钢管混凝土柱和钢梁或组合梁组成的组合框架结构的"强柱弱梁"问题开展的有针对性的研究工作极少[1-3]。为了保证组合框架结构体系在地震作用下有较好的延性和耗能能力,需要对实现组合框架"强柱弱梁"的实用设计方法进行研究。

5.1 相关规范规定及研究意义

5.1.1 各国规范关于"强柱弱梁"问题的相关规定

在强震作用下结构构件不存在强度储备,梁端实际达到的弯矩与其受弯承载力是相等的,柱端实际达到的弯矩也与其偏压下的受弯承载力相等[4]。因此所谓"强柱弱梁"指的是:节点处梁端实际受弯承载力 M_{by}^a 和柱端实际受弯承载力 M_{cy}^a 之间满足下列不等式:

$$M_{cy}^a > M_{by}^a \qquad (5.1)$$

这种概念设计，由于地震的复杂性，楼板的影响和钢筋屈服强度的超强，难以通过精确的计算真正实现。因此我国抗震规范对于 RC 框架结构针对不同的抗震等级和设防烈度分别采用提高柱端弯矩设计值的方法来实现[4]。

我国《建筑抗震设计规范》考虑地震作用组合的一、二、三、四级框架柱，除框架顶层和柱轴压比小于 0.15 者及框支梁与框支柱的节点外，柱端组合的设计弯矩应满足式（5.2）要求：

$$\sum M_c = \eta_c \sum M_b \qquad (5.2)$$

一级框架结构和 9 度时的一级框架可不符合式（5.2）要求，但应符合式（5-3）要求：

$$\sum M_c = 1.2 \sum M_{bua} \qquad (5.3)$$

式中，$\sum M_c$ 为节点上下柱端截面顺时针或反时针方向组合的弯矩设计值之和，上下柱端的弯矩设计值，可按弹性分析分配；$\sum M_b$ 为节点左右梁端截面反时针或顺时针方向组合的弯矩设计值之和，一级框架节点左右梁端均为负弯矩时，绝对值较小的弯矩应取零；$\sum M_{bua}$ 为节点左右梁端截面顺时针或反时针方向实配的正截面抗震抗弯承载力所对应的弯矩值之和，根据实配钢筋面积（计入受压筋）和材料强度标准值确定；η_c 为柱端弯矩增大系数，对框架结构一级取 1.7，二级取 1.5，三级取 1.3，四级取 1.2。对其他结构类型中的框架部分，一级可取 1.4，二级可取 1.2，三、四级可取 1.1。对于钢框架[5]，应满足如下要求：

$$\sum W_{pc}(f_{yc} - N/A_c) \geqslant \eta \sum W_{pb} f_{yb} \qquad (5.4)$$

式中，W_{pc}、W_{pb} 为钢柱和梁的塑性截面模量；N 为轴向压力设计值；A_c 为柱截面面积；f_{yc}、f_{yb} 表示柱和梁钢材的屈服强度；η 为强柱系数(一级取 1.15，二级取 1.10，三级取 1.05)。

欧洲规范 Euro Code 8[6]在对钢-混凝土组合弯曲框架的抗震设计时，建议通过满足对混凝土和钢框架的强柱弱梁相应规定，以实现要求的塑性铰形成模式。该规范采用了 3 种结构强度和延性的组合进行设计，延性等级分为高(DCH)、中(DCM)、低(DCL)三级。对于混凝土中、高级延性框架，除顶层节点外，所有梁柱节点两个正交方向的抗弯承载力设计值应满足

$$\sum M_{\mathrm{Rc}} \geqslant 1.3 \sum M_{\mathrm{Rb}} \tag{5.5}$$

式中，$\sum M_{\mathrm{Rc}}$ 为节点上下柱端与轴向力相应的顺时针或逆时针方向柱端抗弯设计值之和；$\sum M_{\mathrm{Rb}}$ 为节点在左右两端顺时针或逆时针方向抗弯设计值之和。对于钢结构抗弯框架，为保证梁塑性铰的完全塑性抗弯能力和转动能力，梁铰处的内力设计值还应满足一定的比值要求。同样，柱端承载力验算时，也应满足相应的比值要求，但验算中的内力设计值应按下式予以放大

$$N_{\mathrm{Ed}} = N_{\mathrm{Ed,G}} + 1.1 \gamma_{\mathrm{ov}} \Omega N_{\mathrm{Ed,E}} \tag{5.6}$$

$$M_{\mathrm{Ed}} = M_{\mathrm{Ed,G}} + 1.1 \gamma_{\mathrm{ov}} \Omega M_{\mathrm{Ed,E}} \tag{5.7}$$

$$V_{\mathrm{Ed}} = V_{\mathrm{Ed,G}} + 1.1 \gamma_{\mathrm{ov}} \Omega V_{\mathrm{Ed,E}} \tag{5.8}$$

式中，$N_{\mathrm{Ed,E}}$、$M_{\mathrm{Ed,E}}$、$V_{\mathrm{Ed,E}}$ 与 $N_{\mathrm{Ed,G}}$、$M_{\mathrm{Ed,G}}$、$V_{\mathrm{Ed,G}}$ 分别为在抗震设计状况下，包含在作用组合中的设计地震作用引起的柱压力(弯矩和剪力)与非地震作用引起的柱压力（弯矩和剪力）；γ_{ov} 为超强系数；Ω 为所有耗能区梁的 $\Omega = M_{\mathrm{pl,R,d},i}/M_{\mathrm{Ed},i}$ 的最小值，$M_{\mathrm{Ed},i}$ 为在抗震设计状况下梁 i 端弯矩的设计值，$M_{\mathrm{pl,R,d},i}$ 为相应的塑性弯矩。

美国规范 ACI318-08[7]规定，为减小柱发生屈服的可能性，柱抗弯承载力应满足式（5-9），即

$$\sum M_{\mathrm{nc}} \geqslant (1.2) \sum M_{\mathrm{nb}} \tag{5.9}$$

式中，$\sum M_{\mathrm{nc}}$、$\sum M_{\mathrm{nb}}$ 分别为节点端面计算的顺时针或逆时针方向柱与梁名义抗弯强度之和，在计算 $\sum M_{\mathrm{nb}}$ 时应计入楼板中与梁共同作用的有效翼缘宽度内的钢筋的贡献。美国钢结构规范[8]对特殊抗弯钢框架梁柱节点处弯矩值要求满足

$$\sum M_{\mathrm{pc}}^* / \sum M_{\mathrm{pb}}^* > 1.0 \tag{5.10}$$

式中，$\sum M_{\mathrm{pc}}^*$ 梁柱中心线相交节点处的上下柱端弯矩值之和；$\sum M_{\mathrm{pb}}^*$ 梁柱中心线相交处梁端弯矩值之和。

加拿大混凝土结构设计规范 CSA23.3-04[9]对框架柱的抗弯承载力要求如下：

$$\sum M_{\text{nc}} \geqslant \sum M_{\text{pb}} \qquad (5.11)$$

式中，$\sum M_{\text{nc}}$ 为节点中心上下柱端顺(逆)时针方向名义抗弯承载力之和，抗弯承载力为考虑柱轴力影响的最小值；$\sum M_{\text{pb}}$ 为节点中心左右梁端逆（顺）时针方向可能的抗弯承载力值之和，同样，需考虑一定宽度范围内楼板的贡献。

新西兰是较早发展能力设计法的国家，其规范按照"强柱弱梁"原则保证结构延性的措施相对更为细致。NZS3101-2006[10]在附录 D 中对延性框架和有限延性框架柱端塑性铰的调控措施提供了两种设计方案可以选择，分别命名为方法 A 和方法 B，这两种方法都在较高程度上防止结构形成层侧移机构。

把中国、美国、欧洲和新西兰规范中荷载效应或材料强度换算为设计值，并考虑了相关条款的规定后，比较了上述四国规范中柱梁抗弯承载力比的最高要求，认为新西兰规范的要求最高，中国、美国和欧洲规范的柱梁抗弯承载力比的最高要求相差不大，但美国、新西兰和加拿大规范都明确要求梁端抗弯承载力应考虑现浇楼板的影响，而我国规范对此没有作出明确规定。

5.1.2 研究意义

基于第 1 章绪论和 2～4 章的研究分析，可以更清楚的了解钢-混凝土组合框架结构的抗震性能。组合构件是由钢材、混凝土两种属性完全不同的材料组成的，但是其力学性能并不等于这两种材料的简单叠加。目前国内外对单个构件的研究已趋于成熟，其成果基本都反映在各设计规程中。而针对钢-混凝土组合框架的结构体系整体性能开展的研究还不够深入，仍有必要进一步的研究。

钢-混凝土组合框架的发展历程较短，经历地震考验的机会少，缺乏震害资料，保证其在高烈度区的安全应用问题亟待解决。现有的抗震设计规范也没有对钢 混凝土组合框架结构的强柱弱梁问题进行具体规定，针对该问题开展的研究工作也极少。且目前对钢 混凝土混合框架的研究主要集中在抗震性能的试验和弹塑性静力和动力分析上，对其破坏模式开展的有针对性的研究工作很少。强震下结构的破坏模式是影响结构抗震性能的最主要决定因素之一，选择合理的破坏模式并加以引导有助于提高结构在大震甚至超大震下的抗震性能，以实现"大震不倒"的性能目标。而钢-混凝土组合框架作为最基本的结构，广泛应用于钢-混凝土混合框架结构、钢-混凝土混合框架核心筒结构、混合框筒结构等多种结构体系中，其在强震中的受力和变形性能相比常规的钢筋混凝土结构和钢结构更为复杂，影响其破坏模式的因素众多，且规范中还没有给出相应的方法来实现其"强柱弱梁"破坏机制。现有规范中钢筋混凝土结构和钢结构针对框架结构体系合理破坏模式的控制措施，是否适应于混合框架结构这都是需要研究的。

对于常见的由钢管混凝土柱、钢梁或组合梁组成的组合框架结构，规范中没有给出相应的方法来实现"强柱弱梁"。因此，本章在对 Pushover 分析方法和动力时程分析发法计算结果比较的基础上，选择适当的方法对钢梁-圆钢管混凝土柱框架结构和组合梁-方钢管混凝土柱框架进行破坏机制影响因素参数分析，找出主要影响因素，进而建议组合框架结构实现"强柱弱梁"的实用设计方法。

5.2　Pushover 与动力弹塑性时程分析方法对比分析

针对结构进行地震反应分析的方法主要有静力推覆分析法（Pushover Analysis）和动力弹塑性时程分析法（Dynamic Earthquake Analysis），这两种方法各有优缺点。静力推覆分析是一种以静力计算形式来模拟结构动力特性的方法，同时也存在用单自由度模拟多自由度的近似问题，较适合于结构特性本质上接近于单自由度体系的结构，而对于弹塑性时程分析，采用不同地震波进行结构物的地震反应分析时，即使它们的强度和时间步相近，也有可能得到具有较大差别的地震反应结果，具有一定的不确定性。因此，选用合适的方法对结构进行地震反应分析，是实现对结构物性能准确判断的前提条件。

以单榀 3 跨 8 层钢梁-圆钢管混凝土柱（SB-CFCST）组合框架为例，采用有限元分析软件 PERFORM-3D 分别对其进行 Pushover 分析和动力时程分析。比较结构在多遇地震下的变形，罕遇地震下的变形与破坏状态，对两种方法的适用性进行讨论。

5.2.1 计算模型

设计结构模型为单榀钢梁-圆钢管混凝土柱（SB-CFCST）框架结构，底层层高 4.5 m，其余层层高均为 3.6 m，总高 29.7 m，梁跨度为 7.2 m，结构立面如图 5.1 所示。主要参数如下：抗震设防烈度为 8 度（0.20g），设计地震分组为第二组，建筑场地类别为 II 类。钢梁采用 HN500 mm × 200 mm × 10 mm × 16 mm，强度等级为 Q235-B。圆钢管混凝土柱（CFCST）截面尺寸为 $D \times t = 500$ mm × 10 mm，钢材选用 Q235-B，混凝土强度等级为 C35。考虑楼板自重、楼面装饰等，各层梁上恒荷载标准值取为 27 kN/m，梁上活荷载标准值为 12 kN/m。

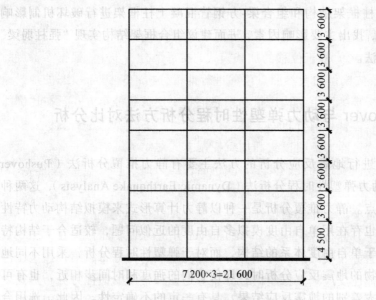

图 5.1　结构立面图

5.2.2 Pushover 方法概述

Pushover 分析方法是一种用于预测地震引起的力和变形需求的方法，可以识别出结构一些可能出现的反应机制，能反应出强度或刚度变化对结构的影响，为设计工作提供依据。Pushover 分析时沿结构高度施加一定形式分布的水平侧向力模拟地震作用下结构层惯性力的分布，并由小到大逐步增大侧力，使结构从弹性状态逐步进入弹塑性状态，最终达到并超过规定的弹塑性位移。该方法能够同时对结构的宏观（结构承载力和变形）和微观（构件内力和变形）弹塑性性能加以评价，较为实用、简单，与动力分析方法相比可以较大的节省计算工作量，在结构抗震设计和抗震性能评估中得到广泛的应用。

Pushover 分析一般有以下几个步骤：

（1）对所要分析的结构建立合适的计算模型；在整个 Pushover 分析过程中，这是最为关键的一步，所选的模型包括对结构的质量、刚度、强度及稳定都有较大影响的构件。

（2）对结构施加竖向荷载，以便和水平侧向力组合。

（3）选择水平静力推覆加载模式。在 PERFORM-3D 的 Pushover 分析中，水平荷载的方向与分布模式是固定的，而荷载的大小随分析步改变。PERFORM-3D 中有三种静力推覆加载模式：① 基于节点荷载形式的加载模式，在每个分析步中，根据给定点荷载沿结构纵向的分布，按比例加大荷载值进行推覆分析；② 基于位移的加载模式，在每个分析步中，根据参考点的固定位移模式，按比例加大参照点位移进行推覆分析；③ 基于模态的加载模式，在每个分析步中，由结构质量和模态形状决定荷载分布方式，按比例加大所求出的荷载进行推覆分析。

（4）根据所选静力推覆模式和加载控制方式对结构施加水平荷载，直到结构侧向位移或荷载达到控制要求，获得结构能力曲线。

（5）比较结构能力谱和地震需求谱，获得位移需求。

（6）根据需求位移评价结构性能。

不同的侧向力分布，将直接影响 Pushover 分析的结果。因此，在 Pushover 分析中，侧向力分布模式的选择是一个关键问题。均匀分布、第一振型比例型侧力分布、弹性反应谱多振型组合分布等是几种常用的惯性力分布形式。由于在整个加载过程中，这些侧向力分布形式保持不变，故称之为固定侧向力分布模式。当结构高阶振型影响不显著且结构的失效模式只有一个时，固定侧向力分布可以较好地预测结构的反应。当高阶振型影响明显时，固定侧向力分布的适用性尚待研究。自适应分布是对固定分布的改进，考虑了层惯性力分布随结构弹塑性水平的变化，根据每次加载时结构侧向位移或振型的变化调整侧向力分布。

（1）均匀荷载分布形式：结构各层侧向力与该层质量成正比，在第 i 层侧向力的增量 ΔF_i 为

$$\Delta F_i = \frac{w_i}{\sum_{i=1}^{N} w_i} \Delta V_b \qquad (5.12)$$

式中，w_i 为第 i 层的重量；ΔV_b 为结构基底的增量；N 为结构总层数。

（2）第一振型荷载分布形式为

$$\Delta F_i = \phi_{1i} \Delta V_b \qquad (5.13)$$

式中，ϕ_{1i} 为第 i 层在第一振型下的相对位移。FEMA-356[11]建议采用该分布时第一振型参与质量应超过总质量的 75%。

（3）多振型组合分布：首先由振型分析方法计算各阶振型对应的反应谱值，再通过 SRSS 振型组合方法得到各层层间剪力

$$V_i = \sqrt{\sum_{j}^{m} \left(\sum_{l=i}^{N} \gamma_j w_l \phi_{lj} A_j \right)^2} \qquad (5.14)$$

式中，i 为层号，m 为所考虑的结构总振型数，N 为结构总层数，w_l 为结构第 l 层的重量，ϕ_{lj} 为第 l 层的第 j 阶振型值，γ_j 为第 j 阶振型的参与系数，A_j 为第 j 阶振型的结构弹性加速度反应谱值，结构各层施加的侧向力可根据算得的层间剪力计算得到。FEMA-356[11]建议所考虑振型数的质量参与系数应达到 90%，并选用合适的地震动反应谱，同时保证结构的第一振型周期大于 1.0 s。

（4）考虑高度影响的等效分布(高度等效分布)：该分布引入高度等效因子 k，以考虑层加速度沿结构高度的变化，结构在第 i 层的增量 ΔF_i 为

$$\Delta F_i = \frac{w_i h_i^k}{\sum_{l=1}^{N} w_l h_l^k} \Delta V_b \qquad (5.15)$$

式中，k 为楼层高度修正系数，与结构第一振型的弹性周期有关，当第一振型周期 $T \leq 0.5s$ 时，$k = 1.0$，$T > 2.5s$ 时，$k = 2.0$，在两者之间时线性插值。该侧力模式可以考虑层高的影响，当 $k = 1.0$ 时即为倒三角侧力模式。FEMA-356[11]建议在第一振型质量超过总质量 75%时采用该侧力分布模式，并且同时要用均布侧力模式进行分析。

（5）自适应分布：通常所选的侧向力分布只考虑结构弹性阶段的反应，当结构进入塑性，如果此时结构的侧向力分布没有根据刚度分布变化调整，结构的反应可能会与在实际地震动下的反应有差别。

5.2.3 不同侧向荷载分布形式结果比较

选取几种常见的侧向荷载分布模式作为 Pushover 分析的评定依据，分别为：均匀荷载分布、第一振型荷载分布、顶部集中荷载分布三种侧向力荷载分布形式。在 PERFORM-3D 中对该框架进行不同水平侧向力下的 Pushover 分析，得到结构基底剪力与顶点位移的关系曲线，如图 5.2 所示。

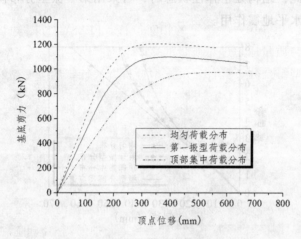

图 5.2 结构基底剪力-顶点位移曲线

从图 5.2 中可以看出，三种不同侧向力分布形式下，结构的能力曲线差异较大。在均匀分布模式下，结构表现出能力曲线斜率最大的特点，侧向刚度与承载能力均为最大；在顶部集中荷载分布模式下，由于结构的侧向力集中于顶部，表现出顶点位移明显的特点，能力曲线的斜率与承载能力均为最小；第一振型荷载分布模式下的计算结果居于两者之间。

多遇、罕遇地震下结构对应性能点的顶点位移、基底剪力如表 5.1 所示。由表中数值可知，均匀分布模式下结构性能点的顶点位移最小，顶部集中荷载分布模式下结构性能点的顶点位移最大，第一振型荷载分布模式下的结果居中。

表 5.1 多遇、罕遇地震下结构性能点对应顶底位移和基底剪力 单位：（mm, kN）

地震影响	均匀分布	第一振型分布	顶部集中分布
多遇地震	(36，223)	(43，217)	(62，210)
罕遇地震	(209，1 083)	(250，1 009)	(336，882)

多遇地震下 Pushover 分析得到的结构层侧移、层间位移角计算结果与振型分解反应谱法的结果对比，如图 5.3 所示。从图中可以看出，框架的最大层间位移角没有超过《高层建筑钢-混凝土混合结构设计规程》（CECS 230：2008）[12]中最大弹性层间位移角 1/400 的限值规定。当侧向力为第一振型分布模式时，结构的层侧移、层间位移角与振型分解反应谱法分析得到的结果最为接近。因此，结构处于弹性状态时，可采用第一振型分布模式的侧向力来考虑结构的水平地震作用。

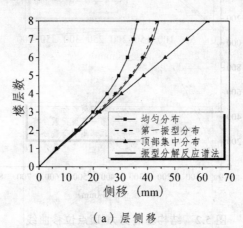

（a）层侧移

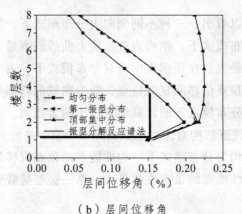

（b）层间位移角

图 5.3 多遇地震作用下不同侧向力分布模式结构位移反应比较

罕遇地震下 Pushover 分析得到的结构层侧移、层间位移角计算结果如图 5.4 所示。从图中可以看出，框架的最大层间位移角未超过《高层建筑钢-混凝土混合结构设计规程》（CECS 230：2008）中 1/50 的限值规定。各侧向力分布模式下沿结构高度的楼层位移反应规律,与多遇地震下的反应规律类似。

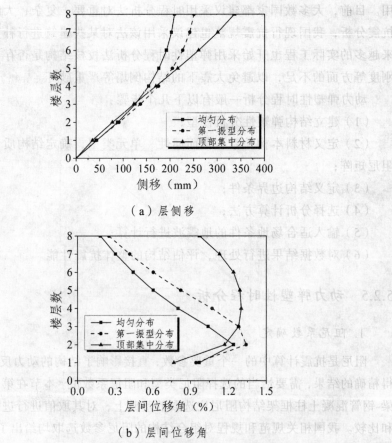

（a）层侧移

（b）层间位移角

图 5.4 罕遇地震作用下不同侧向力分布模式结构位移反应比较

5.2.4 动力弹塑性时程分析方法概述

　　动力弹塑性时程分析是一种通过建立结构分析模型,直接采用结构动力方程求解的数值分析方法,能够得到地震作用下结构在各时刻各质点的位移、速度、加速度及杆件内力。同时,还可以得到结构开裂和屈服的顺序,发现应力和变形集中部位,获得结构弹塑性变形和延性要求,进而可判别结构的屈服机制、薄弱环节以及可能的破坏类型。此外,该方法可以考虑地面运动的方向、特性以及持续作用的影响,并且考虑地基与结构的相互作用、结构的各种非线性因素(如几何、材料、边界条件)等问题。因此,与其他方法相比较，弹塑性时程分析法是最为先进的方法，在结构抗震性能分析中经常使用。目前，大多数国家都建议采用时程分析法对重要、复杂、大跨结构进行抗震分析，我国现行抗震规范也建议采用该法对某些建筑进行补充分析。越来越多的实际工程也开始采用弹塑性时程分析法校核结构是否存在承载力、刚度等方面的不足，以避免大震下的结构倒塌等严重破坏。

动力弹塑性时程分析一般有以下几个步骤：

（1）建立结构弹塑性分析模型；

（2）定义材料本构关系、截面属性、单元类型，确定结构质量、刚度及阻尼矩阵；

（3）定义结构边界条件；

（4）选择分析计算方法；

（5）输入适合场地条件的地震波进行计算；

（6）对数据结果进行处理，评估结构的整体抗震性能。

5.2.5 动力弹塑性时程分析

1. 阻尼系数确定

阻尼是抗震计算中的一个重要参数，直接影响了结构的动力反应。为了获得精确的结果，需要恰当的选择阻尼类型和阻尼系数值。本节在第 4 章的组合梁-钢管混凝土柱框架结构阻尼比选取的基础上，对其取值进行进一步的讨论和比较。我国相关规范和规程对组合结构的阻尼参数选取均给出了相关规定。《高层建筑混凝土结构技术规程》（JGJ 3-2010）[13]中规定："组合结构在多遇地震下的阻尼比可取为 0.04"。《建筑抗震设计规范》（GB 50011—2010）[4]中条文 G2.4 规定了钢框架-钢筋混凝土核心筒体结构阻尼比的取值：组合结构的阻尼比，取决于混凝土和钢结构在总变形能中所占比例的大小。《高层建筑钢-混凝土混合结构设计规程》（CECS 230：2008）[12]中 5.3.4 中规定罕遇地震作用下的弹塑性时程分析中阻尼比宜采用 0.05。《型钢混凝土组合结构技术规程》（JGJ 138-2001）[14]中对型钢混凝土组合结构，条文第 4.2.3 规定："基于型钢混凝土组合结构构件具有比钢筋混凝土结构构件更好的延性和耗能特性，为此，型钢混凝土组合结构和由它和混凝土结构组成的混合结构，其房屋最大使用高度可比钢筋混凝土结构作不同程度的提高。"对于全部结构构件均采用型钢混凝土结构时，房屋高度可提高 30% ~ 40%，结构阻尼比的取值是考虑型钢混凝土组合结构的阻尼略低于钢筋混凝土结构，因此，阻尼比采用 0.04。《矩形钢管混凝土结构技术规程》（CECS 159：2004）[15]中第 5.2.1 条规定："抗震设计时，在多遇地震作用下，矩形钢管混凝土结构与混凝土结构的混合结构的阻尼比可取 0.04；其他情况下的阻尼比可取 0.035；在罕遇地震作用下，阻尼比可取 0.05。"《钢管混凝土结构设计与施工规范》（CECS 28：2012）[16]中第 4.3.6 条对钢管混凝土结构在多遇地震作用下的阻尼比规定：① 采用钢筋混凝土楼盖时可取 0.05；② 框架-中心支撑和框架-偏心支撑结构高度不大于 50 m 时可取 0.04，高度大于 50 m 且小于 200 m 时可取 0.03，高度不小于 200 m 时宜取 0.02；③ 除框架-中心支撑和框架-偏心支撑结构外，其他采用钢梁-混凝土板楼屋盖的结构可取 0.04，在罕遇地震作用下的结构阻尼比可取 0.05。

基于我国一些规范、规程对组合结构抗震计算时阻尼比的规定，对钢梁-钢管混凝土柱混合框架结构，多遇地震下的阻尼比取 0.04，罕遇地震下的阻尼比取 0.05 是比较合理的。

分析时阻尼采用瑞雷阻尼，与结构的质量和初始刚度成比例，表达式如下：

$$C = \alpha_0 M + \alpha_1 K \tag{5.16}$$

式中，C 为阻尼矩阵；M 为质量矩阵；K 为刚度矩阵；系数 α_0 和 α_1 由下式确定：

$$\begin{pmatrix} a_0 \\ a_1 \end{pmatrix} = \frac{2\omega_i \omega_j}{\omega_i^2 - \omega_j^2} \begin{pmatrix} \omega_i & -\omega_j \\ \dfrac{-1}{\omega_i} & \dfrac{1}{\omega_j} \end{pmatrix} \begin{pmatrix} \xi_i \\ \xi_j \end{pmatrix} \tag{5.17}$$

式中，ω_i、ω_j、ξ_i、ξ_j 为第 i、j 振型的圆频率和阻尼比。

2. 地震波的选取

抗震设计的第一步即是确定设计地震动（地面运动参数或地面运动时程等），合理的地震动输入是保证设计结果正确的必要条件。在影响结构非线性反应的众多不确定性因素中，地震波输入的不确定性是影响最大的一个因素。

目前时程分析常见的选取地震波方法有：

① 依场地选波：根据建设场地的类别，同时考虑震中距及加速度峰值（烈度）两项因素，选取具有相同或相近场地类别的台站记录作为输入；

② 依场地特征周期 T_g 选波：此方法要求记录的反应谱卓越周期与 T_g 接近，单纯依据反应谱曲线上的单个控制点使记录反应谱与标准反应谱相一致；

③ 依反应谱的两个频段选波：对地震记录加速度反应谱值在$[0.1, T_g]$的平台段和结构基本周期 T_1 附近$[T_1 - \Delta T_1, T_1 + \Delta T_2]$段的均值进行控制，要求与设计反应谱相差不超过 10%；

④ 依反应谱 T_g 前后的面积选波：采用反应谱曲线与周期坐标所围成的面积表征反应谱，通过对面积偏差的控制实现所选波与标准反应谱具有一致性。

抗震规范规定，时程分析时，应按建筑场地类别和设计地震分组选用实际强震记录和人工模拟的加速度时程曲线，其中实际强震记录的数量不应少于所选地震波数量的 2/3。算例选取了 7 条天然波作为结构地震动输入进行时程分析。

算例依据反应谱的两个频段进行时程分析的选波，即按地震加速度记录反应谱的特征周期 T_g 和结构基本自振周期 T_1 两个指标选取，分别选取 7 条地震波，所选取的地震波结果见表 5.2、5.3。其中在选取罕遇地面运动时，根据《建筑结构抗震设计规范》[4]规定，特征周期增加 0.05 s，因此罕遇地震作用的特征周期为 0.45 s。进行时程分析时，应按照抗震设计规范规定，多遇地震加速度峰值 70 cm/s²、罕遇地震加速度峰值 400 cm/s²，对各条实际地震波进行调幅处理。

表 5.2 多遇地震所选地震波信息

编号	地震名称	发震时间	记录方向	PGA /(cm/s²)	持时	步长
USA01972	IMPERIAL VALLEY	1979.10.15	S45W	122.26	37.86	0.02
USA01381	OROVILLE CA	1975.8.3	N24W	151.147	49.44	0.02
USA00525	SAN FERNANDO	1971.2.9	N54E	114.44	45.24	0.02
USA00721	SAN FERNANDO	1971.2.9	NORTH	153.56	41.92	0.02
USA00459	SAN FERNANDO	1971.2.9	N00E	164.24	65.20	0.02
USA00684	SAN FERNANDO	1971.2.9	N30W	242.00	35.36	0.02
USA00113	PARKFIELD CALIFORNIA	1966.6.27	S54W	114.43	29.70	0.02

表 5.3　罕遇地震所选地震波信息

编号	地震名称	发震时间	记录方向	PGA /(cm/s²)	持时	步长
USA01545	SOUTHEASTERN ALASKA	1972.7.30	NORT	69.96	41.92	0.02
USA00117	2ND NORTHERN CALIFORNIA	1967.12.10	S11E	204.20	29.94	0.02
USA00684	SAN FERNANDO	1971.2.9	N30W	242.00	36.36	0.02
USA02616	IMPERIAL VALLEY	1979.10.15	140	309.30	39.64	0.01
USA04502	NORTHRIDGE	1994.1.17	S02W	139.65	48.90	0.02
USA01266	SOUTHEASTERN ALASKA	1972.7.30	WEST	92.00	57.30	0.02
USA01511	OROVILLE CA	1975.8.2	N00E	55.93	49.26	0.02

3. 动力时程分析结果

钢梁-圆钢管混凝土柱（SB-CFCST）组合框架在各条地震波作用下层侧移曲线和层间位移角曲线如图 5.5、图 5.6 所示。顶层最大位移和最大层间位移角幅值如表 5.4 所示。

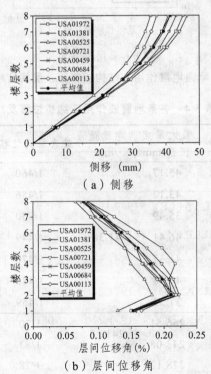

（a）侧移

（b）层间位移角

图 5.5　多遇地震作用下结构层侧移、层间位移角分布

131

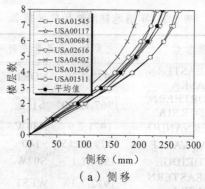

（a）侧移

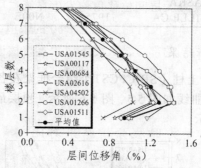

（b）层间位移角

图 5.6 罕遇地震作用下结构层侧移、层间位移角分布

表 5.4 各条地震波作用下结构位移反应

地震影响	地震波编号	最大顶点位移/mm	平均值/mm	最大层间位移角	所在楼层	平均值/mm
	USA01972	45.17		1/460	4	
	USA01381	43.12		1/456	2	
	USA00525	35.49		1/550	2	
多遇地震	USA00721	46.41	41.38	1/449	2	1/473
	USA00459	41.37		1/470	2	
	USA00684	40.77		1/480	2	
	USA00113	37.33		1/459	2	
	USA01545	266.51		1/70	2	
罕遇地震	USA00117	243.08	241.28	1/83	2	1/78
	USA00684	228.12		1/78	2	
	USA02616	249.19		1/72	2	

地震影响	地震波编号	最大顶点位移/mm	平均值/mm	最大层间位移角	所在楼层	平均值/mm
罕遇地震	USA04502	196.90		1/97	2	
	USA01266	272.93		1/70	2	1/78
	USA01511	232.23		1/82	2	

由图 5.5、5.6 及表 5.4 中的数值可以看出，组合框架结构在各条多遇地震波作用下的最大层间位移角均没有超过规范 1/400 的限值规定。除 USA01972 波外，框架最大层间位移角均发生在第二层，在各条罕遇地震作用下，最大层间位移角也没有超过规范 1/50 的限值，均发生在第二层。说明第二层是结构相对薄弱的部位，大震下应重点校核该层的承载能力、刚度变化。从七条波的平均水平来看，结构的最大层间位移角均满足规范限值，且与限值比较接近，设计模型比较合理。

5.2.6 Pushover 与动力时程分析结果对比

将 Pushover 分析结果与时程分析的统计结果进行对比，比较结构反应，包括整体反应量（如最大顶点位移、各层最大层间位移角）和局部反应量（如塑性铰分布、杆端曲率延性）的，并对 Pushover 分析中的不同侧力分布模式做出评价。

1. 结构整体反应对比

图 5.7、5.8 给出了不同侧荷载分布模式的 Pushover 分析得到的结构层侧移、层间位移角与时程分析平均值的对比。最大顶点位移和最大层间位移角幅值的对比见表 5.5。

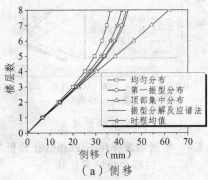

（a）侧移

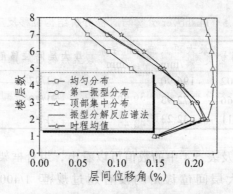

（b）层间位移角

图 5.7　多遇地震作用下 Pushover 分析与
时程分析结果比较

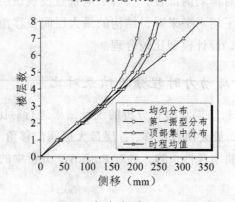

（a）侧移

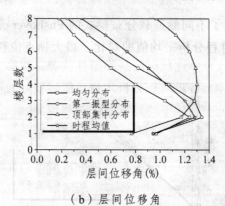

（b）层间位移角

图 5.8　罕遇地震作用下 Pushover 分析与
时程分析结果比较

表 5.5　Pushover 分析与时程分析结构位移反应对比

地震影响	分析类型	最大顶点位移/mm	最大层间位移角	最大层间位移角位置
多遇地震	均匀分布	36.46	1/506	2
	第一振型分布	43.45	1/469	2
	顶部集中分布	61.98	1/444	4
	振型分解反应谱法	44.16	1/463	2
	时程均值	41.38	1/475	2
罕遇地震	均匀分布	209.30	1/81	2
	第一振型分布	250.22	1/75	2
	顶部集中分布	335.88	1/77	4
	时程均值	241.28	1/78	2

对比图 5.7、5.8 与表 5.5 可以清楚地发现，相对于时程分析得到的各层最大层侧移均值，按均匀分布侧向力模式得到的结构侧移整体过小，按顶部集中分布模式的在多遇地震下过大，而在罕遇地震下上部侧移过大，下部偏小，按第一振型分布模式的结果明显最接近时程均值。相对于时程分析得到的各层最大层间位移角均值，按均匀分布侧向力模式得到的数值整体过小；按顶部集中分布模式的在多遇地震下整体过大，而在罕遇地震下上部过大，下部两层过小；按第一振型分布模式的底层结果接近时程均值，中间三层略大，上部四层偏小。

综上所述，不管在弹性状态还是弹塑性状态，按第一振型分布模式计算的结构整体反应总体上接近时程分析均值，能够较好的模拟水平地震作用。而另外两种侧向力分布模式下的计算结果误差较大。

2. 结构局部反应对比

图 5.9 给出了各 Pushover 分析与时程分析所得的杆端塑性铰分布情况，图中构件端部的圆圈表示该截面出铰，空心圆圈表示截面单向屈服，实心圆圈表示截面两侧（梁为上下侧，柱为左右侧）均屈服，圆圈旁边的数字表示该截面塑性铰的曲率延性需求。

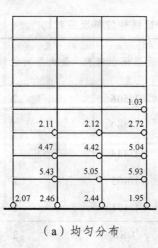

（a）均匀分布

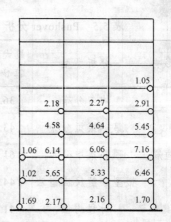

（b）第一振型分布

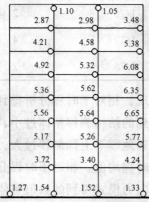

（c）顶部集中分布

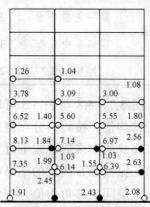

（d）USA01545 波

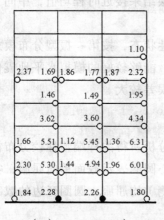

（e）USA00117 波

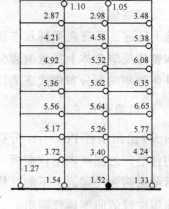

（f）USA00684 波

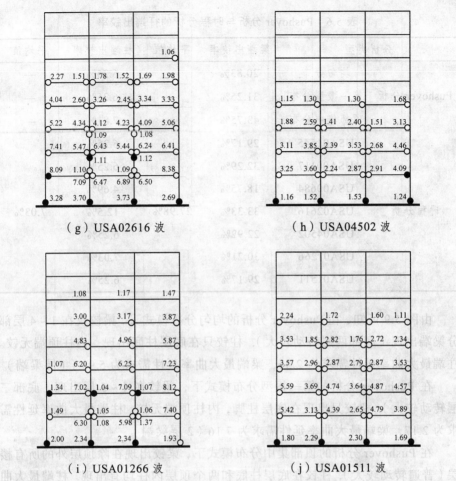

（g）USA02616 波　　　　　　　　　　（h）USA04502 波

（i）USA01266 波　　　　　　　　　　（j）USA01511 波

图 5.9　Pushover 分析与时程分析的塑性铰分布

　　框架罕遇地震作用下的塑性铰统计见表 5.6，表中梁、柱端截面杆端出铰率为发生屈服的杆件端部截面数量与总杆件端部数量的比值。杆端截面屈服以钢材达到屈服拉应变为标志，单向屈服计一次，双向屈服计两次。由于算例为平面二维框架，梁和柱在 Pushover 分析时只能沿一个主轴方面单向屈服，时程分析时可沿一个主轴方向正向或反向屈服，故在计算 Pushover 分析总杆件端部数量时杆端计 1 次，在计算时程分析总杆件端部数量时杆端计 2 次。

表 5.6 Pushover 分析与时程分析的杆端出铰率

分析类型		梁端出铰率	平均值	柱端出铰率	平均值
Pushover 分析	均匀分布	20.83%	—	6.25%	—
	第一振型分布	31.25%	—	6.25%	—
	顶部集中分布	43.75%	—	7.81%	—
时程分析	USA01545	29.17%		6.25%	
	USA00117	32.29%		6.25%	
	USA00684	18.75%		4.69%	
	USA02616	33.33%	27.98%	12.5%	7.03%
	USA04502	22.92%		6.25%	
	USA01266	30.21%		7.03%	
	USA01511	29.17%		6.25%	

由图 5.9 可知，在 Pushover 分析的均匀分布模式下，梁铰仅在 1~4 层部分梁端出现（底部两层转动较大），柱铰只在底层柱底出现，内柱顶端无铰。柱端最大曲率延性需求为 2.46，梁端最大曲率延性需求为 5.93（1 层梁端）。

在 Pushover 分析的第一振型分布模式下，梁铰在 1~5 层出现（底部三层转动较大），柱铰只出现在底层柱脚，内柱顶端无铰。柱端最大曲率延性需求为 2.17，梁端最大曲率延性需求为 7.16（2 层梁端）。

在 Pushover 分析的顶部集中分布模式下，梁铰出现在除顶层外的所有楼层（普遍转动较大），柱铰在底层柱底和两个顶层内柱均有出现。柱端最大曲率延性需求为 1.54，梁端最大曲率延性需求为 6.65（3 层梁端）。

在罕遇地震烈度的各条地震波作用下，梁铰普遍出现在底部 4~6 层，柱铰主要出现在底层柱底，在 USA01545、USA02616、USA01266 这三条波作用下，中柱上部也出现塑性铰。从七条波出铰率的平均值来看，梁端出铰率为 27.98%，柱端出铰率为 7.03%，梁铰数量明显多于柱铰，结构的破坏是典型的"梁柱混合铰"模式。从塑性铰曲率延性需求来看，柱端最大值为 USA02616 波作用下的 3.73，USA01545 波作用下次之（2.45），其余多数在 2.00 附近；梁端曲率延性需求最大值为 USA02616 波作用下的 8.38。

基于上述分析结果，均匀分布模式时，因荷载分布均匀，相对底部荷载分担较大，表现为梁铰主要分布在下部楼层，柱铰的曲率延性需求大于其他模式下的结果；顶部集中分布模式时，由于荷载集中于顶部，表现为梁铰也出现在上部楼层，顶层内柱屈服，底层柱铰曲率延性需求值最小。与时程分析所得到的塑性铰分布及杆端出铰率平均值相比，第一振型分布模式的结果最为接近，顶部集中分布模式的差别最大，均匀分布模式介于两者之间。

5.3 结构破坏机制

框架结构在水平地震作用下的屈服机制有两种基本类型：梁铰破坏机制和柱铰破坏机制，而混合破坏机制可由这两种机制组合而成。

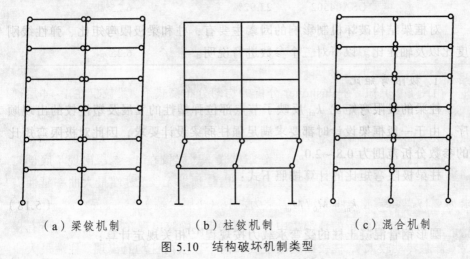

（a）梁铰机制　　　　　（b）柱铰机制　　　　　（c）混合机制

图 5.10　结构破坏机制类型

梁铰破坏机制，是指框架梁端的抗弯承载能力小于柱端的抗弯承载力，地震时塑性铰首先出现在梁端，梁端的塑性转动吸收较多的地震能量，各层柱在较长时间范围内均不屈服，最后由于在底层柱脚出现塑性铰，整个结构围绕根部做刚体转动。此时，结构整体只有一个自由度，具有较大的内力重分布能力，结构能够承受较大的变形。

柱铰破坏机制，是指框架柱端的抗弯承载力小于梁端的抗弯承载力，地震时仅竖向构件屈服，水平构件基本处于弹性状态，当某一层或某几层所有柱的上下端都形成塑性铰，则导致该楼层屈服，并与上部楼层一起形成机构。此时结构的自由度数目相当于总层数的自由度，这种破坏机制易危及结构的整体稳定性和竖向承载力，变形往往集中在某一薄弱楼层，整个结构的变形能力小。因此，各国规范均没有采用此屈服机制对结构进行设计。

混合破坏机制，结构允许水平构件及部分竖向构件屈服，梁端较早出现塑性铰，柱端塑性铰较晚出现，其抗震性能介于梁铰破坏机制和柱铰破坏机制之间。考虑到经济及结构抗震性能两方面的因素，混合破坏机制被大多数国家规范作为实现"强柱弱梁"机制的主要措施采用。

5.4　SB-CFCST 框架结构破坏机制影响因素参数分析

5.4.1　参数定义

对框架结构破坏机制影响的因素主要有：柱和梁极限弯矩比、弹性线刚度比以及轴压比。以下对三个参数进行说明。

1. 极限弯矩比

柱梁的极限弯矩比 k_m 反映了节点部位弹塑性的发展及塑性铰的出现顺序，由于一般框架设计时都要求满足强柱弱梁设计要求，因此对极限弯矩比的参数分析范围为 0.8 ~ 2.0。

柱梁极限弯矩比的计算按照下式：

$$k_m = M_0 / M_{ub} \tag{5.18}$$

圆形钢管混凝土柱的受弯承载力按规程[12]相关规定计算：

$$M_0 = 0.24N_0 r_c \tag{5.19}$$

式中，M_0 为圆形钢管混凝土柱的受弯承载力；N_0 为钢管混凝土短柱的轴心受压承载力；r_c 为钢管内混凝土横截面的半径。

钢梁的受弯承载力计算如下：

$$M_{ub} = \gamma_m W_n f \tag{5.20}$$

式中，W_{ub} 为对强轴的净截面模量；γ_m 为截面塑性发展系数；f 为钢材的抗弯强度。

2. 线刚度比

框架结构的梁柱线刚度比(i_b/i_c)主要反映框架梁对框架柱的约束程度，也是决定框架整体性能的重要因素，对框架的整体抗侧向刚度、内力分布、延性和耗能能力均有影响。因此，在满足结构承载力和变形的前提下，改变结构的线刚度比，寻求其对结构破坏机制的影响，具有重要的意义。

梁柱线刚度比(i_b / i_c)的计算如下：

$$i_b / i_c = \frac{(EI)_b / L}{(EI)_c / H} \qquad (5.21)$$

钢管混凝土柱截面抗弯刚度的计算，可采用钢管部分的刚度与混凝土部分的刚度之和，即[12]

$$(EI)_c = E_c I_c + E_{ss} I_{ss} \qquad (5.22)$$

式中，$E_c I_c$ 为混凝土部分的抗弯刚度；$E_{ss} I_{ss}$ 为钢管部分的抗弯刚度。

3. 轴压比

柱轴压比是影响框架结构变形能力和破坏形态的主要因素，是反映结构抗震性能的重要指标。通常情况下，柱的轴压比越大，延性越小。《建筑抗震设计规范》（GB 50011—2010）[4]为了保证柱的塑性变形能力和保证框架的抗倒塌能力，对钢筋混凝土结构柱的轴压比规定不应大于表 5.7 的限值。《高层建筑钢-混凝土混合结构设计规程》（CECS 230：2008）[12]对抗震设计时钢骨混凝土柱的轴压力系数 n 规定不应大于表 5.8 的限值。

表 5.7　钢筋混凝土柱的轴压比限值

结构类型	抗震等级			
	一	二	三	四
框架结构	0.65	0.75	0.85	0.90
框架-抗震墙、板柱-抗震墙、框架-核心筒及筒中筒	0.75	0.85	0.90	0.95
部分框支抗震墙	0.6	0.7		

表 5.8　钢骨混凝土柱的轴压力系数限值

结构类型	抗震等级			
	特一级	一级	二级	三级
框架结构	0.60	0.65	0.75	0.85
框架-剪力墙结构、框架-筒体结构、筒中筒结构	0.65	0.70	0.80	0.90

而对于所研究的钢梁-钢管混凝土柱组合组合框架，各规程均未对钢管混凝土柱的轴压比限值作出具体规定，所以有必要探讨轴压比对钢管混凝土柱

混合框架受力性能和破坏机制的影响。

钢管混凝土柱的轴压比计算依据下式确定[12]，即

$$n = N / N_0 \tag{5.23}$$

当 $\theta \leqslant \xi$ 时 $\quad N_0 = 0.9 A_c f_c (1 + \alpha \theta) \tag{5.24}$

当 $\theta > \xi$ 时 $\quad N_0 = 0.9 A_c f_c (1 + \sqrt{\theta} + \theta) \tag{5.25}$

$$\theta = A_a f_a / (A_c f_c) \tag{5.26}$$

式中，N 为柱轴向压力设计值；N_0 为钢管混凝土短柱的轴心受压承载力；θ 为钢管混凝土套箍系数；α 为与混凝土强度等级有关的系数；ξ 为与混凝土强度等级有关的系数；A_a、A_c 为柱中钢管部分和混凝土部分的横截面面积；f_a、f_c 为钢管和混凝土的抗压强度。

5.4.2　极限弯矩比影响

1. 计算模型

按现行规程分别设计 3、5、8 及 10 层钢梁-圆钢管混凝土柱平面框架，结构底层层高 3.6 m，其余层层高 3.0 m，框架立面如图 5.11 所示。

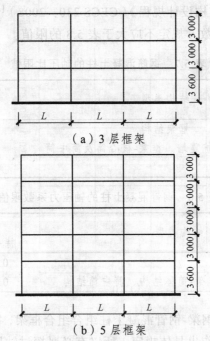

（a）3 层框架

（b）5 层框架

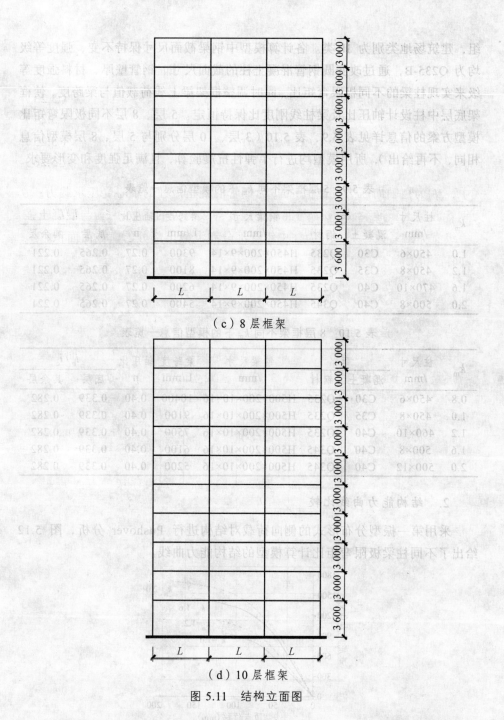

（c）8 层框架

（d）10 层框架

图 5.11　结构立面图

主要计算参数如下：抗震设防烈度为 8 度（0.20g），设计地震分组为第二组，建筑场地类别为 II 类。各计算模型中钢梁截面尺寸保持不变，强度等级均为 Q235-B，通过改变圆钢管混凝土柱的截面尺寸、钢管壁厚、材料强度等级来实现柱梁的不同极限弯矩比，同时调整框架梁上线荷载值与梁跨度，使框架底层中柱设计轴压比及梁柱线刚度比保持恒定。5 层、8 层不同极限弯矩比模型方案的信息详见表 5.9、表 5.10（3 层、10 层分别与 5 层、8 层模型信息相同，不再给出），所用模型均进行了弹性抗震验算，且满足强度和变形要求。

表 5.9　5 层框架不同 k_m 下的模型信息一览表

k_m	柱尺寸 /mm	柱		钢梁尺寸 /mm	梁跨度 L/mm	轴压比 n	i_b/i_c	
		混凝土	钢材				底层	其余层
1.0	450×6	C30	Q235	H450×200×9×14	9300	0.27	0.265	0.221
1.2	450×8	C35	Q235	H450×200×9×14	8100	0.27	0.265	0.221
1.6	470×10	C40	Q235	H450×200×9×14	6200	0.27	0.265	0.221
2.0	500×8	C40	Q345	H450×200×9×14	5400	0.27	0.265	0.221

表 5.10　8 层框架不同 k_m 下的模型信息一览表

k_m	柱尺寸 /mm	柱		钢梁尺寸 /mm	梁跨度 L/mm	轴压比 n	i_b/i_c	
		混凝土	钢材				底层	其余层
0.8	450×6	C30	Q235	H500×200×10×16	10400	0.40	0.339	0.282
1.0	450×8	C35	Q235	H500×200×10×16	9100	0.40	0.339	0.282
1.2	460×10	C40	Q235	H500×200×10×16	7500	0.40	0.339	0.282
1.6	500×8	C40	Q345	H500×200×10×16	6100	0.40	0.339	0.282
2.0	500×12	C40	Q345	H500×200×10×16	5200	0.40	0.339	0.282

2.　结构能力曲线比较

采用第一振型分布形式的侧向荷载对结构进行 Pushover 分析，图 5.12 给出了不同柱梁极限弯矩比计算模型的结构能力曲线。

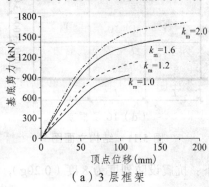

（a）3 层框架

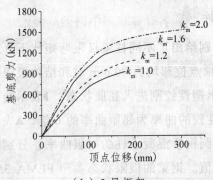

（b）5层框架

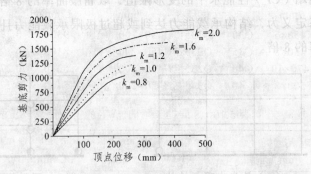

（c）8层框架

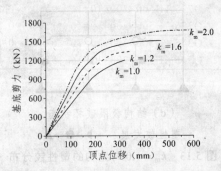

（d）10层框架

图 5.12　不同 k_m 下结构的基底剪力-顶点位移对比

从图 5.12 可以看出，在保持轴压比、梁柱线刚度比不变的情况下，随着柱梁极限弯矩比的逐渐增大，组合框架的整体抗侧移刚度、结构承载能力及延性均有大幅度的提高。当 k_m 小于 1.6 时，结构的延性较差，当 k_m 大于 1.6 时，结构表现出良好的延性。

3. 破坏机制分析

图 5.13～5.16 分别给出了不同柱梁极限弯矩比下 3 层框架结构最先出现塑性铰的位置、结构顶点位移均为 90 mm 时和结构极限破坏状态时的塑性铰分布情况，其中○表示塑性铰刚进入屈服状态，◑表示塑性铰的曲率为屈服曲率的 4 倍，●表示塑性铰的曲率为屈服曲率的 6 倍，▲表示塑性铰完全失效达到极限状态。钢梁与圆钢管混凝土柱的屈服曲率，分别采用最外侧钢纤维开始屈服时对应的曲率值。钢梁的极限状态参照 FEMA 356[11]中关于受弯钢梁防止倒塌（CP）性能水平的变形限值，取屈服曲率的 8 倍。对于组合柱的极限状态定义为，结构承载能力达到或超过极限承载能力且结构曲率为相应屈服曲率的 8 倍。

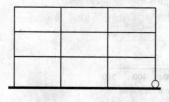

（a）最先出现塑性铰

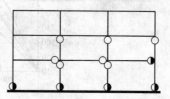

（b）顶点位移 90 mm

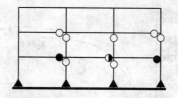

（c）结构极限破坏状态

塑性铰发展○→◑→●→▲

图 5.13　$k_m = 1.0$ 时结构的塑性铰分布

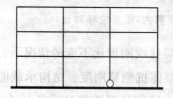

（a）最先出现塑性铰

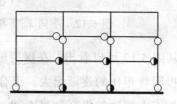

（b）顶点位移 90 mm

146

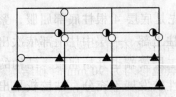

（c）结构极限破坏状态

塑性铰发展○→◐→●→▲

图 5.14　$k_m = 1.2$ 时结构的塑性铰分布

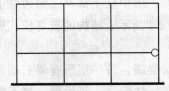

（a）最先出现塑性铰

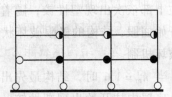

（b）顶点位移 90 mm

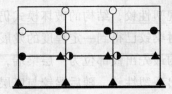

（c）结构极限破坏状态

塑性铰发展○→◐→●→▲

图 5.15　$k_m = 1.6$ 时结构的塑性铰分布

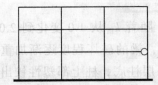

（a）最先出现塑性铰

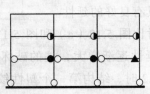

（b）顶点位移 90 mm

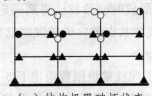

（c）结构极限破坏状态

塑性铰发展○→◐→●→▲

图 5.16　$k_m = 2.0$ 时结构的塑性铰分布

147

当 $k_m = 1.0$ 时，首先是底层 4 根柱底部屈服，紧接着一层部分梁端进入屈服状态，随后二层中柱上部、一层中柱上部依次出现塑性铰。随着变形的增大，二层边柱上部及二层梁端也开始屈服，结构的极限破坏状态如图 5.13（c）所示，此时梁端塑性铰发展不充分，柱铰较早出现，且数量偏多，结构的破坏模式属混合破坏机制。

当 $k_m = 1.2$ 时，首先是底层三个柱脚屈服，随后底层左柱脚与一层梁端几乎同时进入屈服状态。待一二层所有梁右端屈服后，二层中柱上部、一层中柱上部依次出现塑性铰，随着变形的增大，三层中柱上部及二层边柱上部也开始屈服，结构的极限破坏状态如图 5.14（c）所示，结构的破坏模式属混合破坏机制。

当 $k_m = 1.6$ 时，结构最先出铰部位为一层梁端，待一层所有梁右端屈服后，底层中柱开始出现塑性铰。随后梁铰与底层柱铰进一步发展，当下部两层所有梁右端屈服后，二层中柱上部开始进入屈服状态。待一层所有梁端屈服后，三层中柱上部出现塑性铰，结构的破坏模式仍属混合破坏机制，但是上部柱铰较晚出现，此时梁铰已得到一定程度的发展。

当 $k_m = 2.0$ 时，结构最先出铰部位为一层梁端，当一二层所有梁右端屈服后，底层中柱才开始出现塑性铰。随后梁铰与底层柱铰进一步发展，当下部两层所有梁端屈服后，二层中柱上部开始进入屈服状态，三层中柱上部柱铰形成于三层所有梁右端屈服之后。结构的破坏模式属于典型的强柱弱梁破坏机制，虽然在极限状态下也出现了上部柱铰，但此时梁铰发展非常充分，结构具有良好的延性。

对比图 5.12（a）和图 5.13～5.16 可知，随着 k_m 从 1.0 变化到 2.0，结构的延性逐渐增大，柱的破坏程度逐渐减轻，梁的破坏程度逐渐加重。当 $k_m \leqslant 1.2$ 时，结构第一个塑性铰首先出现在一层柱底，柱上部塑性铰出现较早，首先形成局部破坏机制。而当 $k_m = 1.6$ 时，结构的第一个塑性铰首先出现在一层梁端，上部柱铰形成时，梁铰已得到一定程度的发展。而当 $k_m = 2.0$ 时，在结构达到极限破坏状态前，梁铰发展已非常充分，最后发生整体破坏。

图 5.17～5.20 给出了不同柱梁极限弯矩比下 5 层框架结构最先出现塑性铰的位置、结构顶点位移 150 mm 时与结构极限破坏状态时的塑性铰分布情况。

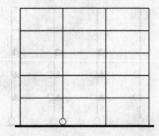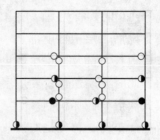

（a）最先出现塑性铰位置　　　　　　　（b）顶点位移 150 mm

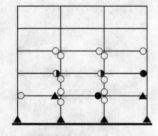

（c）结构极限破坏状态

塑性铰发展○→◑→●→▲

图 5.17　$k_m = 1.0$ 时结构的塑性铰分布

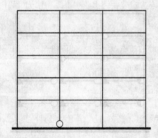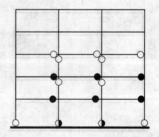

（a）最先出现塑性铰位置　　　　　　　（b）顶点位移 150 mm

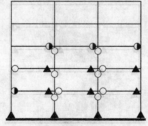

（c）结构极限破坏状态

塑性铰发展○→◑→●→▲

图 5.18　$k_m = 1.2$ 时结构的塑性铰分布

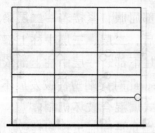 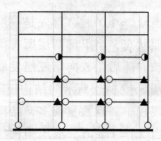

（a）最先出现塑性铰位置 （b）顶点位移 150 mm

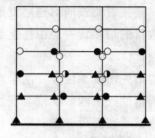

（c）结构极限破坏状态

塑性铰发展 ○ → ◐ → ● → ▲

图 5.19 $k_m = 1.6$ 时结构的塑性铰分布

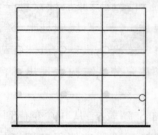 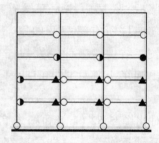

（a）最先出现塑性铰位置 （b）顶点位移 150 mm

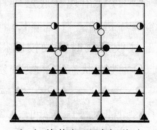

（c）结构极限破坏状态

塑性铰发展 ○ → ◐ → ● → ▲

图 5.20 $k_m = 2.0$ 时结构的塑性铰分布

当 $k_m = 1.0$ 时，首先是一层四根柱底部屈服，紧接着一二层梁端逐渐进入屈服状态，当下部两层所有梁右端屈服后，二层、三层中柱上部依次出现塑性铰。随后梁铰向第三层发展，二层中柱下部、一层中柱上部依次屈服，形成图 5.17（c）所示的结构极限破坏状态，此时梁端塑性铰发展不充分，柱铰出现较早，且数量偏多，结构的破坏模式属混合破坏机制。

当 $k_m = 1.2$ 时，底层中柱与一层梁右端几乎同时出现塑性铰，随后一二层进入屈服状态的梁铰数目增多，当下部两层所有梁右端屈服后，结构一层四个柱底都出现塑性铰。紧接着梁铰向第三层发展，二层、三层中柱上部依次屈服，最后随着梁铰数目的增多，一层中柱上部也进入屈服状态，结构的破坏模式属混合破坏机制。

当 $k_m = 1.6$ 时，结构最先出铰部位为一层梁端，待一二层所有梁右端屈服后，底层中柱开始出现塑性铰。随后梁铰与底层柱铰进一步发展，当下部两层所有梁端及三层部分梁端屈服后，二三层中柱上部开始进入屈服状态。虽然结构的破坏模式仍属混合破坏机制，但是上部柱铰出现较晚，此时梁铰已得到较充分的发展。

当 $k_m = 2.0$ 时，结构最先出铰部位为一层梁端，当下部三层所有梁右端屈服后，底层中柱才开始出现塑性铰。随后梁铰与底层柱铰进一步发展，待下部三层所有梁端及四层部分梁端屈服后，三、四层中柱上部开始出现塑性铰。结构的破坏模式属于典型的强柱弱梁破坏机制，虽然在极限状态下也出现了上部柱铰，但此时梁铰发展非常充分，结构表现出了良好的延性。

对比图 5.12（b）和图 5.17 ~ 5.20 可知，随着 k_m 从 1.0 变化到 2.0，结构的延性逐渐增大，柱的破坏程度逐渐减轻，梁的破坏程度逐渐加重。当 $k_m \leq 1.2$ 时，结构的第一个塑性铰出现在底层中柱底端，且较早在柱上端出现塑性铰，首先形成局部破坏机制。当 $k_m = 1.6$ 时，结构的第一个塑性铰首先出现在一层梁端，上部柱铰形成时，梁铰已得到一定程度的发展。而当 $k_m = 2.0$ 时，结构在达到极限破坏状态前，梁铰发展已非常充分，最后发生整体破坏。

图 5.21 ~ 5.25 给出了不同柱梁极限弯矩比方案的八层框架结构最先出现塑性铰的位置、顶点位移 200 mm 时与结构极限破坏状态时的塑性铰分布情况。

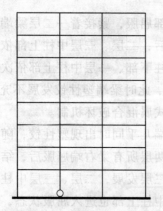
（a）最先出现塑性铰位置

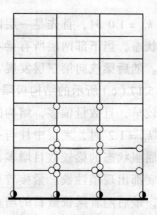
（b）顶点位移 200 mm

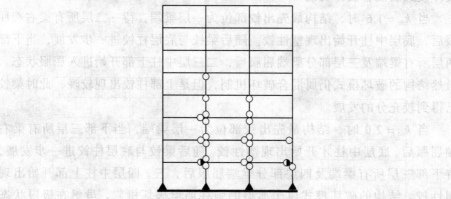
（c）结构极限破坏状态

塑性铰发展○→◑→●→▲

图 5.21　$k_m = 0.8$ 时结构的塑性铰分布

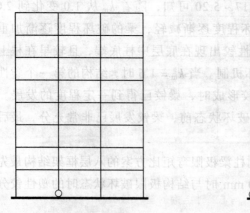
（a）最先出现塑性铰位置

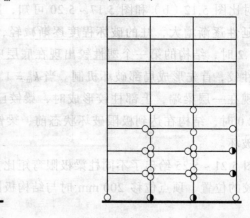
（b）顶点位移 200 mm

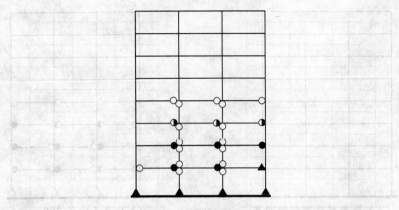

（c）结构极限破坏状态

塑性铰发展○→◑→●→▲

图 5.22　$k_m = 1.0$ 时结构的塑性铰分布

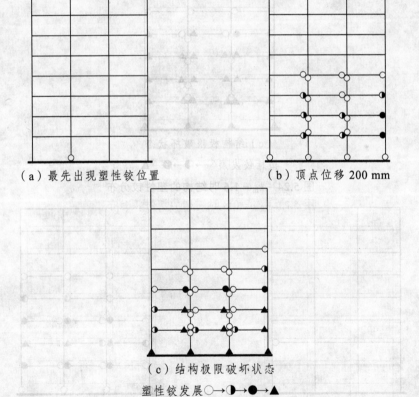

（a）最先出现塑性铰位置　　　　　　（b）顶点位移 200 mm

（c）结构极限破坏状态

塑性铰发展○→◑→●→▲

图 5.23　$k_m = 1.2$ 时结构的塑性铰分布

153

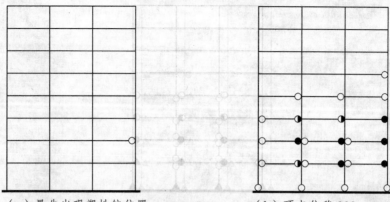

（a）最先出现塑性铰位置　　　　　（b）顶点位移 200 mm

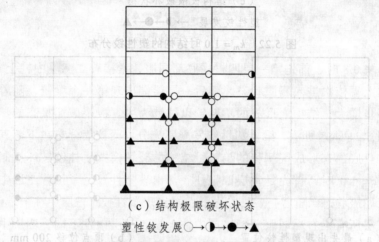

（c）结构极限破坏状态

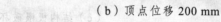

塑性铰发展 ○→ ◑ → ● → ▲

图 5.24　$k_m = 1.6$ 时结构的塑性铰分布

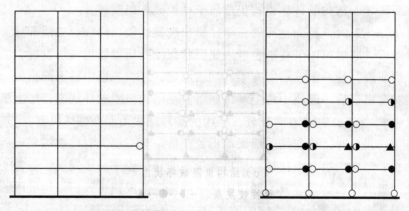

（a）最先出现塑性铰位置　　　　　（b）顶点位移 200 mm

154

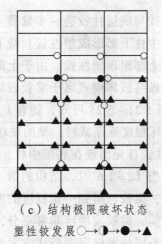

（c）结构极限破坏状态

塑性铰发展○─→◑─→●─→▲

图 5.25　$k_m = 2.0$ 时结构的塑性铰分布

当 $k_m = 0.8$ 时，首先是一层四根柱底部屈服，紧接着二三层中柱上下端、一层中柱上端依次进入屈服状态，随后一层梁端出现第一个梁铰，随着结构变形进一步增大，结构上形成的塑性铰以柱铰为主。极限破坏状态的塑性铰分布如图 5.21（c）所示，梁上塑性铰发展不充分，梁铰仅分布在下部三层部分梁端，且底部有形成层侧移的趋势，结构的破坏模式属柱铰破坏机制。

当 $k_m = 1.0$ 时，首先是一层四根柱底部出现塑性铰，紧接着二层中柱上下端进入屈服状态，随后一、二层边梁右端出现塑性铰，三层中柱上端出铰，待底部三层所有梁右端屈服后，一层中柱上端、三层中柱下端、四层中柱上端依次出现塑性铰。随着结构变形的增大，最后由于底层柱下部截面达到极限状态而破坏，结构的破坏模式仍然属于柱铰破坏机制。

当 $k_m = 1.2$ 时，首先是底层三个柱脚出现塑性铰，待一、二层部分梁端出现梁铰后，底层第四个柱脚也进入屈服状态。随后梁铰进一步发展，二层中柱下端屈服，待一至三层所有梁右端屈服后，二、三层中柱上部出铰。当四层梁右端出铰后，四层中柱上端也屈服。在结构极限破坏状态，梁上塑性铰发展较 k_m 等于 0.8、1.0 时充分，结构的破坏模式为混合破坏机制。

当 $k_m = 1.6$ 时，首先是二层梁端出铰，待一至三层所有梁右端屈服后，底层中柱下部出现第一个柱铰，随后梁铰与底层柱铰进一步发展，随着变形的增大，二层中柱下部，三、四层中柱上部依次形成塑性铰，结构极限破坏状态如图 5.24（c）所示，结构的破坏模式为混合破坏机制。

当 $k_m = 2.0$ 时，二层梁端首先出铰，待下部四层所有梁右端屈服后，底层中柱出现柱铰，随后梁铰与底层柱铰进一步发展。待下部四层所有梁端及五层梁右端屈服后，二层中柱下部形成塑性铰。待下部五层所有梁端及六层梁右端屈服后，四层中柱上部出现塑性铰，由于上部柱铰形成较晚，此时梁铰发展非常充分，结构的最终破坏模式属于梁铰破坏机制。

对比图 5.12（c）和图 5.21 ~ 5.25 可知，随着 k_m 从 0.8 变化到 2.0，结构的延性逐渐增大，柱的破坏程度逐渐减轻，梁的破坏程度逐渐加重。当 $k_m \leqslant$ 1.2 时，结构的第一个塑性铰首先出现在底层中柱，柱上部塑性铰出现较早，首先形成局部破坏机制。当 $k_m = 1.6$ 时，结构的第一个塑性铰首先出现在二层梁端，上部柱铰形成时，梁铰已得到一定程度的发展。而当 $k_m = 2.0$ 时，结构在达到极限破坏状态前，梁铰发展已非常充分，最后发生整体破坏。

图 5.26 ~ 5.29 给出了不同柱梁极限弯矩比方案的十层框架结构最先出现塑性铰的位置、结构顶点位移 240 mm 时与结构极限破坏状态时的塑性铰分布情况。

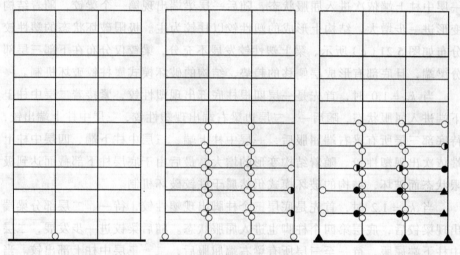

（a）最先出现塑性铰位置　　（b）顶点位移 240 mm　　（c）结构极限破坏状态

塑性铰发展○→◐→●→▲

图 5.26　$k_m = 1.0$ 时结构的塑性铰分布

当 $k_m = 1.0$ 时，首先是一层 4 根柱底部出现塑性铰，紧接着二层中柱上下端进入屈服状态，随后三层中柱上部与二层边梁右端几乎同时进入屈服状态，三层中柱下部与少数梁端出现塑性铰。之后梁铰与柱铰进一步增多，梁铰仅分布在下部四层梁右端时，下部四层中柱所有柱端均已屈服。随着结构

156

变形的增大，最后由于底层柱下部截面达到极限状态而破坏，结构的破坏模式属于混合破坏机制。

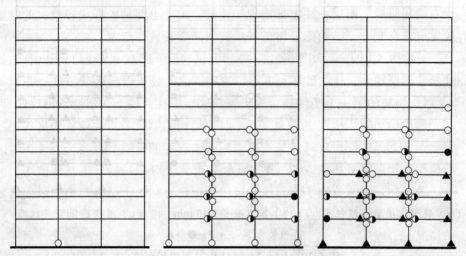

（a）最先出现塑性铰位置　　（b）顶点位移 240 mm　　（c）结构极限破坏状态

塑性铰发展○→◐→●→▲

图 5.27　$k_m = 1.2$ 时结构的塑性铰分布

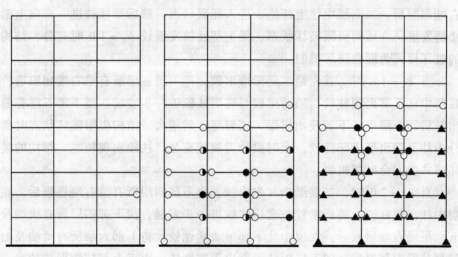

（a）最先出现塑性铰位置　　（b）顶点位移 240 mm　　（c）结构极限破坏状态

塑性铰发展 ○→◐→●→▲

图 5.28　$k_m = 1.6$ 时结构的塑性铰分布

157

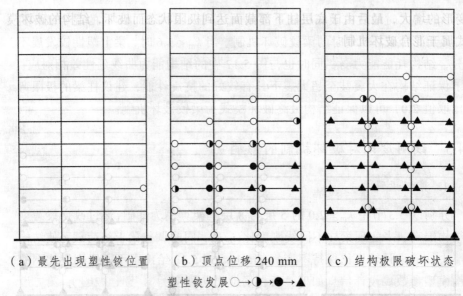

（a）最先出现塑性铰位置　（b）顶点位移 240 mm　（c）结构极限破坏状态

塑性铰发展○→◑→●→▲

图 5.29　$k_m = 2.0$ 时结构的塑性铰分布

当 $k_m = 1.2$ 时，首先是底层三个柱脚出现塑性铰，紧接着二三层边梁右端屈服，二层中柱下部屈服并伴随着一二层梁铰的出现。待下部三层所有梁右端屈服后，二三层中柱上部依次进入屈服状态，随后梁柱铰进一步向上部楼层发展。在结构极限破坏状态，梁上塑性铰发展较 $k_m = 1.0$ 时充分，结构的破坏模式为混合破坏机制。

当 $k_m = 1.6$ 时，首先是二层梁端出铰，待一至三层所有梁右端屈服后，底层中柱下部出现柱铰，随后梁铰与底层柱铰进一步发展，当下部五层普遍出铰后，一层中柱下部开始屈服。随着变形的增大，结构极限破坏状态时部分中柱上部也形成塑性铰，此时梁铰发展较充分，柱铰出现较晚，结构的破坏模式为混合破坏机制。

当 $k_m = 2.0$ 时，二层梁端首先出铰，待下部四层所有梁右端屈服后，底层中柱出现柱铰，随后梁铰与底层柱铰进一步发展，当下部四层所有梁端及五六层梁右端屈服后，二层中柱下部形成塑性铰。待下部六层所有梁端及七层部分梁端屈服后，四五层中柱上部出现塑性铰，由于上部柱铰形成较晚，此时梁铰发展已非常充分，结构的最终破坏模式属于梁铰破坏机制。

由上述分析可知，柱梁极限弯矩比对框架结构的塑性铰发展影响较大。当轴压比、梁柱线刚度比保持不变，增大柱梁的极限弯矩比，结构的破坏模

式由 $k_m = 0.8$ 时的柱铰破坏机制过渡到 k_m 等于 1.0、1.2、1.6 时的混合破坏机制，最后形成 $k_m = 2.0$ 时的梁铰破坏机制。当 $k_m < 1.6$ 时，梁上塑性铰发展不充分，结构耗能能力弱，同时也与图 5.12 中的结构能力曲线延性差相对应。为了保证结构在大震甚至超大震下具有较好的抗震性能，建议柱梁的极限弯矩比取值 2.0，可以保证结构最终破坏模式为梁铰破坏机制。

5.4.3 线刚度比对破坏机制的影响

1. 算例设计

分别以 5.3 节中 $k_m = 2.0$ 的 5 层与 8 层框架算例为基础，通过改变梁跨度及结构层高，来实现梁柱不同线刚度比(i_b/i_c)，同时调整梁上线荷载，使结构底层中柱的设计轴压比保持不变。表 5.11、表 5.12 给出了不同线刚度比下的结构模型参数。设计信息如下：所在场地设防烈度为 8 度（$0.20g$），第二设计分组，场地 II 类，多遇地震，$T_g = 0.40s$，阻尼 = 0.04。所有模型进行了的弹性抗震验算，均满足强度和变形要求。

表 5.11　5 层框架不同线刚度比下的结构模型信息

框架编号	梁跨度 L/mm	层高 H/mm		i_b/i_c		轴压比 n	k_m
		底层	其余层	底层	其余层		
k1	5 400	4 500	3 900	0.333	0.289	0.27	2.0
k2	5 400	4 200	3 600	0.311	0.267	0.27	2.0
k3	5 400	3 600	3 000	0.265	0.221	0.27	2.0
k4	6 300	3 600	3 000	0.229	0.190	0.27	2.0
k5	7 200	3 600	3 000	0.200	0.167	0.27	2.0

表 5.12　8 层框架不同不同线刚度比下的结构模型信息

框架编号	梁跨度 L/mm	层高 H/mm		i_b/i_c		轴压比 n	k_m
		底层	其余层	底层	其余层		
k1	4 200	3 600	3 000	0.416	0.347	0.30	2.0
k2	5 200	3 600	3 000	0.336	0.280	0.30	2.0
k3	7 200	3 600	3 000	0.243	0.202	0.30	2.0
k4	8 400	3 600	3 000	0.208	0.173	0.30	2.0

2. 结构能力曲线比较

采用第一振型分布形式的侧向荷载对结构进行 Pushover 分析，图 5.30 给出了不同线刚度比下结构模型的能力曲线。

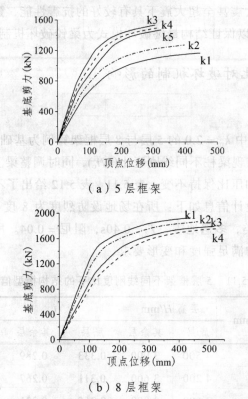

（a）5 层框架

（b）8 层框架

图 5.30　不同线刚度比下结构的基底剪力-顶点位移对比

从图 5.30 可以看出，在保持轴压比、梁柱极限弯矩比不变的情况下，梁跨度减小，框架梁对框架柱的约束作用增强，表现为钢梁-圆钢管混凝土柱混合框架的整体抗侧移刚度、承载能力、位移延性稍有提高，层高增大，结构的整体承载能力大幅降低，但是结构的延性会有一定程度的增长。

3. 破坏机制分析

图 5.31～5.35 给出不同线刚度下 5 层框架结构最先出现塑性铰的位置、结构顶点位移为 150 mm 时与结构极限破坏状态时的塑性铰分布情况，其中○表示塑性铰刚进入屈服状态；◑表示塑性铰的曲率为屈服曲率的 4 倍；●表示塑性铰的曲率为屈服曲率的 6 倍；▲表示塑性铰完全失效达到极限状态。

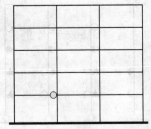
（a）最先出现塑性铰位置

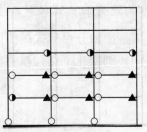
（b）顶点位移 150 mm

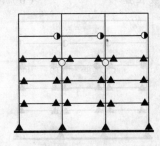
（c）结构极限破坏状态

塑性铰发展○→◑→●→▲

图 5.31　框架 k1 的塑性铰分布

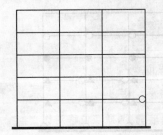
（a）最先出现塑性铰位置

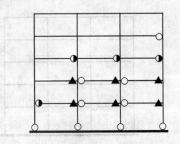
（b）顶点位移 150 mm

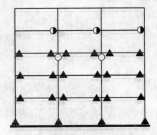
（c）结构极限破坏状态

塑性铰发展○→◑→●→▲

图 5.32　框架 k2 的塑性铰分布

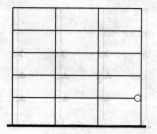

（a）最先出现塑性铰位置

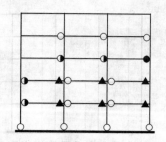

（b）顶点位移 150 mm

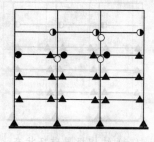

（c）结构极限破坏状态

塑性铰发展○→◑→●→▲

图 5.33　框架 k3 的塑性铰分布

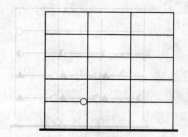

（a）最先出现塑性铰位置

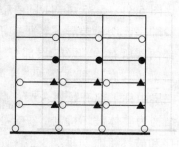

（b）顶点位移 150 mm

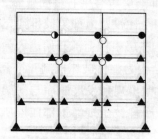

（c）结构极限破坏状态

塑性铰发展○→◑→●→▲

图 5.34　框架 k4 的塑性铰分布

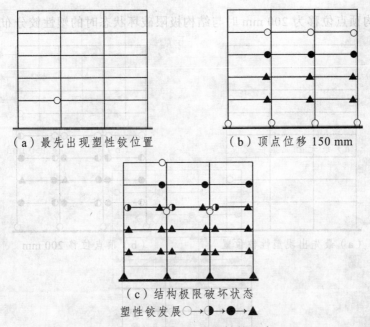

（a）最先出现塑性铰位置　　　　（b）顶点位移 150 mm

（c）结构极限破坏状态

塑性铰发展○━▶◑━▶●━▶▲

图 5.35　框架 k5 的塑性铰分布

对比图 5.31～5.35 可知，随着框架 k1～k5 梁柱线刚度比的逐渐降低，结构的出铰顺序无明显差异，各框架的最先出铰部位均为一层梁端。对于框架 k1，下部两层所有梁端及三层部分梁端均屈服后，底层中柱底端出现首个柱铰，随后梁铰与底层柱铰进一步发展，当下部三层所有梁端及四层梁右端屈服后，三层中柱上部开始进入弹塑性状态，形成图 5.31（c）所示的极限破坏状态。结构为整体破坏机制，符合"强柱弱梁"的设计要求。框架 k2 塑性铰出现顺序和破坏机制与框架 k1 类似。

对于框架 k3，当下部三层所有梁右端屈服后，柱底端出现第一个塑性铰，随着变形的增大，一层四个柱铰及上部梁铰得到充分发展，当下部三层所有梁端及四层梁右端屈服后，三层中柱上部开始进入弹塑形状态，形成图 5.33（c）所示的极限破坏状态。结构为整体破坏机制，符合"强柱弱梁"的设计要求。

框架 k4、k5 的塑性铰出现和发展顺序与框架 k3 类似，不再赘述，不同之处在于框架 k5 的第一个柱铰出现在下部四层所有梁右端屈服后。结构的最终破坏都是由于底层四个柱脚达到极限破坏状态，此时梁上塑性铰发展非常充分，属梁铰破坏机制。

图 5.36～5.39 给出了不同线刚度比下 8 层框架结构最先出现塑性铰的位

置、结构顶点位移为 200 mm 时与结构极限破坏状态时的塑性铰分布情况。

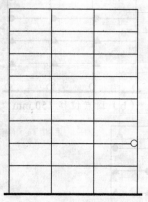
（a）最先出现塑性铰位置

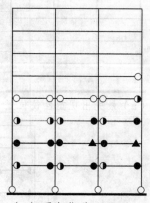
（b）顶点位移 200 mm

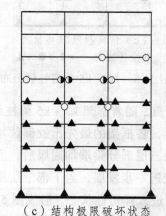
（c）结构极限破坏状态

塑性铰发展 ○→◑→●→▲

图 5.36 框架 k1 的塑性铰分布

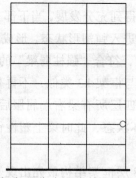
（a）最先出现塑性铰位置

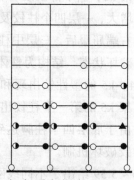
（b）顶点位移 200 mm

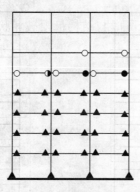

（c）结构极限破坏状态

塑性铰发展○→◑→●→▲

图 5.37　框架 k2 的塑性铰分布

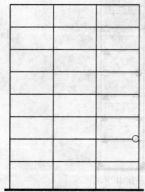

（a）最先出现塑性铰位置

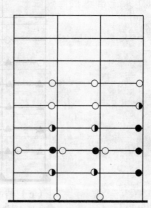

（b）顶点位移 200 mm

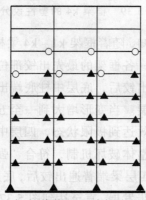

（c）结构极限破坏状态

塑性铰发展○→◑→●→▲

图 5.38　框架 k3 的塑性铰分布

165

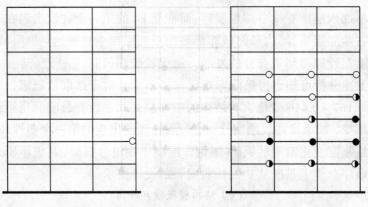

（a）最先出现塑性铰位置　　　　（b）顶点位移 200 mm

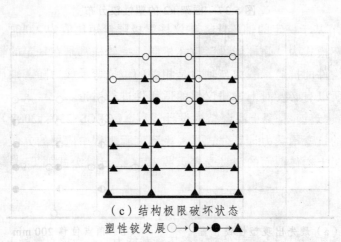

（c）结构极限破坏状态

塑性铰发展 ○ → ◐ → ● → ▲

图 5.39　框架 k4 的塑性铰分布

　　对比图 5.36～5.39 可知，随着框架 k1～k4 梁柱线刚度比的逐渐降低，结构的出铰顺序无明显差别，各框架的最先出铰部位均为二层梁端。对于框架 k1，待下部三层梁端普遍出铰后，底层中柱底端出现首个柱铰，随后梁端与底层柱端塑性铰进一步发展。当变形增大到一至五层所有梁端屈服且下部四层所有梁端塑性铰完全失效达到极限状态，四层中柱上部开始屈服，结构随后达到极限破坏状态，为整体破坏机制，符合"强柱弱梁"的要求。

　　对于框架 k2，当下部四层梁端普遍出铰后，底层中柱底端出现首个柱铰，随后梁铰与底层柱铰进一步发展，直至达到图 5.37（c）所示的极限破坏状态，除柱脚外，钢管柱上部始终未屈服，结构的破坏模式属于典型的梁铰破坏机制。框架 k3、k4 的破坏顺序与 k2 类似，不同之处在于框架 k3 的第一个柱铰出现在下部四层所有梁右端屈服后,而框架 k4 的第一个柱铰出现在下部五层所有梁右端屈服后,结构最终破坏都是由于底层四个柱脚达到极限破坏状态,此时梁上塑性铰得到了充分的发展,属梁铰破坏机制。

由上述分析可知,当极限弯矩比保持不变,对于选取的框架,梁柱线刚度比在 0.167 ~ 0.416 变化,对结构的破坏模式几乎没有影响。当梁柱构件截面尺寸不变,减小梁柱线刚度比时,一层柱底端出现的第一个塑性铰会变迟。对于此线刚度变化范围的钢梁-圆钢管混凝土柱组合框架,其破坏模式与塑性铰出现顺序总体上是服从"强柱弱梁"的设计要求的。

5.4.4　不同轴压比下的适用性讨论

5.4.2 节基于一定的轴压比,建议柱梁极限弯矩比值为 2.0 时,可以保证结构的破坏模式为"强柱弱梁"破坏机制。一般柱都是在一定的轴压比下工作的,而构件的抗弯承载力与轴力是相关的,抗弯承载力随着轴压力的变化而变化,所以有必要对上述建议值的适用性进行讨论。

《高层建筑钢-混凝土混合结构设计规程》(CECS 230:2008)[12]中钢管混凝土柱的抗弯承载力计算公式是考虑到实际工程中应用的方便,计算的钢管高强混凝土构件截面的名义受弯承载力 M_0,计算公式如下:

$$M_0 = \alpha N_0 r_c \tag{5.27a}$$
$$N_0 = A_c f_c (1 + 1.65\theta) \tag{5.27b}$$

式中,N_0 为钢管混凝土短柱的轴心受压承载能力;r_c 为核心混凝土横截面的半径;由统计分析可知,α 为 0.24 时得到的名义受弯承载力与试验结果符合较好。

《高层建筑钢-混凝土混合结构设计规程》(CECS 230:2008)[12]第 5.4.7 节规定,圆形钢管混凝土柱考虑偏心影响的轴心受压承载力折减系数 φ_e 可按下式计算:

当 $e_0/r_c \leqslant 1.55$ 时　　$\varphi_e = \dfrac{1}{1 + 1.85\dfrac{e_0}{r_c}}$ 　　　　　　(5.28a)

当 $e_0/r_c > 1.55$ 时　　$\varphi_e = \dfrac{0.4}{e_0/r_c}$ 　　　　　　(5.28b)

$$e_0 = \frac{M_2}{N}$$

式中，e_0 为偏心距；M_2 为柱端弯矩设计值的较大者；N 为轴压力设计值。

根据式(5.27a)、式(5.27b)，并定义 $\varphi_e = N / N_0$，经简单变换，可以推导出压弯构件 $M\text{-}N$ 相关方程：

当 $\dfrac{N}{N_0} \geqslant 0.258$ 时　$\dfrac{N}{N_0} + 0.444\dfrac{M}{M_0} = 1$ 　　　　（5.29a）

当 $\dfrac{N}{N_0} < 0.258$ 时　$M = \dfrac{5}{3}M_0$ 　　　　　　　　（5.29b）

图 5.40 为圆钢管混凝土的 $M\text{-}N$ 相关曲线，由图上可知，当柱子的轴压比 n 在[0，0.556]之间时，柱的极限抗弯承载力均大于 M_0，而当柱子的轴压比 n 大于 0.556 时，柱的极限抗弯承载力小于 M_0。因此，有必要对其他轴压比下的破坏机制进行分析，验证已建议的柱梁极限弯矩比 2.0 能否保证结构实现"梁铰破坏机制"。

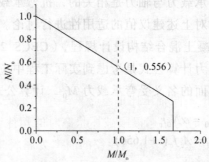

图 5.40　$M\text{-}N$ 相关曲线

1. 算例设计

同样以 5.4.2 节中 $k_m = 2.0$ 的 8 层平面框架为基础，结构几何尺寸和材料强度均保持不变，仅改变梁上线荷载值来实现柱子轴压比的变化。设计计算参数为：设防烈度为 8 度(0.20g)，设计分组为第二组，场地 II 类，多遇地震，$T_g = 0.40s$，阻尼比为 0.04。不同轴压比设计模型均进行多遇地震下的弹性抗震验算，当轴压比在 0.2 ~ 0.6 时，均满足强度和变形要求。为了探讨在高轴压比对结构的破坏机制的影响，另增加了 $n = 1.0$ 的算例。

2. 结构能力曲线比较

采用第一振型分布形式的侧向荷载分别对不同轴压比下的 8 层框架进行

Pushover 分析，图 5.41 给出了底层中柱轴压比为 0.2 ~ 0.6 及 1.0 时的结构能力曲线。

从图 5.41 可以看出，当轴压比在 0.2 ~ 0.6 范围时，弹性阶段，轴压比的变化对组合框架的整体抗侧移刚度没有影响；在弹塑性阶段，结构的整体抗侧移刚度随轴压比的增大而降低，结构承载力略有下降，而结构延性没有明显的变化。而当轴压比由 0.6 增大至 1.0 时，随着结构水平位移的增大，轴压力越大，P-$\triangle$ 二阶效应越显著，结构承载能力大幅度降低，延性变差。

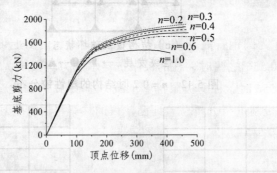

图 5.41　不同轴压比下结构的基底剪力-顶点位移对比

3. 破坏机制分析

图 5.42 ~ 5.47 给出不同轴压比下组合框架结构最先出现塑性铰的位置、结构顶点位移 200 mm 时与结构极限破坏状态时的塑性铰分布情况，其中○表示塑性铰刚进入屈服状态，◑表示塑性铰的曲率为屈服曲率的 4 倍，●表示塑性铰的曲率为屈服曲率的 6 倍，▲表示塑性铰完全失效达到极限状态。

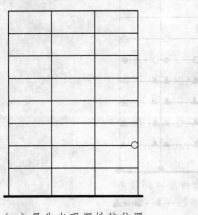
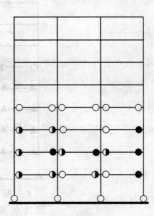

（a）最先出现塑性铰位置　　　　（b）顶点位移 200 mm

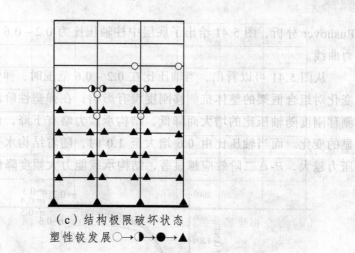

（c）结构极限破坏状态

塑性铰发展○→◐→●→▲

图 5.42　$n = 0.2$ 时结构的塑性铰分布

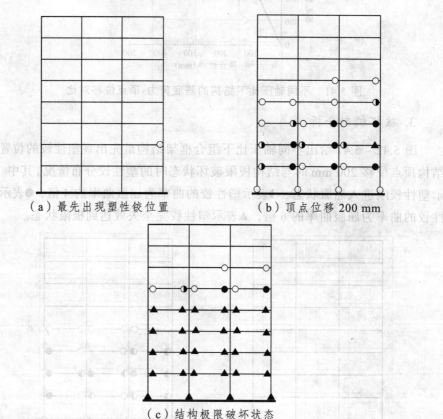

（a）最先出现塑性铰位置　　　　　　（b）顶点位移 200 mm

（c）结构极限破坏状态

塑性铰发展○→◐→●→▲

图 5.43　$n = 0.3$ 时结构的塑性铰分布

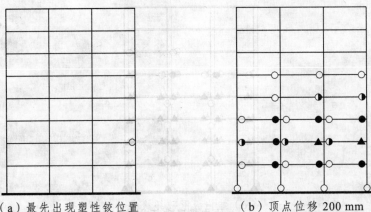

（a）最先出现塑性铰位置　　　　　（b）顶点位移 200 mm

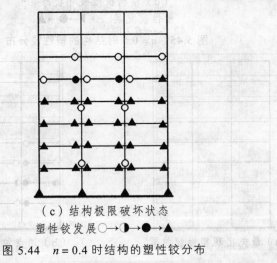

（c）结构极限破坏状态

塑性铰发展 ○→◐→●→▲

图 5.44　$n = 0.4$ 时结构的塑性铰分布

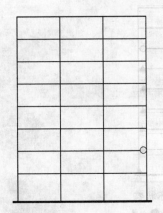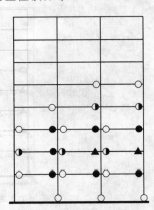

（a）最先出现塑性铰位置　　　　　（b）顶点位移 200 mm

171

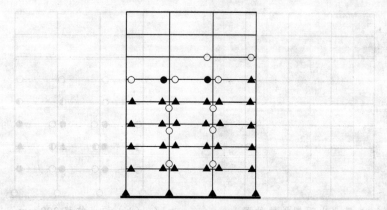

（c）结构极限破坏状态

塑性铰发展○→◐→●→▲

图 5.45 $n = 0.5$ 时结构的塑性铰分布

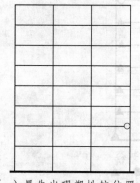

（a）最先出现塑性铰位置

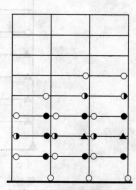

（b）顶点位移 200 mm

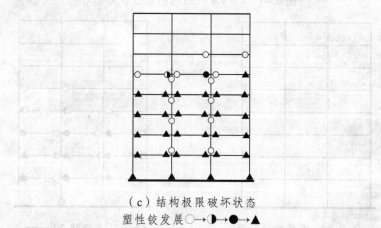

（c）结构极限破坏状态

塑性铰发展○→◐→●→▲

图 5.46 $n = 0.6$ 时结构的塑性铰分布

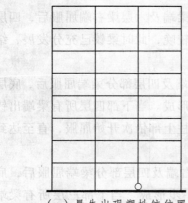

（a）最先出现塑性铰位置

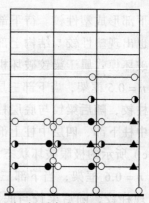

（b）顶点位移 200 mm

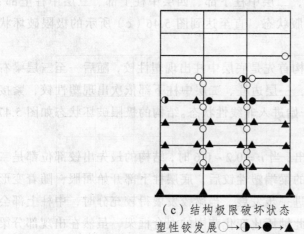

（c）结构极限破坏状态

塑性铰发展 ○ → ◐ → ● → ▲

图 5.47　n = 1.0 时结构的塑性铰分布

当 n 在 0.2 ~ 0.6 范围内变化时，结构最先出铰部位都是二层梁端。对于 n = 0.2 框架，在一至三层所有梁端及四层梁右端屈服后底层左柱下部形成首个柱铰，之后梁铰与底层柱铰进一步发展，直至一~五层所有梁端均出铰时，四、五层中柱上部开始屈服，结构随后达到极限破坏状态。

对于 n = 0.3 框架，当下部四层梁端普遍出铰后，底层中柱出现首个柱铰，随后梁铰与底层柱铰进一步发展，直至达到图 5.43（c）所示的极限破坏状态，除柱脚外，组合柱上部始终未屈服，结构的破坏模式属于典型的梁铰破坏机制。

对于 n = 0.4 框架，待下部四层所有梁右端屈服后，底层中柱出现柱铰，随后梁铰与底层柱铰进一步发展。当下部四层所有梁端及五层梁右端屈服后，

173

二层中柱下部形成塑性铰。待下部五层所有梁端及六层梁右端屈服后，四层中柱上部也出现塑性铰。结构上部柱铰形成较晚，此时梁铰已充分发展，结构的最终破坏模式属于梁铰破坏机制。

对于 $n = 0.5$ 框架，当下部三层所有梁右端及四层部分梁端屈服后，底层中柱出现柱铰，随后梁铰与底层柱铰进一步形成。当下部四层所有梁端出铰后，二层中柱下部、四层中柱上部、三层中柱上部依次开始屈服，直至达到图 5.45（c）所示的极限破坏状态。

对于 $n = 0.6$ 框架，当下部三层所有梁右端及四层部分梁端屈服后，底层中柱出现柱铰，随后梁铰与底层柱铰进一步形成。当下部三层所有梁端及四五层部分梁端出铰后，二层中柱下部、四层中柱上部、三层中柱上部、五层中柱上部依次进入屈服状态，直至达到图 5.46（c）所示的极限破坏状态。

对于 $n = 1.0$ 框架，结构首先是底层中柱出现塑性铰，随后一至三层梁右端屈服，随着变形的增大，一层边柱、二层中柱下部依次出现塑性铰，紧接着二层、三层中柱上部也开始进入非线性状态。结构的极限破坏状态如图 5.47（c）所示。

从上面的分析可以看出，当 $n = 0.2 \sim 0.6$ 时，结构的最先出铰部位都是二层梁端，待形成一定数量的梁端塑性铰后，底层柱下部开始屈服，随着变形的增大，梁铰与底层柱铰进一步发展，当梁铰发展得较充分时，中柱上部会陆续进入屈服状态。对于此轴压比变化范围的混合框架，虽然在出现部分梁端塑性铰后也出现了部分柱端塑性铰，但是上部柱铰出现较晚，其破坏模式与塑性铰出现顺序总体上是服从"强柱弱梁"的设计要求的。而当 $n = 1.0$ 时，结构最先出铰部位是二层中柱，上部柱铰出现提前，此时梁铰发展较低轴压比不充分，由此可见，当轴压比过高时，结构的破坏机制趋于不安全，在实际工程中，应适当限制组合柱的轴压比。

5.5 CB-CFSST 框架结构破坏机制影响参数分析

采用 2 跨 3 层组合梁-方钢管混凝土柱平面框架，组合梁按完全抗剪连接设计。采用第一振型荷载分布形式对框架进行 Pushover 分析，结构立面及加载如图 5.48 所示，图中 L 为梁跨度，H 为层高。

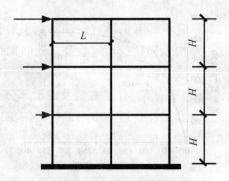

图 5.48　结构立面及加载示意图

5.5.1　极限弯矩比（强度比）影响

进行极限弯矩比分析时，层高均为 3.6 m，方钢管混凝土柱（CFSST 柱）截面的边长为 400 mm，组合梁钢梁截面为 HN 400×200，RC 翼板宽度根据《钢结构设计规范》（GB 50017—2003）[5]取为 1 400 mm，厚度为 100 mm。

因为组合梁负弯矩区极限弯矩远小于正弯矩区极限弯矩，且地震作用下发生破坏时，通常都是梁端负弯矩区先破坏。CFSST 柱不同轴压比下极限弯矩也不同，但当柱的轴压比 n 在$[0, 2\eta_0]$之间时，柱的极限抗弯承载力均大于等于纯弯的极限承载力[17]，η_0 可由第 2 章公式（2.18）求得。这也是 CFSST 柱常用的轴压比范围。

为了便于比较且保持统一，对于柱轴压比在$[0, 2\eta_0]$之间的组合框架结构，极限弯矩比采用 CFSST 柱纯弯极限弯矩 M_{cua} 与组合梁负弯矩区极限弯矩 M'_{bua} 的比值，用 β_c 表示，如公式（5-4）。

$$\beta_c = M_{cua}/M'_{bua} \tag{5.30}$$

通过改变组合梁材料强度、跨度及混凝土翼板钢筋数量，CFSST 柱材料强度及钢管壁厚来实现柱和梁负弯矩区的不同极限弯矩比的同时，保持梁柱线刚度比不变，均为 0.5。取 β_c 分别为 0.8、1.0、1.2、1.6、2.0 和 2.2 来进行分析。梁上恒荷载标准值为 3.5 kN/m，活荷载标准值为 2.8 kN/m。进行 Pushover 分析前，对结构施加 1.0 倍的恒载和 1.0 倍的活载，分析过程中考虑 P-Δ 效应。

图 5.49 给出不同极限弯矩比 β_c 下结构的能力曲线。

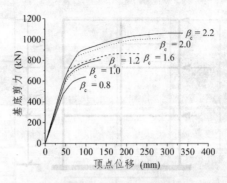

图 5.49 不同 β_c 下结构的能力曲线比较

从图 5.49 可以看出，随着极限弯矩比从 2.2 变化到 0.8，结构延性变差，β_c 大于 1.2 时，在一定范围内随着极限弯矩比的减小延性系数减小很慢，β_c 从 1.6 变化到 1.2，延性系数急剧减小。

图 5.50~图 5.52 分别给出不同极限弯矩比下结构出现第一个塑性铰的位置、结构顶点位移均为 75 mm 时的破坏状态和结构的极限破坏状态。

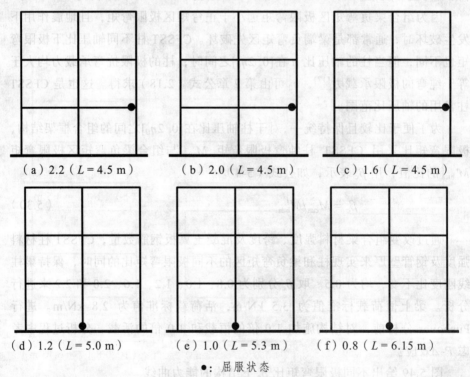

（a）2.2（L = 4.5 m）　　　（b）2.0（L = 4.5 m）　　　（c）1.6（L = 4.5 m）

（d）1.2（L = 5.0 m）　　　（e）1.0（L = 5.3 m）　　　（f）0.8（L = 6.15 m）

●：屈服状态

图 5.50 不同 β_c 下结构出现第一个塑性铰的位置

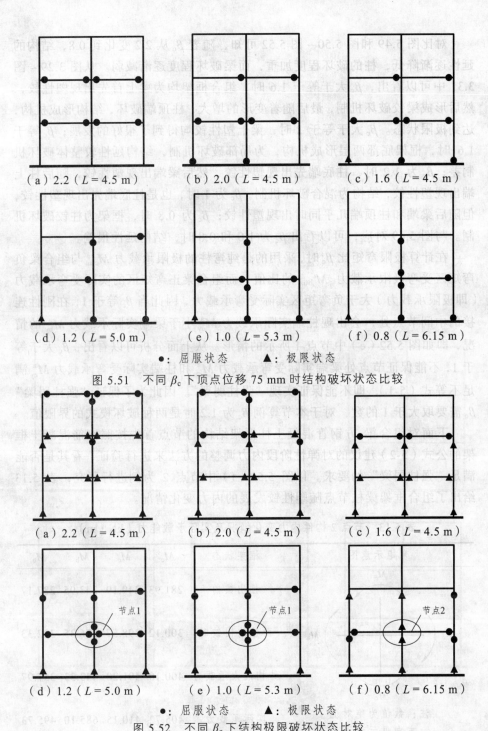

（a）2.2（$L = 4.5$ m）　　（b）2.0（$L = 4.5$ m）　　（c）1.6（$L = 4.5$ m）

（d）1.2（$L = 5.0$ m）　　（e）1.0（$L = 5.3$ m）　　（f）0.8（$L = 6.15$ m）

●：屈服状态　　▲：极限状态

图 5.51　不同 β_c 下顶点位移 75 mm 时结构破坏状态比较

（a）2.2（$L = 4.5$ m）　　（b）2.0（$L = 4.5$ m）　　（c）1.6（$L = 4.5$ m）

节点1　　　　　　　　　节点1　　　　　　　　　节点2

（d）1.2（$L = 5.0$ m）　　（e）1.0（$L = 5.3$ m）　　（f）0.8（$L = 6.15$ m）

●：屈服状态　　▲：极限状态

图 5.52　不同 β_c 下结构极限破坏状态比较

对比图 5.49 和图 5.50 ~ 图 5.52 可知，随着 β_c 从 2.2 变化到 0.8，结构的延性逐渐降低，柱的破坏程度加重，而梁破坏程度逐渐减弱。从图 3.29 ~ 图 3.31 中可以看出，β_c 大于等于 1.6 时，组合框架均为梁上首先出现塑性铰，然后形成梁铰破坏机制，最后随着变形的增大，柱顶端破坏，结构形成机构，达到极限状态。β_c 大于等于 2 时，梁上塑性铰均得到了很好的发展；β_c 等于 1.6 时，框架底部两层形成机构，为局部破坏机制，结构延性较整体破坏机制差；β_c 为 1.2 时，柱底端先出现塑性铰，然后梁端出现塑性铰，随后柱上端出现塑性铰，结构为混合破坏机制；β_c 为 1 时，也是柱底端先出现塑性铰，但随后梁端和柱顶端几乎同时出现塑性铰；β_c 为 0.8 时，框架为柱铰破坏机制。与图 5.49 对应，可以看出 β_c 为 1.0 和 0.8 时，结构延性很差。

在计算极限弯矩比 β_c 时，采用的是纯弯柱的极限承载力 M_{cua} 与组合梁负弯矩区受弯极限承载力 M'_{bua} 的比值，而组合梁正弯矩区的实际受弯承载力（即极限承载力）大于负弯矩区实际受弯承载力，因此当 β_c 等于 1，在刚性连接的中间节点处，会出现柱端实际承载力 M^a_{cy} 小于梁端实际承载力 M^a_{by} 的情况，即如图 5.52（e）中节点 1 所示的情形。从上面分析可以看出，β_c 大于等于 1，不能保证节点处梁端实际受弯承载力 M^a_{cy} 和柱端实际受弯承载力 M^a_{cy} 满足不等式（5-1），即不能保证实现"强柱弱梁"。因此为了保证"强柱弱梁"，β_c 需要取大于 1 的数，对于本节算例 β_c 为 1.2 时是两种破坏模式的界限值。

下面对组合梁-方钢管混凝土柱框架结构的节点首先按照钢筋混凝土框架的公式（5-2）建议的对弹性阶段内力调整的方法来进行验证，看其是否能满足"强柱弱梁"的要求。以图 5.52（f）中节点 2 为例进行研究，表 5.13 给出了组合框架梁柱节点随塑性铰发展的内力变化情况。

表 5.13　节点 2 构件内力变化情况及实际承载能力（kN·m）

弯矩示意图	框架状态	M_c^+	M_c^-	M_b^+	M_b^-
	柱出铰前	281.93	249.19	243.95	287.17
	两柱均出铰时	300.12	298.57	276.35	322.33
	结构最大承载力	400.10	401.20	443.33	357.97
注：数值为绝对值 方向见示意图	实际承载力	405.72	410.15	685.10	495.73

178

表 5.12 中柱的实际承载力是对应于结构最大承载力时，一定轴压力作用下的极限弯矩值，因此 β_c 稍大于 0.8。

取表中柱出铰前梁端弯矩作为弹性阶段弯矩设计值之和，即 $\sum M_b = 531.12$ kN，若取二级框架的柱端内力调整系数 η_c 为 1.5，得到 $\sum M_c = 1.5 \sum M_b = 796.68$ kN。可以看出调整后的柱端设计弯矩小于结构最大承载力时，柱端弯矩之和（400.10+401.20 = 801.30 kN）。因此，柱若按调整后的内力设计，对于不同抗震等级的框架结构，可能无法保证出现"强柱弱梁"屈服机制。

若按公式（5-3）对柱内力进行调整，则 $\sum M_c = 1.2 \sum M_{bua} = 1416.88$ kN，远大于结构最大承载力时，柱端弯矩之和，可以保证实现"强柱弱梁"，但对于抗震等级较低或低烈度区的结构会过于保守、造成不必要的浪费。若取 $M_c = 1.2 M'_{bua} = 594.88$ kN，则调整后的节点柱端弯矩设计值之和为：$\sum M_c = 2 M_c = 1189.76$ kN，大于梁端极限弯矩之和 $\sum M_{bua} = 1180.83$ kN，对于组合梁 -方钢管混凝土框架结构可以保证出现"强柱弱梁"屈服机制。

由以上分析，对组合梁-方钢管混凝土框架结构建议采用极限弯矩比 β_c 和梁端的实际极限承载力对柱的设计内力进行调整，要求其满足

$$M_c \geqslant \max(\beta_c M'_{bua}, 0.5 \sum M_{bua}) \tag{5.31}$$

式中，M_c 为柱的设计弯矩；$\sum M_{bua}$ 为组合梁正弯矩区和负弯矩区极限承载力之和，β_c 建议取值为 1.2。

采用式（5-31）的方法，对 $\beta_c = 2.2$、2.0、1.6、1.2、1.0 的几个组合框架进行验证，当比值大于等于 1.6 时，均满足式（5-31）的要求，结构破坏均为"强柱弱梁"，延性好，比值等于 1.0 时，很显然不满足要求。当 $\beta_c = 1.2$ 时，$M_c = 1.2 M'_{bua} < 0.5 \sum M_{bua}$，不满足式（5-31），框架为混合破坏机制。

抗震规范给出的公式（5-2）是内力的设计公式，即用梁的计算内力来调整柱的设计内力。对组合框架结构既不能实现"强柱弱梁"的目标，也不能清晰的解释柱的设计对地震的需求。在抗震设计中，要实现"强柱弱梁"的目标，应该保证节点处柱的抗弯承载力（极限承载力）大于梁的抗弯承载力（极限承载力），而不是采用梁的设计弯矩（弹性反应的计算结果）。公式（5-3）从梁的实际承载力出发，对于组合梁-方钢管混凝土框架结构可以保证实现

179

"强柱弱梁"，但若对所有的框架均采用此方法进行调整，可能过于保守导致不经济。

5.5.2 线刚度比影响

以 5.5.1 节中 β_c 为 2.0 的框架为基础，通过改变层高和梁跨度，来调整梁柱线刚度比 γ（梁线刚度/柱线刚度）。梁跨度改变，组合梁正、负弯矩区有效翼缘宽度可能会随之改变，通过调整翼缘内钢筋数量和钢梁强度来保持 β_c 不变，且梁、柱承载力保持不变。选 γ 等于 0.3、0.38、0.5、0.7 来进行分析。表 5.13 给出 4 个模型基本情况。图 5.53 给出不同线刚度比 γ 下结构的能力曲线。

表 5.13　模型几何尺寸基本信息

γ	0.30	0.38	0.50	0.70
L/m	6	6	4.5	4.5
H/m	2.9	3.6	3.6	4.5

从图 5.53 中可以看出，不同线刚度比下，结构的延性相差不大。对于本书算例，在构件承载能力相同的情况下，增大层高，大大降低结构的整体承载能力；增大梁跨度，结构整体承载能力减低不多（$\gamma = 0.38$、0.5 的情况）。

4 个结构均为一、二层梁端先出现塑性铰，然后柱底端出现塑性铰，形成梁铰破坏机制，最后随着变形的增大，柱顶端破坏，结构形成机构，达到极限状态，最终破坏状态均与图 5.52（b）相似，这里不再给出示意图。

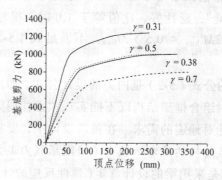

图 5.53　不同线刚度比下结构的能力曲线比较

从上面的分析可以看出，对于本节选取的框架，保持极限弯矩比相同，线刚度比在 0.3～0.7 间变化，对框架破坏机制几乎没有影响。

极限弯矩比（广义上讲也可称为"强度比"）控制了结构可能的破坏状态。"强度比"是截面的特性，由控制截面（梁端和柱端）的性质（几何、物理）决定，而"线刚度比"是构件和结构的性质，不仅与截面的性质有关，而且与构件的长度（梁、柱）和约束边界条件（铰接、刚接等）相关。以上分析结果表明"强度比"控制了结构的破坏状态，而"线刚度比"在强度比一定的情况下则进一步影响了结构的极限承载力。

本节只是初步对组合梁-方钢管混凝土柱框架结构的"强柱弱梁"问题进行了讨论，建议的方法在一定轴压比范围内适用，对其他类型的组合框架结构具有一定的参考价值。但由于组合构件特性相差较大，尚需要进一步对不同截面组成的组合框架开展大规模的试验研究和理论分析。

5.6 小 结

本章主要进行了以下几个方面的工作：

（1）对一榀 8 层钢梁-钢管混凝土柱组合框架结构进行了 Pushover 分析和动力时程分析。比较分析了均匀分布模式、第一振型分布模式、顶部集中分布模式三种不同侧向荷载分布形式下结构的 Pushover 分析结果的差别。对比了 Pushover 分析方法和动力两种分析方法下的结构整体反应(最大顶点位移、最大层间位移角)与局部反应(塑性铰分布、杆端曲率延性)的差别。结果表明，采用侧向荷载为第一振型分布形式进行的 Pushover 分析，不管是整体反应结果还是局部反应结果，都与时程分析时较为接近。因此，对简单规则组合框架结构可以采用侧向荷载为第一振型分布模式的 Pushover 分析来评估其抗震性能。

（2）对钢梁-圆钢管混凝土柱框架结构的"强柱弱梁"问题进行了分析，结果表明：柱和梁的极限弯矩比控制了结构的破坏机制，在一定的轴压比与线刚度比下，增大柱梁的极限弯矩比，结构的破坏模式逐渐由柱铰破坏机制过渡到混合破坏机制，直至形成梁铰破坏机制。为保证结构在大震甚至超大震下具有较好的抗震性能，建议柱梁的极限弯矩比为 2.0，可以保证结构形成梁铰破坏机制。梁柱线刚度比的改变对结构的破坏机制几乎没有影响。在一定的极限弯矩比下，线刚度比的减小会延迟底层柱端首个柱铰的出现，并进一步影响结构的极限承载能力，但是结构破坏模式与塑性铰出现顺序总体上没有变化。构件的抗弯承载能力与轴力水平相关。本文建议的柱梁极限弯矩比在一定的轴压比范围内[0.2, 0.6]可以保证结构的出铰顺序满足强柱弱梁破坏机制。若结构处于更高烈度区或层数较多，底层柱的轴压比可能会超过这一范围，此时组合柱的受弯承载能力随轴压比的增大而降低，应对结构强柱弱梁破坏机制的实现作进一步的论证。

（3）对组合梁-方钢管混凝土柱组合框架的"强柱弱梁"问题进行了分析，讨论了柱和梁的极限弯矩比与梁柱线刚度比对结构破坏机制的影响。通过算例分析可知，采用 RC 框架弹性内力调整的方法，不足以真正实现"强柱弱梁"的屈服机制，初步建议了组合结构实现"强柱弱梁"的设计方法，该方法在一定轴压比范围内适用，对其他类型的组合框架结构具有一定的参考价值。但由于组合构件特性相差较大，尚需要进一步对不同截面组成的组合框架开展大规模的试验研究和理论分析。

参考文献

[1] 刘阳冰，陈芳，刘晶波. 钢-混凝土组合框架强柱弱梁设计方法研究[J]. 四川大学学报：工学版，2012，44（4）：20-25.

[2] LIU YANGBING, LIAO YUANXIN, ZHENG NINA. Analysis of Strong Column and Weak Beam Behavior of Steel-concrete Mixed Frames. 15th World Conference on Earthquake Engineering, September 24-28, 2012, Lisbon, Portugal.

[3] 陈芳. 钢-混凝土混合框架结构强柱弱梁破坏机制研究[D]. 重庆大学，2013.

[4] 中华人民共和国建设部. GB 50011—2010 建筑抗震设计规范[S]. 北京：中国建筑工业出版社，2010.

[5] 中华人民共和国建设部. GB50017—2003 钢结构设计规范[S]. 北京：中国建筑工业出版社，2003.

[6] Euro code 8. Design of structures for earthquake resistance[S]. The British Standard EN1998-1:2004.

[7] Building Code Requirements for Structural Concrete (ACI 318-08) and Commentary[S]. ACI Committee 318, 2008.

[8] Seismic Provisions for Structural Steel Buildings[S]. American Institute of Steel Construction, INC.2005.

[9] CSA Standard. Design of concrete structures[S]. A23.3-04, Canadian Standards Association, Ontario, 2004.

[10] NZS3101:2006 Concrete Structures Standards[S]. New Zealand, Wellington, 2006.

[11] Federal Emergency Management Agency(FEMA). FEMA 356 Commentary on the guidelines for the seismic rehabilitation of buildings [S]. Prepared by American Society Of Civil Engineers, Washington, D.C., 2000.

[12] 中国工程建设协会标准. CECS230:2008 高层建筑钢-混凝土混合结构设计规程[S]. 北京：中国计划出版社, 2008.

[13] 中华人民共和国建设部. JGJ3-2010 高层建筑混凝土结构技术规程[S]. 北京：中国建筑工业出版社, 2010.

[14] 中华人民共和国行业标准. JGJ138-2001 型钢混凝土组合结构技术规程[S]. 北京：中国建筑工业出版社, 2009.

[15] 中国工程建设标准化协会. CECS 159：2004 矩形钢管混凝土结构技术规程[S]. 北京：中国计划出版社, 2004.

[16] 中国工程建设标准化协会. CECS 28:2012钢管混凝土结构技术规程[S]. 北京：中国计划出版社，2012.

[17] 韩林海, 杨有福. 现代钢管混凝土结构技术[M]. 北京：中国建筑工业出版社，2007：5-6.

6 钢-混凝土组合结构性能水平限值确定方法

6.1 基于性能的整体结构地震易损性分析方法

历次地震震害表明，地震造成的经济损失和人员伤亡与建筑物的破坏程度有很大的关系，因此需要采取一套合理的预测方法对建筑物在未来地震中的抗震能力做出合理的评估。由第 4、5 章钢-混凝土组合框架在不同地震波作用下的弹性和弹塑性动力时程分析可知，不同地震波对结构的变形和破坏状态影响不同。虽然可以通过静力弹塑性或动力时程分析等方法对结构进行薄弱层的验算，但是由于地震动随机性较强，往往会发生远远高于设防烈度的地震，如唐山地震、汶川地震等，结构在高于设防烈度的地震作用下，破坏状态如何，很难通过确定性的方法对其进行评估。且由于地震预测预报是世界性的难题，因此对地震灾害进行风险分析已成为当前工程中主要的防灾减灾措施[1]。

地震灾害的风险分析主要包括地震危险性分析、地震易损性分析和地震灾害损失估计三个方面。其中地震整体易损性分析是指在给定强度的地震作用下，结构达到或超过某种破坏状态时的条件失效概率，从概率意义上刻画了不同强度地震下结构完成预定目标性能的能力。因此对建筑物进行易损性分析一方面可以用于震前灾害预测，设计人员可以根据结构易损性的不同，有针对性地提高结构的抗震能力；另一方面可以用于震后损失评估，为估计地震损失提供依据，并提出避免或减少人员伤亡的措施，对实现防震减灾的目标是十分重要的。

地震灾害的高度不确定性和现代地震灾害引起巨大经济损失的新特点，也引起世界各国地震工程界对现有抗震设计思想和方法进行深刻的反思，进一步探讨更完善的结构抗震设计思想和方法。基于性能的抗震设计理论就是在这样的背景下由美国学者在 20 世纪 90 年代提出，主要是使设计的结构在未来的地震作用下能够保持所要求的性能目标。

从结构的整体易损性分析和基于性能抗震设计的定义和目的可以看出，这两者有着许多本质的联系：两者都需要采用地震动的多级水平；两者都需要将结构的性能水平划分出不同的状态，且结构的抗震性能水平通常都采用某种整体性能指标（如层间变形、结构整体地震损伤指标等）来描述等。因此完全可以将性能设计理论应用于结构的整体地震易损性分析中，同样也可以通过结构的整体易损性分析来完善基于性能的抗震设计理论。

本章通过在结构的整体易损性分析中引入结构性能水平的定义，给出了基于性能的结构地震易损性分析方法。该方法的流程，如图 6.1 所示。

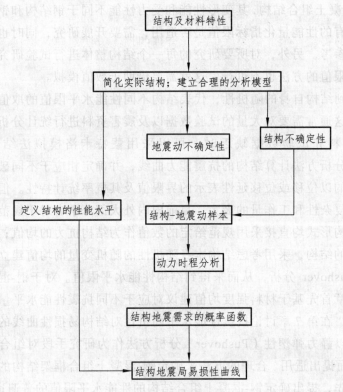

图 6.1 基于性能的地震易损性分析方法

因为实际结构比较复杂，为了便于数值模拟，首先，根据结构的受力特性和变形性能等对其进行适当的简化，建立合理的分析模型；然后，考虑结构本身主要是材料的不确定性和地震动的不确定性建立一系列结构-地震动样本，进行结构的概率地震需求分析；最后，根据定义的结构不同性能水平

185

和结构概率地震需求分析的结果，绘制出结构的地震易损性曲线。从图 6.1 中可以看出，要确定结构的地震易损性曲线有两个关键的问题需要解决：一是定义结构不同的性能水平，采用合理的量化指标来反映不同抗震性能水平，确定对应于不同性能水平的量化限值；二是确定结构的地震需求概率函数。

结构性能水平的定义在形成结构易损性曲线以及进行基于性能的抗震设计中都起着重要的作用。目前国内外对于钢结构和钢筋混凝土结构的研究较多，并取得了很多成果，部分已经编入规范用于基于性能的抗震设计，例如美国的 FEMA 356[2]中给出了基于结构整体和构件的立即使用（IO）、生命安全（LF）和防止倒塌（CP）三个性能水平所对应的性能量化指标的具体限值。对于钢-混凝土组合结构，其变形性能和受力性能不同于钢结构和钢筋混凝土结构，已有的性能量化指标限值是否适用，需要开展研究，同时也没有震害资料可以参考。另外，对所要研究的每一个结构整体进行试验研究从而确定性能水平限值的方法也不可行，这就需要借助于数值模拟。

考虑到结构自身的随机性，代表结构不同性能水平限值的取值也应该是随机的，这通常需要对大量的试验数据以及震害资料进行统计分析。当结构的震害资料和试验数据缺乏时，可以采用蒙特卡洛模拟法结合非线性 Pushover 分析方法计算结构的抗震能力曲线，并确定相应于不同破坏状态或性能水平的以位移或位移延性表示的界限值及其概率统计特性。但由于该问题本身的复杂性和工作量的庞大，目前国内外大部分学者对于规范中有规定的常见结构形式均直接采用规范给定的数值作为结构抗力的均值；对于规范中无规定的结构，采用考虑结构本身随机性的随机变量的均值建立结构模型并进行 Pushover 分析，从而来得到结构性能水平限值。对于钢-混凝土组合结构，本章首先基于材料强度均值建议对应于不同抗震性能水平量化限值的确定方法，在第 7 章讨论抗震性能水平随机性对结构易损性曲线的影响。

本章以静力弹塑性（Pushover）分析方法作为研究手段对组合结构进行研究，从而提出适用、合理的方法来确定钢-混凝土组合框架结构的性能水平限值。首先，提出确定钢-混凝土组合结构的性能水平限值的普遍适用方法；然后，着重针对钢-混凝土组合框架结构进行研究，并以组合梁-方钢管混凝土柱框架结构（CB-CFSST）和钢梁-方钢管混凝土柱框架结构（SB-CFSST）这两种常见的组合框架类型为例，采用提出的方法进行分析；最后，给出两个组合框架结构不同性能水平的量化指标的限值，为第 7 章的基于性能的组合框架结构整体地震易损性分析奠定基础。

6.2 基于结构极限破坏状态的性能水平限值的确定方法

结构的性能水平是一种有限的破坏状态，而且是与不同强度地震下结构期望的最大破坏程度相对应。参照国内外关于结构性能水平的划分[2-4]，本书规定结构的抗震性能水平为正常使用（NO）、立即使用（IO）、生命安全（LF）和防止倒塌（CP）4 个性能水平。结构的抗震性能是结构本身具有的能够抵抗外荷载效应的一种属性，根据衡量准则的不同，包括承载能力、变形能力、耗能能力等。当采用一个物理量来定义结构的破坏状态时，这个物理量必须能标志结构的抗震能力，称之为量化指标，结构的破坏与它有直接关系。量化指标的具体取值称为量化指标限值，也称为性能水平限值。表 6.1 给出了结构不同性能水平要求及相应的量化指标限值的表示符号。

表 6.1 结构性能水平及量化指标

性能水平	正常使用（NO）	立即使用（IO）	生命安全（LF）	防止倒塌（CP）
要求	结构和非结构构件不损坏或很小损坏	结构和非结构构件需要少量修复工程	结构保持稳定，具有足够的承载力储备	建筑保持不倒，其余破坏在可接受范围
量化指标限值	LS1	LS2	LS3	LS4

表 6.1 中 LS1 ~ LS4 分别代表了结构不同性能水平时，反映结构抗震能力量化指标的限值。对于常见的结构，已有的研究结果给出了相应的取值。例如在 FEMA 356（ASCE 2000）中对于钢筋混凝土框架结构，给出了对应于结构立即使用（IO）、生命安全（LF）和防止倒塌（CP）3 个性能水平结构最大层间位移角限值分别为 1%，2%和 4%。

根据地震作用下结构的破坏状态，可以将结构的破坏状态划分为若干等级。建筑物地震破坏等级划分的标准是经过多次地震、反复实践、逐步形成的。虽然目前国内外专家给出了许多建筑物破坏等级的划分方法和标准，但这些方法和标准有些相近，有些相差很大，未形成统一的标准，这就对震后地震现场震害调查、地震现场科学考察、地震灾害损失评估和建筑物安全鉴定等工作带来不便，容易造成混乱。因此，中国地震局工程力学研究所负责进行了《建（构）筑物地震破坏等级划分》（GB/T 24335—2009）国家标准的编制。参照该标准及现有的大量文献中关于建筑物破坏等级的划分方法

187

[5-7]，将框架结构在地震作用下的破坏状态划分为：基本完好，轻微破坏，中等破坏，严重破坏和毁坏 5 个等级。表 6.2 给出了结构破坏等级的宏观描述。

表 6.2　结构破坏等级与量化指标的关系

破坏等级	最低限破坏状态及功能描述	量化指标 $T\theta$	量化指标 $S\theta$
基本完好	结构无破坏，建筑物承重构件和非承重构件完好，或个别承重构件轻微损坏；使用功能正常，不加修理可继续使用	$T\theta \leqslant LS1$	$S\theta \leqslant LS1$
轻微破坏	个别承重构件轻微破坏；基本使用功能不受影响，不需要修理或稍加修理可继续使用	$LS1 < T\theta \leqslant LS2$	$LS1 < S\theta \leqslant LS2$
中等破坏	部分承重构件轻微破坏，个别承重构件破坏严重；基本使用功能受到影响，需要一般修理	$LS2 < T\theta \leqslant LS3$	$LS2 < S\theta \leqslant LS3$
严重破坏	多数承重构件破坏较严重，或局部倒塌；基本使用功能受到严重影响，甚至部分功能丧失，但可以保障生命安全，需要大修	$LS3 < T\theta \leqslant LS4$	$LS3 < S\theta \leqslant LS4$
毁坏	多数承重构件严重破坏，结构濒于崩溃或倒塌；使用功能不复存在，已无修复可能	$T\theta > LS4$	$S\theta > LS4$

说明：

个别：一栋建筑中构件破坏数量为 20%以下。

部分：一栋建筑中构件破坏数量为 10%～60%。

多数：一栋建筑中破坏数量为 50%以上。

$T\theta$：顶点位移角。

$S\theta$：层间位移角。

　　对比表 6.1 中结构不同性能水平的要求，表 6.2 中结构不同破坏等级最低破坏极限状态及功能描述以及结构性能水平的定义可以看出，结构 4 个不同性能水平的最大破坏程度与结构的基本完好、轻微破坏、中等破坏和严重破坏的最低极限破坏状态相对应。根据表 6.1 和表 6.2 关于结构性能水平和结构破坏程度的划分，本章定义结构相应于 4 个性能水平的 4 个极限破坏状态。

　　（1）正常使用极限状态：结构无破坏，对应于结构构件首次出现屈服。

　　（2）立即使用极限状态：20%的承重构件发生轻微破坏，需少量修理可继续使用，功能基本连续，不影响承载力的增大。

（3）生命安全极限状态：约大于 20%但小于 60%的承重构件发生破坏，或 20%构件发生严重破坏，其余为轻微破坏，结构刚度大幅度降低。

（4）防止倒塌极限状态：约 50%以上承重构件发生严重破坏，或者局部形成机构，建筑物不倒。

以上 4 个极限破坏状态定义中，对于立即使用极限状态和生命安全极限状态，构件轻微破坏和严重破坏的百分数 20%是上限值。

对于结构构件轻微破坏和严重破坏定义如下：

（1）构件轻微破坏：构件仅一端屈服，即出现塑性铰。

（2）构件严重破坏：构件有一端达到极限状态。

这 4 个极限破坏状态将结构的破坏等级与结构的抗震性能水平联系起来，4 个极限破坏状态对应于划分结构 5 个破坏等级的 4 个临界状态。这样就可以根据结构中主要承重构件的破坏状态，来定义结构的 4 个极限破坏状态，进而确定对应于不同极限状态的量化指标的取值。

对于多、高层框架结构来说，变形能力是结构抗震能力的控制因素，因此本书选用顶点位移和层间位移作为量化指标建立结构破坏等级与性能水平间的对应关系。为了使量化指标对于同类型的组合框架结构具有参考意义，对于顶点位移采用结构顶点位移与结构总高度的比值，用顶点位移角（$T\theta$）表示和层间位移用层间位移与相应层高的比值，用层间位移角（$S\theta$）表示。表 6.2 同时给出了结构不同量化指标与结构破坏等级间的关系。

下面以组合梁-方钢管混凝土柱框架结构（CB-CFSST）和钢梁-方钢管混凝土柱框架结构（SB-CFSST）这两种常见的组合框架类型为例，采用所提出的基于结构极限破坏状态的性能水平限值的确定方法进行分析，从而给出这两种结构对应于不同量化指标时的限值。

6.3 结构计算模型及侧向荷载分布形式

6.3.1 计算模型

研究对象采用第 4 章中的组合梁-方钢管混凝土柱框架结构（CB-CFSST）和钢梁-方钢管混凝土柱框架结构（SB-CFSST），结构的平面及立面如第 4 章的图 4.1 和 4.2 所示。根据第 4 章的分析，结构 Y 向为弱方向，因此对结构

进行 Y 向的易损性分析。由于结构的对称性，为了简化模型，可以将结构简化为平面模型，取图 4.1 中④轴线上的一榀框架即中间榀框架进行分析。这种简化不仅符合实际结构的受力和变形特征而且可以大大减小计算工作量。梁上的恒荷载标准值为 33.75 kN/m，活荷载标准值为 15 kN/m。

　　采用非线性结构分析软件 SAP2000 对结构进行 Pushover 分析，其中混凝土板采用壳单元来模拟，梁、柱均采用梁单元来模拟。框架结构的非线性主要体现在梁和柱，对此均采用集中塑性铰模型模拟。因为梁和柱均按强剪弱弯设计，所以钢梁和钢-混凝土组合梁仅考虑弯曲变形的非线性，采用单向弯曲的弯矩 M3 铰来模拟，CFSST 柱考虑轴向和弯曲变形的非线性，同时考虑轴力和弯矩的相互作用，采用轴力-弯矩铰（PM 铰）来模拟。图 6.2 分别给出了钢梁和组合梁的弯矩-曲率（M-φ）骨架曲线，图 6.3 分别给出了 CFSST 柱轴力-弯矩（N-M）相关屈服曲线和不同轴压比 n 下弯矩-曲率（M-φ）骨架曲线。

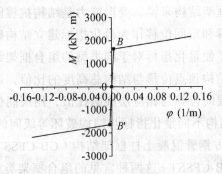

（a）钢梁双折线 M-φ 曲线

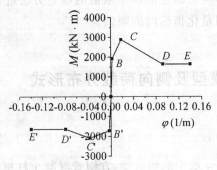

（b）组合梁 4 折线 M-φ 曲线

图 6.2　梁弯矩-曲率（M-φ）骨架曲线

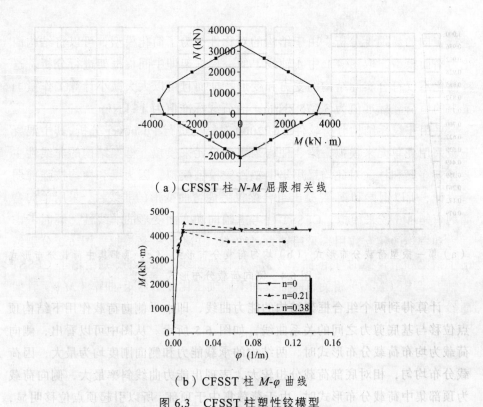

（a）CFSST 柱 *N-M* 屈服相关线

（b）CFSST 柱 *M-φ* 曲线

图 6.3　CFSST 柱塑性铰模型

对于钢梁和钢-混凝土组合梁的屈服状态，分别采用图 6.2 中 *B* 点和 *B'* 截面开始屈服时对应的状态。钢梁的极限状态参照 FEMA 356[2]中关于受弯钢梁防止倒塌（CP）性能水平的变形限值，取 *B* 点或 *B'* 点相应屈服曲率的 8 倍。组合梁极限状态定义为，结构承载力达到或超过极限承载力 *C* 点或 *C'* 点且结构曲率为相应屈服曲率的 8 倍。对于 CFSST 柱屈服状态定义为结构承载力达到屈服相关线，极限状态定义类似组合梁，结构承载力达到或超过极限承载力且结构曲率为相应屈服曲率的 8 倍。

6.3.2　不同侧向荷载分布形式的比较

Pushover 分析应该综合几种侧向荷载加载模式下的分析结果来进行评定[134,135]。因此采用了第一振型荷载分布、均布荷载分布、顶部集中荷载分布三种侧向荷载分布方式进行分析，综合考虑 Pushover 的分析结果，侧向荷载分布形式如图 6.4 所示。

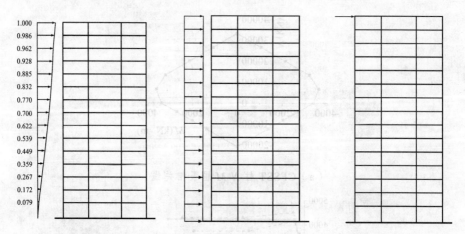

（a）第一振型荷载分布形式 （b）均匀荷载分布形式 （c）顶部集中荷载分布形式

图 6.4　侧向荷载分布形式

　　计算得到两个组合框架结构的能力曲线，即水平侧向荷载作用下结构顶点位移与基底剪力之间的关系曲线，如图 6.5 所示。从图中可以看出，侧向荷载为均布荷载分布形式时，两结构的承载能力和侧向刚度均为最大，因荷载分布均匀，相对底部荷载分担较大，表现出能力曲线斜率最大，侧向荷载为顶部集中荷载分布形式时，由于荷载集中于顶部，所以引起顶点位移明显，能力曲线斜率最小，第一振型荷载分布形式的结果则位于两者之间。由于考虑楼板组合作用对钢-混凝土组合梁刚度和强度的提高，组合梁-方钢管混凝土柱框架结构（CB-CFSST）的整体承载能力和抗侧刚度均大于相应的钢梁-方钢管混凝土柱框架结构（SB-CFSST）。

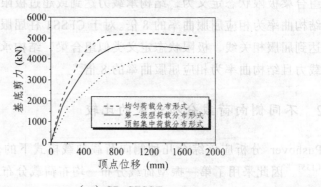

（a）CB-CFSST

192

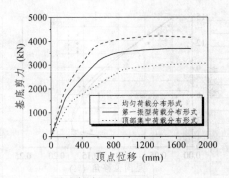

（b）SB-CFSST

图 6.5　不同侧向荷载分布下结构能力曲线

采用能力谱方法求得两个结构多遇地震下的性能点对应的顶点位移和基底剪力，如表 6.3 所示。性能点时，结构均没有出现塑性铰。从表中数值可以看出，均布荷载分布形式下，性能点时顶点位移最小，而顶部集中荷载分布形式下，性能点时顶点位移最大。在三种侧向荷载分布形式下，钢梁-方钢管混凝土柱框架结构（SB-CFSST）在多遇地震性能点时的顶点位移均大于组合梁-方钢管混凝土柱框架结构（CB-CFSST）。

表 6.3　多遇地震性能点时（顶点位移/mm 和基底剪力/kN）

侧向荷载分布形式	顶点集中分布	第一振型	均匀分布
CB-CFSST	（85，717）	（68，865）	（63，980）
SB-CFSST	（109，627）	（89，756）	（77，859）

将两个结构多遇地震下 Pushover 分析得到的结构侧移和层间位移角与振型分解反应谱法的计算结果进行比较，结果如图 6.6 和图 6.7 所示。

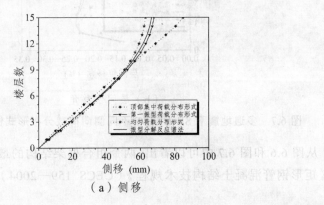

（a）侧移

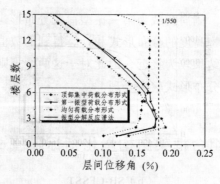

（b）层间位移角

图 6.6　多遇地震下 CB-CFSST 不同侧向荷载分布形式位移反应比较

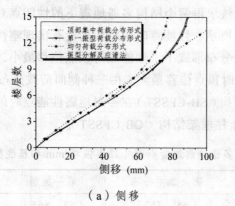

（a）侧移

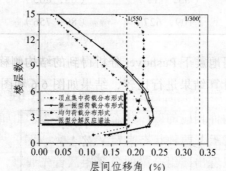

（b）层间位移角

图 6.7　多遇地震下 SB-CFSST 不同侧向荷载分布形式位移反应比较

从图 6.6 和图 6.7 中可以看出,两个组合框架结构的最大层间位移角均满足《矩形钢管混凝土结构技术规程》（CECS 159—2004）[8]中弹性层间位移角限值 1/300 的要求。侧向荷载为第一振型荷载分布形式时，两个结构的侧移和层间位移角沿结构高度的分布形式和计算得到的数值大小均与振型分解反应谱法分析得到的结果较为接近，因此对于这两个规则的组合框架侧向荷载采用第一振型荷载分布形式较为合理。

6.4 钢-混凝土组合框架结构量化指标限值

6.4.1 顶点位移角限值

侧向荷载采用第一振型侧向荷载分布形式对两个结构进行 Pushover 分析，图 6.8 给出 Pushover 分析得到的组合梁-方钢管混凝土柱框架结构（CB-CFSST）和钢梁-方钢管混凝土柱框架结构（SB-CFSST）的能力曲线，以及 4 个量化指标限值在能力曲线上的具体位置。

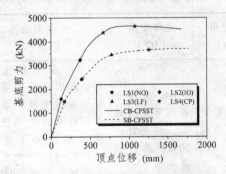

图 6.8　结构能力曲线及性能水平定义

图 6.9 给出组合梁-方钢管混凝土柱框架结构（CB-CFSST）的 4 个极限破坏状态时结构中构件相应的破坏状态。构件状态采用屈服（用符号●表示）和极限（用符号▲表示）两种状态来定义。

从图 6.9 中可以看出，组合梁的负弯矩区首先屈服，待梁上塑性铰发展充分后，柱底端屈服。钢梁-方钢管混凝土柱框架结构（SB-CFSST）除了在立即使用极限（IO）状态时钢梁上的塑性铰出现在 1 ~ 7 层梁的右端，和组合梁略有不同外[1 ~ 6 层梁右端，7 层和 8 层部分梁右端，如图 6.9（b）所示]，其他极限状态时，结构中构件破坏状态相同。两个结构极限破坏状态特征的具体描述和量化指标限值见表 6.4。

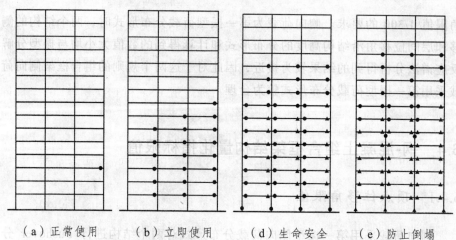

（a）正常使用　　（b）立即使用　　　（d）生命安全　　　（e）防止倒塌

●：构件端部屈服状态　　　▲：构件端部极限状态

图 6.9　CB-CFSST 极限破坏状态

表 6.4　极限破坏状态及顶点位移角量化指标取值

性能水平	正常使用 （NO）	立即使用 （IO）	生命安全 （LF）	防止倒塌 （CP）
极限状态	梁负弯矩端首次出现塑性铰	1-8 层部分梁负弯矩端屈服，柱完好；20%的构件轻微破坏	1-11 层梁发生破坏，其中 1-7 层梁负弯矩端达到极限承载力，柱底端均屈服，结构刚度大幅度降低；约 35%的构件发生破坏，其中 20%的构件严重破坏	柱底端和50%的梁两端均达到极限承载力，部分柱上端屈服，局部形成机构，结构承载力下降
$T\theta$	LS1	LS2	LS3	LS4
CB-CFSST	1/422	1/148	1/82	1/51
SB-CFSST	1/317	1/140	1/71	1/44

6.4.2　楼层极限破坏状态的定义

层间位移角限值需要基于结构的楼层破坏机制，而不是结构整体构件的破坏状态。相对于结构整体而言，框架结构每层的梁、柱构件数量远远小于总的构件数量，破坏为局部破坏。若仍采用结构整体构件极限破坏状态的判

196

定标准，则会低估结构的抗震性能水平。例如采用 6.2 中定义的正常使用和立即使用极限状态来确定层间位移角限值，对于本章的两个结构来讲，当所研究的楼层有一根承重构件屈服，该层即达到了正常使用极限状态和立即使用极限状态，这样两个性能水平下量化指标限值 LS1 和 LS2 相等，这与实际情况是不相符的，同时与结构的整体抗震性能水平也不对应。因此本书参照 Wen 等[9]建议的楼层破坏状态的首次屈服（First Yield）、塑性机制形成（Plastic Mechanism Initiation）和强度退化（Strength Degradation）的定义，对于层破坏的 4 个极限破坏状态重新定义如下：

（1）正常使用极限状态：结构构件首次屈服（等同于 First Yield）；

（2）立即使用极限状态：50%以下的承重构件发生轻微破坏，且不影响楼层承载力的提高，构件经过少量修复后可继续使用；

（3）生命安全极限状态：梁铰侧移机构、柱铰侧移机构或者混合机构开始形成（等同于 Plastic Mechanism Initiation），且 50%以下的构件严重破坏，其中 20%以下的构件两端达到极限状态，还有一定的承载能力；

（4）防止倒塌极限状态：梁铰侧移机构、柱铰侧移机构或者混合机构形成并发展，且 50%以上的承重构件严重破坏，其中 50%以下的构件两端达到极限状态，承载力开始下降。

构件轻微破坏和严重破坏的定义同 6.2 中关于构件破坏状态的描述。

6.4.3　层间位移角限值

基于楼层极限破坏状态的定义，采用如下方法[10-11]进行求解：根据侧向荷载为第一振型分布形式即倒三角荷载分布形式时的 Pushover 分析结果，绘制每层层间位移角与层剪力的关系曲线，并将分析中每层构件的破坏状态相应地标记在曲线上，然后根据每层的极限破坏状态来确定不同性能水平层间位移角的限值，其中具有最小层间位移角限值的楼层确定为关键层（也即薄弱层），然后选用关键层的层间位移角限值作为结构整体性能水平层间位移角限值。

采用侧向荷载为第一振型荷载分布形式的加载方法，对结构进行 Pushover 分析，比较各层计算结果发现，对两个组合结构底层层间位移角限值均为最小，因此选取底层作为关键层来定义结构整体性能水平层间位移角的限值。图 6.10 给出了两个结构层间位移角限值的确定的过程。其中图 6.10（a）为结构底层层间位移角与层剪力的关系曲线，可以看出组合梁-方钢管混凝土柱框架结构（CB-CFSST）的承载力和抗侧刚度均要高于钢梁-方钢管混凝土柱框架结构（SB-CFSST），但延性稍劣于钢梁-方钢管混凝土柱框架结构（SB-CFSST）。图中曲线上的特征点分别代表了两个结构底层梁、柱达到的不同破坏状态时在底层能力曲线上的位置，图中只给出具有代表性的点，黑色填充的点对应于结构 4 个性能水平的层间位移角限值。图 6.10（b）和图 6.10（c）分别给出底层梁、柱构件达到屈服和极限状态的先后顺序，图中字母 Y 代表屈服，U 代表极限，数字代表梁端或柱端达到屈服或极限状态的先后顺序。图 6.10（a）中特征点的文字标示分别与图 6.10（b）和图 6.10（c）两个结构构件状态的文字标示一致。

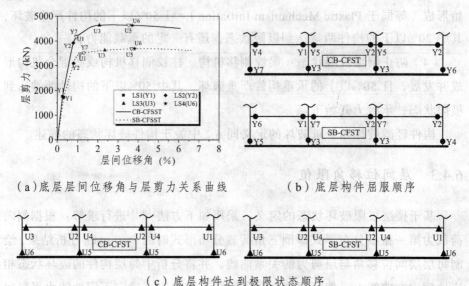

（a）底层层间位移角与层剪力关系曲线　　　（b）底层构件屈服顺序

（c）底层构件达到极限状态顺序

●：屈服状态　　　▲：极限状态

图 6.10　基于层极限破坏状态结构层间位移角限值的确定

从图 6.10 中可以看出，组合梁-方钢管混凝土柱框架结构（CB-CFSST）和钢梁-方钢管混凝土柱框架结构（SB-CFSST）底层构件屈服顺序略有不同，但达到极限状态的顺序相同。

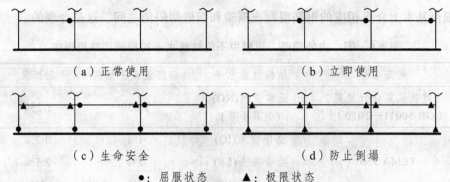

（a）正常使用　　　　　　　　　　（b）立即使用

（c）生命安全　　　　　　　　　　（d）防止倒塌

●：屈服状态　　　　▲：极限状态

图 6.11　两个结构底层极限破坏状态

两个结构的极限破坏状态相同，如图 6.11 所示。从图中可以看出，底层破坏为梁铰机制。表 6.5 给出结构底层楼层极限破坏状态特征描述和量化指标限值。

表 6.5　楼层极限状态及层间位移角限值

性能水平	正常使用（NO）	立即使用（IO）	生命安全（LF）	防止倒塌（CP）
极限状态	梁负弯矩端首次出现屈服（Y1 铰）	Y2 铰出现，梁的右端（负弯矩端）均屈服，50% 以下的构件发生轻微破坏；构件经过少量修复后可继续使用	梁铰机构开始形成，梁严重破坏和左边梁的两端均达到极限承载力；柱均没有达到极限状态，结构还有一定的承载能力	U6 铰出现，柱底端和梁两端均达到极限承载力，结构承载力开始下降
$S\theta$	LS1	LS2	LS3	LS4
CB-CFSST	1/391	1/129	1/48	1/30
SB-CFSST	1/314	1/127	1/43	1/27

表 6.6 给出我国《建筑抗震设计规范》（GB 50011—2010）中的"小震不坏"设防水准层间位移角限值和美国 FEMA 356 中定义的钢筋混凝土框架和钢框架的立即使用、生命安全以及防止倒塌 3 个性能水平层间位移角限值。对比表 6.5 和 6.6 可知，采用本章建议方法获得的组合梁-方钢管混凝土柱框架结构（CB-CFSST）和钢梁-方钢管混凝土柱框架结构（SB-CFSST）的 4 个性能水平

限值基本上介于相应的钢筋混凝土框架和钢框架限值之间，这是合理的。

表 6.6　国、内外规范、规程中不同性能水平的层间位移角限值

规范名称	结构性能水平	钢筋混凝土框架	钢框架
《建筑抗震设计规范》 （GB 50011—2010）[15]	正常使用(NO) （小震不坏）	1/550	1/250
FEMA 356[2]	立即使用(IO)	1%	0.7%
	生命安全(LF)	2%	2.5%
	防止倒塌(CP)	4%	5%

6.4.4　量化指标小结

将表 6.5 的层间位移角量化指标限值与表 6.4 顶点位移角量化指标限值进行对比，可以看出两个结构不同性能水平对应的层间位移角限值均大于顶点位移角限值，这是与实际情况相符的。组合梁-方钢管混凝土柱框架结构（CB-CFSST）顶点位移角限值均小于钢梁-方钢管混凝土柱框架结构（SB-CFSST）。

采用本章所提出方法得到的组合梁-方钢管混凝土柱框架结构（CB-CFSST）对应于不同性能水平的限值均小于钢梁-方钢管混凝土柱框架结构（SB-CFSST），这主要是因为相对于钢梁，组合梁弹性刚度的提高改变了梁、柱的线刚度比，使梁端分配的弯矩增大，但是组合梁负弯矩区屈服承载力的提高比例却小于弹性刚度的提高比例，从而使相同变形下组合梁的屈服先于钢梁。

本章提出的性能指标限值的确定方法是从结构本身承载能力的极限状态来考虑，若要从业主和使用者的要求出发，如考虑舒适度要求结构变形在一定的限值内，则对两个结构性能指标的限值就是相同的。因此在基于性能的设计中，性能水平的定义也可以根据业主要求的不同在保证结构安全可靠的前提下进行适当的调整。

6.5　小　结

本章首先给出了一种基于性能的结构整体地震易损性分析方法，该方法

既考虑了结构本身的不确定性又考虑了地震动输入的不确定性，并使计算量控制在可操作范围内，是一种实用性较强的方法，可以广泛应用于各种结构的地震易损性分析。

根据结构的 4 个抗震性能水平和地震作用下结构的 5 个破坏等级，定义了相应于 4 个性能水平的结构整体和楼层的 4 个极限破坏状态，从而将结构破坏等级与结构抗震性能水平联系起来。对于钢-混凝土组合框架结构，分别采用顶点位移和层间位移作为衡量结构抗震性能水平的量化指标，建立了结构破坏等级与量化指标的对应关系，提出了基于结构极限破坏状态的组合框架结构性能水平限值的确定方法。

对组合梁-方钢管混凝土柱框架结构（CB-CFSST）和钢梁-方钢管混凝土柱框架结构（SB-CFSST），比较了三种不同侧向荷载分布形式下，结构 Pushover 分析结果的不同。结果表明，对于本书的钢-混凝土组合框架结构采用第一振型荷载分布形式比较合理。

采用侧向荷载为第一振型荷载分布形式进行结构的 Pushover 分析，并基于结构的整体极限破坏状态，计算得到了两个结构以顶点位移角表示的 4 个抗震性能水平限值。基于本书定义的楼层的 4 个极限破坏状态，获得了组合梁-方钢管混凝土柱框架结构（CB-CFSST）和钢梁-方钢管混凝土柱框架结构（SB-CFSST）以层间位移角表示的 4 个性能水平限值。

参考文献

[1]　吕大刚，李晓鹏，张鹏，等. 土木工程结构地震易损性分析的有限元可靠度方法[J]. 应用基础与工程科学学报, 2006, 14（4）: 34-38.

[2]　Federal Emergency Management Agency(FEMA). FEMA 356 Commentary on the guidelines for the seismic rehabilitation of buildings [S]. Prepared by American Society Of Civil Engineers, Washington, D.C., 2000.

[3]　易方民，高小旺，苏经宇，等. 建筑抗震设计规范理解与应用[M]. 北京：中国建筑工业出版社, 2011.

[4]　Applied Technology Council. ATC-40 Recommended methodology for seismic evaluation and retrofit of existing concrete building[S]. Redwood City, California, 1996.

[5] 中华人民共和国国家标准. GB/T 24335-2009 建（构）筑物地震破坏等级划分[S]. 北京：中国标准出版社, 2009.

[6] 李应斌, 刘伯权, 史庆轩. 抗震设计中结构的性能等级与设计性能安全指数[J]. 地震工程与工程振动, 2004, 24（6）：73-78.

[7] 尹之潜. 地震灾害及损失预测方法[M]. 北京：地震出版社, 1995.

[8] 中国工程建设标准化协会. CECS 159：2004 矩形钢管混凝土结构技术规程[S]. 北京：中国标准出版社, 2004.

[9] Wen, Y. K., Ellingwood, B. R., Veneziano, D. et al. Uncertainty modeling in earthquake engineering[R]. Mid-America Earthquake Center Project FD-2 Report, 2003.

[10] M. Altug Erberik, Amr S. Elnashai. Fragility analysis of flat-slab structures[J]. Engineering Structures, 2004, 26(7): 937-948.

[11] Mary Beth D. Hueste, Jong-Wha Bai. Seismic retrofit of a reinforced concrete flat-slab structure: Part II-seismic fragility analysis[J]. Engineering Structures, 2007, 29(6): 1178-1188.

[12] Liu Yangbing, Chen Fang, Liu Jingbo. Present research and prospect of seismic fragility for steel-concrete mixed structures[C]. Applied Mechanics and Materials, 2012, Vols. 166-169: 2197-2201.

[13] 刘晶波, 刘阳冰. 基于性能的方钢管混凝土框架地震易损性分析[J]. 土木工程学报, 2010, 43（2）：39-47.

[14] 刘阳冰, 刘晶波. 钢-混凝土组合框架结构易损性分析[C]. 第 17 届全国结构工程学术会议论文集, 武汉, 2008：380-384.

[15] 中华人民共和国建设部. GB 50011—2010 建筑抗震设计规范[S]. 北京：中国建筑工业出版社, 2010.

7 基于性能的钢-混凝土组合框架地震易损性分析

钢-混凝土组合结构体系逐渐在我国高烈度区开始应用,如何确保这种新型的结构体系在地震作用下的安全性是一个亟待解决的问题。除了通过试验研究、理论分析和数值模拟等手段对钢-混凝土组合结构体系在地震下的受力机理和破坏状态进行研究外,对组合结构进行易损性研究也具有重要意义,具体体现在以下几个方面:

(1)评价地震对结构造成的破坏,以便采取相应的抗震措施,使结构的破坏程度和经济损失控制在设计预期的范围之内;

(2)基于结构的易损性曲线可以对设计出的结构进行性能评估,这是基于性能的抗震设计方法的一个重要组成部分,对结构进行基于性能的易损性研究为该方法的实现提供了依据;

(3)通过不同类型的钢-混凝土组合框架结构的易损性曲线比较,在指导选取优良的组合框架抗震结构形式和寻求降低结构倒塌概率的有效抗震加固方法等方面都有重要的意义;

(4)基于易损性分析结果,给出单体结构的震害预测方法。

由于钢-混凝土组合结构是一种新型的结构形式,虽然近年来得到了广泛的应用,但是在我国乃至全世界仍缺乏该类结构的地震破坏数据,所以分析方法是目前得到钢-混凝土组合结构地震易损性曲线的唯一可行的方法,但迄今为止对钢-混凝土组合框架结构的易损性很少进行过研究[1-4]。

本章在第 6 章研究的基础上,对组合梁-方钢管混凝土柱框架结构(CB-CFSST)和钢梁-方钢管混凝土柱框架结构(SB-CFSST)进行了基于性能的地震易损性分析,对结构的易损性能进行评估,为结构基于性能的抗震设计提供依据,比较了基于不同性能量化指标易损性分析结果的不同。讨论了地震需求变异性的影响,研究了基于全概率和半概率的结构地震易损性分析方法的差异和转化关系。最后,根据易损性分析结果,提出基于概率的单体组合框架结构震害指数的确定方法。

下面首先简要介绍结构-地震动系统的随机性，并给出进行结构地震易损性分析中用到的随机变量及其分布函数。

7.1 结构-地震动系统的随机性

7.1.1 结构分析中的随机性

在结构-地震动系统的模型化过程中，可能遇到的随机性主要分为以下几类：

（1）材料特性的随机性。由于制造环境、技术条件、材料的多相特征等因素，使工程材料的弹性模量、泊松比、质量密度、膨胀系数、强度和疲劳极限等具有随机性。

（2）几何尺寸的随机性。由于设计、制造、安装等误差使结构构件的几何尺寸，如杆、梁、柱的长度、横截面积、惯性矩、板的厚度等具有随机性。

（3）结构边界条件的随机性。由于结构的复杂性而引起结构与结构的连接、构件与构件的连接等边界条件具有随机性。

（4）结构物理性质的随机性。由于系统的复杂性而引起系统的阻尼特性、摩擦系数、非线性特性等具有随机性。

（5）荷载的随机性。由于外界环境变化、突发事件等引起的结构载荷也常具有随机性，如风荷载、地震作用等。

（6）模型的随机性。在结构-地震系统的易损性分析中，因问题本身的复杂性和计算机发展水平等科研条件的研制，需要对计算模型进行简化。不同简化均产生一定的误差，从而造成结构模型的不确定性。因此在结构动力分析中，应选择合理的计算模型使计算假定条件与实际情况符合。

结构的地震易损性分析中，上述的不确定性均同时存在，其中结构材料性能的随机性以及结构所受荷载的随机性对结构动力反应的随机性影响最大。由于该问题本身的复杂性且计算量巨大，为了使计算量控制在一个合理范围内，本章只考虑了对结构性能影响最重要的材料强度和地震动的随机性。同时考虑与材料强度相关量的随机性，如：滞回模型中骨架曲线关键点的取值等。

7.1.2 结构分析中的随机变量

由于随机性是由随机变量的数字特征予以体现的，在结构地震易损性分析中存在的随机变量很多，例如钢材的屈服强度、混凝土的抗压强度、结构的动力反应等。工程结构中常见的随机变量对应的概率密度函数为：材料强度为对数正态分布或正态分布，地震荷载为极值 II、III 型分布等，以下简单介绍将要用到的一些随机变量的概率分布。

1. 正态分布

若连续型随机变量 X 的概率密度函数为

$$f(x) = \frac{1}{\sqrt{2\pi}\sigma_x} e^{-\frac{(x-\mu_x)^2}{2\sigma_x^2}}, \quad -\infty < x < \infty \tag{7.1}$$

式中 μ_x，σ_x（$\sigma_x > 0$）为常数，则称 X 服从的正态分布或高斯分布，记为 $X \sim N(\mu_x, \sigma_x)$。$\mu_x$，$\sigma_x$ 分别为随机变量 X 的均值和标准差。除标准差外，变异系数 δ_x 也是反映随机变量离散程度的一个重要物理量，表达式如下：

$$\delta_x = \frac{\sigma_x}{\mu_x} \tag{7.2}$$

正态分布是工程中运用最多的概率分布函数。例如，混凝土立方体抗压强度《混凝土结构设计规范》（GB 50010—2010）[5]中假设其服从正态分布，且规范条文说明中同时也给出了变异系数的取值。

2. 对数正态分布

若随机变量的自然对数 $\ln x$ 呈正态分布，则 X 呈对数正态分布，其概率密度函数为：

$$f(x) = \frac{1}{\sqrt{2\pi}\sigma_{\ln x} x} e^{-\frac{(x-\mu_{\ln x})^2}{2\sigma_{\ln x}^2}}, \quad 0 < x < +\infty \tag{7.3}$$

式中 $\mu_{\ln x}$，$\sigma_{\ln x}$ 与 X 的均值 μ_x 和变异系数 δ_x 的关系如下：

$$\mu_{\ln x} = \ln\left(\frac{\mu_x}{\sqrt{1+\delta_x^2}}\right) \tag{7.4}$$

$$\sigma_{\ln x} = \sqrt{\ln(1+\delta_x^2)} \qquad\qquad (7.5)$$

7.2 结构-地震动随机样本生成

7.2.1 蒙特卡洛方法

蒙特卡洛方法（Monte Carlo）[6-7]不同于确定性数值方法，是用一系列随机数来近似解决问题的一种方法。主要用于求解具有随机性的不确定性问题，但也能求解确定性问题。该方法的基本思想是：为了求解实际问题，首先需要建立一个概率模型或随机过程，使它的参数等于问题的解，然后通过对模型或过程的观察或抽样试验来计算所求参数的统计特征，最后给出所求解的近似值。

该方法应用于解决实际的问题，主要有以下几个步骤：

（1）随机变量的抽样。对所需要考虑随机性的参数按其已知概率分布进行随机抽样，并将这些参数进行随机组合，从而形成不同的样本。

（2）样本反应求解。对每个抽取样本按问题的性质采用确定性方法求取样本反应。

（3）计算反应量的统计量估计。对所有样本反应按所求解答的类型求取随机变量的均值、方差或概率分布。

结构在不同强度地震作用下的概率需求分析是个非线性问题，需要采用动力弹塑性分析方法来进行数值模拟，不可能采用解析的方法或理论推导直接进行确定。因此本书采用蒙特卡洛方法即通过上述步骤利用随机变量的数字模拟和统计分析来对结构进行概率地震需求分析。

7.2.2 结构模型

由于地震易损性本身的复杂和计算工作量的巨大，目前，结构的易损性研究一般都集中于常见的简单结构[8-10]，如低层或多层的框架结构、板柱结构等，因此在进行结构地震易损性分析时都需要根据实际情况对计算模型进行适当的简化。对于组合梁-方钢管混凝土柱框架结构（CB-CFSST），选用第 4 章中三维组合梁-方钢管混凝土柱框架结构（CB-CFSST）④轴线的一榀框架作为研究对象，结构的平、立面，分别如图 4.1 和 4.2 所示。这主要出于两方面的考虑：一方面出于简化模型的考虑，因为所采用的三维计算模型是对称的，每一榀的构件截面均相同，因此可以简化为平面框架进行分析；另一方面，15 层的高度比较符合实际工程应用情况，既不会因为层数太少没有实际应用价值，也不会因为高度太高，造成此种结构体系不适用。同样对于钢梁-方钢管混凝土柱框架结构（SB CFSST），也采用相同的方法进行处理。

平面框架材料设计强度均同第 4 章。结构模型本身的不确定性主要考虑材料强度的不确定性，即钢材和混凝土强度变异性。

1. 混凝土轴心抗压强度

《混凝土结构设计规范》（GB 50010—2010）[5]中规定材料强度的标准值 f_k 应具有不小于 95% 的保证率，即

$$f_k = f_m(1 - 1.645\delta) \tag{7.6}$$

式中，f_m 为材料强度平均值；δ 为变异系数。规范在确定混凝土轴心抗压强度和轴心抗拉强度标准值时，假定其变异系数与立方体强度的变异系数相同。以 C40 混凝土为例，其轴心抗压强度标准值 26.8 MPa，由规范条例说明知相应的变异系数为 0.12，那么就可以用均值为 33.39 MPa、变异系数为 0.12 的正态分布来表示。

2. 钢材的屈服强度

钢材屈服强度的不确定性，采用对数正态分布。Q345 钢材的屈服强度用均值为 389.90 MPa、变异系数为 0.07 的对数正态分布来表示，根据式（5-4）和式（5-5），求得相应的对数均值和标准差分别为 5.963 和 0.07。Q235 钢材的屈服强度采用均值为 270.61 MPa、变异系数为 0.08 的对数正态分布来表示，同样的方法求得相应的对数均值和标准差分别为 5.597 和 0.08。

7.2.3　结构随机样本

钢-混凝土组合梁、CFSST 柱钢材的屈服强度 f_y 和混凝土的轴心抗压强度 f_c 随机变量的概率分布类型见表 7.1。根据混凝土抗压强度和钢筋屈服强度的概率分布，对这 4 个随机变量采用随机抽样的方法，分别抽出 10 个样

本。然后将这 4 组随机变量样本按照随机方式进行排序，分别形成 10 个组合梁-方钢管混凝土柱框架结构（CB-CFSST）和 10 个钢梁-方钢管混凝土柱框架结构（SB-CFSST）的有限元计算样本。表 7.2 给出了这 10 个样本的混凝土抗压强度和钢筋屈服强度的取值。因为钢梁钢材屈服强度和翼板混凝土抗压强度的变化，对于部分结构样本，原有按设计强度设计的栓钉可能不满足完全抗剪连接，在钢-混凝土组合梁弹塑性模型中考虑栓钉部分抗剪连接的影响。

表 7.1   随机变量统计信息

项目	平均值/MPa	变异系数	分布类型
柱钢材 f_y	389.90	0.07	对数正态分布
梁钢材 f_y	270.61	0.08	对数正态分布
柱混凝土 f_c	33.39	0.12	正态分布
板混凝土 f_c	26.11	0.14	正态分布

表 7.2   结构样本材料强度/MPa

样本序号	柱 f_c	板 f_c	梁 f_y	柱 f_y
1	32.2	26.7	259.0	395.2
2	28.3	28.2	290.8	362.8
3	34.4	25.2	245.1	410.3
4	38.2	27.6	274.4	421.3
5	24.6	19.3	230.3	418.1
6	32.5	30.7	278.1	404.8
7	37.8	29.0	247.9	401.1
8	29.0	21.8	283.6	406.9
9	30.6	23.2	269.9	416.5
10	26.6	20.9	239.5	346.6

7.2.4 地震波选取

采用台湾集集地震中实际记录到10条近场强震记录和6条其他地区的实际地震记录作为地震动输入，其中震中距变化范围为 7.1 ~ 71.9 km，峰值加速度为 1.6 ~ 4.2 m/s²。图 7.1 分别给出了弹塑性时程分析中所用到的 3 条集集地震加速度时程和阻尼比为 5% 的 16 条地震记录的弹性加速度反应谱。为了便于比较，将反应谱加速度在结构的基本周期（T_1）按比例调整为 1.0g，这些反应谱的离散性反映了地震动的偶然不确定性。

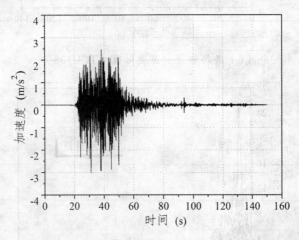

（a）集集地震加速度时程（TCU78）

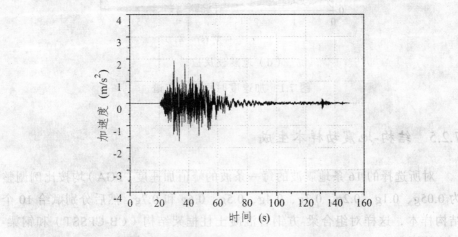

（b）集集地震加速度时程（TCU120）

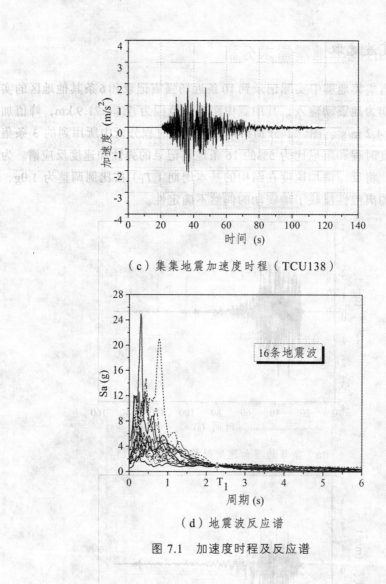

（c）集集地震加速度时程（TCU138）

（d）地震波反应谱

图 7.1　加速度时程及反应谱

7.2.5　结构-地震动样本生成

对所选择的 16 条地震波的每一条波的峰值加速度（PGA）均按比例调整为 0.05g、0.1g、0.2g、0.3g、0.4g、0.5g、0.6g 和 0.7g，然后分别赋给 10 个结构样本，这样对组合梁-方钢管混凝土柱框架结构（CB-CFSST）和钢梁-方钢管混凝土柱框架结构（SB-CFSST）均形成了 1280 个结构-地震动计算样本，共计 2560 个样本。

7.3 结构的概率地震需求分析

对两个组合框架结构的结构-地震动样本分别进行弹塑性动力时程反应分析，得到以峰值加速度（PGA）为变量的结构最大顶点位移角（Max. $T\theta$）和最大层间位移角（Max. $S\theta$）的数据点，分别如图 7.2 和图 7.3 所示。

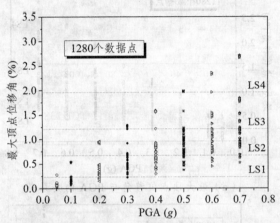

（a）最大顶点位移角与 PGA 的关系

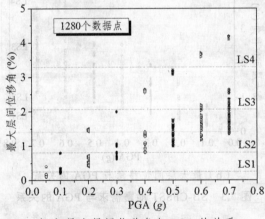

（b）最大层间位移角与 PGA 的关系

图 7.2　CB-CFSST 地震需求与 PGA 的关系

图 7.2 和图 7.3 中每张图的每个点均代表一个结构-地震动样本弹塑性动力时程分析得到的结构反应，即地震需求，共 1 280 个数据点。图中的每列竖向数据点为相同 PGA 地震动作用下结构的反应，水平虚线从下向上依次代表了结构不同性能水平量化指标限值：正常使用限值（LS1）、立即使用限值

（LS2）、生命安全限值（LS3）和防止倒塌限值（LS4），其中图 7.2（a）和图
7.3（a）中顶点位移角限值见第 6 章的表 6.4，图 7.2（b）和图 7.3（b）中层
间位移角性能水平限值，具体数值见第 6 章表 6.5。

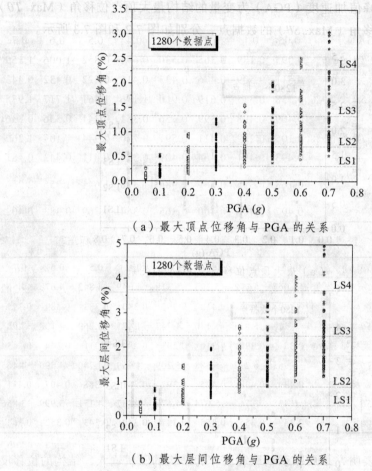

（a）最大顶点位移角与 PGA 的关系

（b）最大层间位移角与 PGA 的关系

图 7.3　SB-CFSST 地震需求与 PGA 的关系

　　从图 7.2 和图 7.3 中可以看出，这些代表结构不同性能水平的虚线也即结
构不同破坏等级的分界线，从下到上依次将样本的破坏状态划分为基本完好、
轻微破坏、中等破坏、严重破坏、毁坏 5 个等级。从两个结构数据点的分布
可以看出，钢梁-方钢管混凝土柱框架结构（SB-CFSST）的地震位移反应总
体上要大于组合梁-方钢管混凝土柱框架结构（CB-CFSST），但两个结构数据
点的离散性相差不大。

对弹塑性时程分析得到的结构最大顶点位移角（Max. $T\theta$）和最大层间位移角（Max. $S\theta$）进行统计分析得到对应于不同 PGA 的结构地震需求均值和变异系数，如表 7.3 所示。

表 7.3　两个结构地震需求统计信息

框架类型	PGA（g）	0.05	0.1	0.2	0.3	0.4	0.5	0.6	0.7
CB-CFSST	Max. $T\theta$ 均值/%	0.095	0.189	0.365	0.530	0.691	0.852	1.006	1.159
	变异系数	0.511	0.509	0.476	0.433	0.411	0.422	0.432	0.443
	Max. $S\theta$ 均值/%	0.158	0.315	0.619	0.910	1.196	1.461	1.717	1.975
	变异系数	0.409	0.408	0.399	0.356	0.351	0.341	0.336	0.336
SB-CFSST	Max. $T\theta$ 均值/%	0.105	0.209	0.411	0.591	0.770	0.944	1.107	1.269
	变异系数	0.493	0.491	0.464	0.409	0.394	0.411	0.443	0.481
	Max. $S\theta$ 均值（%）	0.168	0.335	0.669	0.986	1.320	1.641	1.955	2.266
	变异系数	0.407	0.405	0.400	0.365	0.364	0.369	0.383	0.402

表 7.4　统计得到的两个结构地震需求的对数均值和对数标准差

框架类型	PGA（g）	0.05	0.1	0.2	0.3	0.4	0.5	0.6	0.7
CB-CFSST	Max. $T\theta$ 对数均值	−7.067	−6.378	−5.703	−5.319	−5.049	−4.842	−4.678	−4.566
	对数标准差	0.449	0.444	0.414	0.392	0.380	0.383	0.389	0.395
	Max. $S\theta$ 对数均值	−6.513	−5.824	−5.140	−4.747	−4.471	−4.269	−4.107	−3.967
	对数标准差	0.331	0.327	0.310	0.291	0.284	0.311	0.344	0.345
SB-CFSST	Max. $T\theta$ 对数均值	−6.963	−6.272	−5.588	−5.209	−4.939	−4.740	−4.590	−4.465
	对数标准差	0.439	0.438	0.425	0.392	0.381	0.388	0.407	0.431
	Max. $S\theta$ 对数均值	−6.458	−5.766	−5.074	−4.678	−4.387	−4.171	−3.999	−3.856
	对数标准差	0.357	0.355	0.355	0.337	0.340	0.343	0.352	0.364

现有研究表明，采用一系列地震波作为结构的随机输入，结构的位移反应服从对数正态分布[8-10]。本章通过对相同加速度峰值下的结构反应样本数据取自然对数进行统计分析，得到样本在相同加速度峰值地震动作用下结构最大顶点位移角和最大层间位移角服从对数正态分布。因此研究中结构的需求 u（通用表达包括最大顶点位移角和最大层间位移角）的概率密度函数用对数正态分布函数表示，此函数由结构需求的对数均值 $\tilde{u}_{\mathrm{ln}}$ 和对数标准差 β_{d} 来定义，即

$$u = Ln\,(\tilde{u}_{\mathrm{ln}},\ \beta_d) \tag{7.7}$$

式中，结构的需求均值 $\tilde{u}_{\ln}$ 和对数标准差 β_d 可由表 7.4 确定。

　　表 7.3 和 7.4 中的数值均由数值模拟的数据统计分析得到，是随机变量的离散数据，因此并不能满足连续型随机变量均值、变异系数与对数均值、对数标准差的关系式（7.4）和（7.5）。但由表 7.3 中数值采用理论公式计算得到的对数均值和对数标准差与表 7.4 中统计得到的对数均值和对数方差比较可知，对于两个结构对数均值绝对值误差均在±0.3%以内，对数标准差绝对值误差大部分在 5%以内，最大不超过 20%。这也从另一个方面证实了，在相同 PGA 下结构的地震需求服从对数正态分布。

　　以 PGA 为 0.2g 和 0.4g 为例，图 7.4 和图 7.5 分别给出两个组合框架结构地震需求的对数概率密度函数。

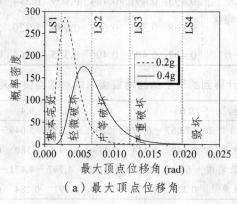

（a）最大顶点位移角

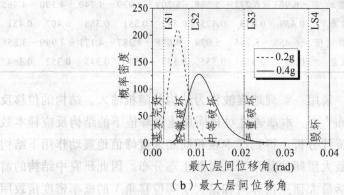

（b）最大层间位移角

图 7.4　CB-CFSST 地震需求的对数正态分布概率密度函数（PGA = 0.2g、0.4g）

　　图 7.4 和图 7.5 中的竖向虚线对应于结构不同的性能水平限值，取值分别同图 7.2 和图 7.3。可以看出这些虚线将概率密度函数与横坐标间的面积划分

成为：基本完好、轻微破坏、中等破坏、严重破坏、毁坏五个区域。从图中可以看出，PGA 为 0.2g 时，即 8 度中震作用下，采用层间位移角为量化指标，结构需求大于 LS1 限值即正常使用（NO）性能水平的超越概率远远大于以顶点位移角作为量化指标的超越概率，且两结构反应超过 LS2 限值即立即使用性能（IO）水平的超越概率较大，生命安全（LF）性能水平超越概率趋于 0。PGA 为 0.4g 时，无论采用顶点位移角或层间位移角作为量化指标对于两个框架来说，结构的地震需求对于 LS1 限值的超越概率均很大，而对于 LS3 限值即生命安全（LF）性能水平的超越概率均很小，也即在此强度地震作用下，结构保持基本完好和发生严重破坏的概率均很小。对应第 6 章表 6.1 中性能水平的功能要求，可以看出结构对于满足中震可修，大震不倒具有很高的保证率。

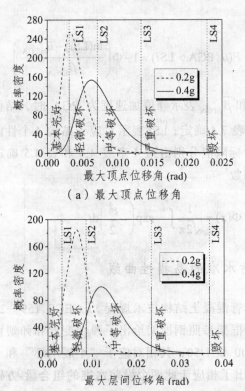

（a）最大顶点位移角

（b）最大层间位移角

图 7.5 SB-CFSST 地震需求的对数正态分布概率密度函数（PGA = 0.2g、0.4g）

分别将图 7.4 和图 7.2、图 7.5 和图 7.3 进行对比分析可以看出，图 7.2
和图 7.3 中 PGA 为 0.2g 时，两个结构地震需求的数据点大部分集中在 LS1 ~
LS2 之间；PGA 为 0.4g 时，两个结构地震需求的数据点大部分都集中在 LS1 ~
LS3 之间，两者结果是一致的。

7.4　基于性能的结构易损性曲线的形成

基于性能的结构易损性曲线是表示在不同强度地震作用下结构需求超过
特定性能水平的概率。根据第 6 章对结构性能水平的定义和结构地震需求的
概率分布，可以根据对应于不同 PGA 下结构需求的对数均值 $\bar{u}_{\ln}$ 和对数标准
差 β_d 来定义，求得不同 PGA 下结构需求 u 超过限值 LSi 的概率 P（u|PGA >
LSi）

$$P(u \mid \text{PGA} > \text{LS}i) = 1 - \Phi\left(\frac{\ln(\text{LS}i) - \bar{u}_{\ln|\text{PGA}}}{\beta_{d|\text{PGA}}}\right) \tag{7.8}$$

式中，$\bar{u}_{\ln|\text{PGA}}$ 和 $\overline{\beta}_{d|\text{PGA}}$ 表示峰值加速度为 PGA 时，结构需求的对数均值
和对数标准差，由表 7.4 确定；LSi 表示对应于结构 4 个性能水平的量化指标
限值，不同量化指标限值分别由第 4 章表 4.4 和表 4.5 确定，$i = 1 \sim 4$；$\Phi(\cdot)$
为标准正态分布函数

$$\Phi(x) = \frac{1}{\sqrt{2\pi}} \int_{-\infty}^{x} \exp\left(-\frac{t^2}{2}\right) dt \tag{7.9}$$

7.4.1　基于设防水准的易损性曲线

我国《矩形钢管混凝土结构技术规程》（CECS 159—2004）[11]对方钢管
混凝土（CFSST）框架参照钢框架给出了弹性变形和弹塑性变形的层间位移
角限值分别为 1/300 和 1/50，其相对应于"小震不坏"和"大震不倒"的设
防水准。图 7.6 给出了相应于此两个设防水准的组合梁-方钢管混凝土柱框架
结构（CB-CFSST）和钢梁-方钢管混凝土柱框架结构（SB-CFSST）的易损性
曲线。

图 7.6 中横坐标为以 PGA 表示的地震动大小，纵坐标为地震作用下结构需求超越设防水准的超越概率。从图中可以看出，两个结构在 8 度罕遇地震下，即 PGA 为 0.4g 时，倒塌概率均小于 10%，钢梁-方钢管混凝土柱框架结构（SB-CFSST）的倒塌概率要大于组合梁-方钢管混凝土柱框架结构（CB-CFSST）。这是因为两者的水平限值一样，但钢梁-方钢管混凝土柱框架结构（SB-CFSST）的地震反应大于组合梁-方钢管混凝土柱框架结构（CB-CFSST）。

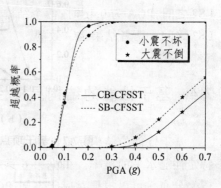

图 7.6　基于设防水准的易损性曲线

由此可见，采用本章方法，可以给出结构相应于不同抗震设防水准或不同性能目标要求的地震易损性曲线，评估不同强度地震作用下，结构完成不同性能目标的能力，更全面的了解和评价结构的抗震性能。

7.4.2　不同量化指标易损性曲线比较

根据第 6 章不同量化指标限值的分析结果，图 7.7 和图 7.8 分别给出了以顶点位移角和层间位移角表示的组合梁-方钢管混凝土柱框架结构（CB-CFSST）和钢梁-方钢管混凝土柱框架结构（SB-CFSST）对应于不同性能水平的易损性曲线。图中横坐标均为以 PGA 表示的地震动大小，纵坐标为地震作用下结构需求超越不同性能水平极限状态的超越概率。

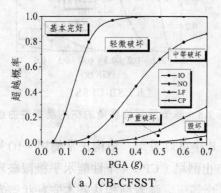

（a）CB-CFSST

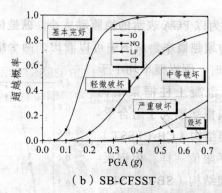

（b）SB-CFSST

图 7.7　基于顶点位移的结构易损性曲线

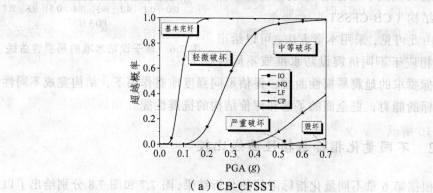

（a）CB-CFSST

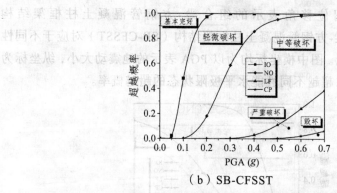

（b）SB-CFSST

图 7.8　基于层间位移角的结构易损性曲线

从图 7.7 和图 7.8 中可以看出，结构正常使用（IO）、立即使用（IO）、生命安全（LF）和防止倒塌（CP）4 个性能水平极限破坏状态，将整个区域划分为结构破坏的 5 个等级。随着结构从基本完好状态发展到倒塌状态，易损性曲线逐渐变得扁平。且随着 PGA 的增大，结构发生破坏倒塌的概率也越来越大。采用不同的量化指标对结构的地震易损性曲线的形状影响较大。

为了更好的比较不同量化指标的易损性曲线的差异，图 7.9 和图 7.10 分别给出组合梁-方钢管混凝土柱框架结构（CB-CFSST）和钢梁-方钢管混凝土柱框架结构（SB-CFSST）基于顶点位移角和层间位移角量化指标，不同性能水平下结构地震易损性曲线的差别。

从图 7.9 中可以看出，以顶点位移角作为量化指标的组合梁-方钢管混凝土柱框架结构（CB-CFSST）的易损性曲线在正常使用（NO）和立即使用（IO）性能水平时的超越概率小于以层间位移角作为量化指标的计算结果。除了 PGA 为 0.6g 和 0.7g 时，生命安全（LF）性能水平下以层间位移角作为量化指标的超越概率稍大于以顶点位移作为量化指标的超越概率外，生命安全（LF）和防止倒塌（CP）性能水平下两者的超越概率相差不大。对于钢梁-方钢管混凝土柱框架结构（SB-CFSST），在 4 个性能水平下，以顶点位移角作为量化指标的超越概率均小于以层间位移角作为量化指标的超越概率，如图 7.10 所示。

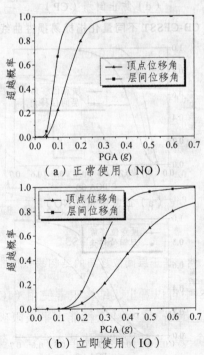

（a）正常使用（NO）

（b）立即使用（IO）

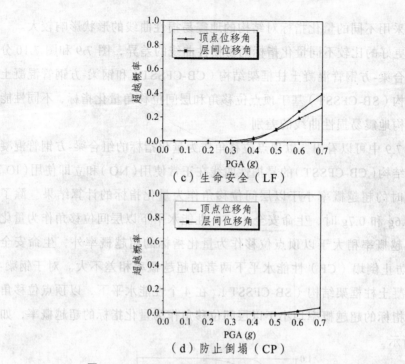

（c）生命安全（LF）

（d）防止倒塌（CP）

图 7.9　CB-CFSST 不同量化指标易损性曲线的比较

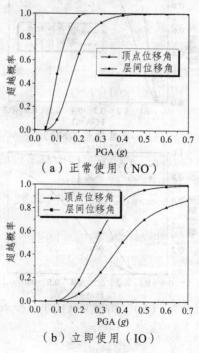

（a）正常使用（NO）

（b）立即使用（IO）

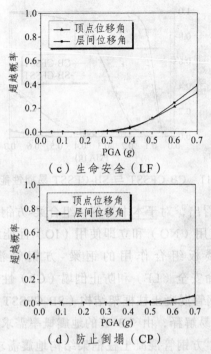

（c）生命安全（LF）

（d）防止倒塌（CP）

图 7.10　SB-CFSST 不同量化指标易损性曲线的比较

由上述分析可知，对于钢-混凝土组合框架结构采用层间位移角作为反映结构抗震性能的量化指标来评估结构的地震易损性总体上较采用顶点位移角作为量化指标更加安全、可靠。这也从另一方面反映了实际结构设计中采用层间位移角作为结构变形限制指标的合理性。由于层间位移角概念简单、应用方便，并且较好地反映了结构的性能水平，目前在各种类型的框架结构的地震易损性分析中也应用较多。基于顶点位移角的易损性曲线可以作为基于层间位移角易损性曲线的补充，从而较全面的对结构的易损性能进行评估。

7.4.3　钢-混凝土组合框架结构易损性能比较

组合梁-方钢管混凝土柱框架结构（CB-CFSST）和钢梁-方钢管混凝土柱框架结构（SB-CFSST）的区别在于是否考虑楼板的组合作用。实际工程设计中，设计人员往往把组合梁当成纯钢梁考虑，但从第 4 章分析结果可知，两者的受力和变形性能均不相同。下面从易损性能对两者进行比较。以层间位移角量化指标为例，图 7.11 给出了两个组合框架结构易损曲线的比较。

221

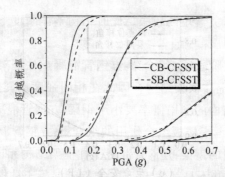

图 7.11　CB-CFSST 与 SB-CFSST 易损性能比较

从图 7.11 可以看出，对于本书算例，组合梁-方钢管混凝土柱框架结构（CB-CFSST）正常使用（NO）和立即使用（IO）性能水平的超越概率总体上要大于未考虑楼板组合作用的钢梁-方钢管混凝土柱框架结构（SB-CFSST），在生命安全（LF）和防止倒塌（CP）性能水平的超越概率总体上要小于钢梁-方钢管混凝土柱框架结构（SB-CFSST）。

这从数学上很容易解释，由 7.3 节的地震概率需求分析可知，在相同强度地震作用下组合梁-方钢管混凝土柱框架结构地震需求的均值小于钢梁-方钢管混凝土柱框架结构，但其水平性能限值也小于钢梁-方钢管混凝土柱框架结构，这就有可能出现超越概率大于或小于钢梁-方钢管混凝土柱框架结构的情况。

从受力性能上看，组合梁负弯矩区段的屈服承载力远远小于正弯矩区段，且相对于钢梁的屈服承载力提高很小，但抗弯刚度提高较大。对于组合梁负弯矩的屈服状态对应于混凝土翼板内上部钢筋开始屈服时状态，对于钢梁则对应于钢梁上翼缘屈服时的状态。正常使用（NO）性能水平是结构基本完好阶段的极限破坏状态，对应于结构中构件首次出现屈服的状态，也是划分基本完好阶段和轻微破坏阶段的临界状态。因此可以认为结构在基本完好阶段处于弹性工作状态，弹性阶段在相同强度地震作用下，组合梁-方钢管混凝土柱框架结构因为整体刚度增大，地震作用力要大于钢梁-方钢管混凝土柱框架结构，而组合梁因为刚度的提高从而使梁上分配的弯矩大于钢梁，而其负弯矩区的屈服承载力提高很小，这就使得在正常使用（NO）性能水平下组合梁端负弯矩区先于钢梁屈服，也即组合梁-方钢管混凝土柱框架结构发生轻微破坏的概率大于钢梁-方钢管混凝土柱框架结构。与正常使用性能水平（NO）相同的原因，对于本书两个框架结构，在立即使用性能（IO）水平下，部分梁一端出现屈服，即负弯矩区屈服，此时结构整体刚度下降不大，相同地震下组合梁先于钢梁屈服。

结构进入弹塑性阶段后，组合梁-方钢管混凝土柱框架结构的承载力远大于钢梁-方钢管混凝土柱框架结构，因此在相同强度地震作用下，组合梁-方钢管混凝土柱框架结构的倒塌概率要小于钢梁-方钢管混凝土柱框架结构。从以上分析可以看出，考虑楼板组合作用的组合梁-方钢管混凝土柱框架结构与不考虑楼板组合作用的钢梁-方钢管混凝土柱框架结构相比，在不同的性能水平下，结构的易损性并不是都优于钢梁-方钢管混凝土柱框架结构。因此不能单纯地认为将组合梁作为钢梁来考虑，任何情况下，对于结构来说均偏于安全。鉴于组合梁-方钢管混凝土柱框架结构由于组合梁负弯矩区屈服承载力低而导致发生轻微破坏的概率较高的情况，可以采用在组合梁的混凝土翼板上部贴钢板等用来增加组合梁负弯矩区屈服承载力的方法来降低相应性能水平下结构的破坏概率。

7.4.4 地震需求变异性讨论

通过对现有地震易损性研究成果的总结发现，大部分学者在确定易损性曲线时，参照相关规范和已有研究对不同 PGA 下地震需求的对数标准差均取相同的值[2,8-10,12-14]，进而给出结构的易损性曲线。这种方法虽然在一定程度上不能准确描述地震需求的变异性，但是总体上可以满足结构地震易损性分析的要求，且减小的计算工作量，简化了分析步骤。对于钢-混凝土组合结构没有相关研究成果可以参考，因此下面对地震需求的变异性进行讨论。

地震需求的变异性主要由结构需求的对数标准差反映，由 7.3 节结构的概率地震需求分析中的表 7.4 可以看出，不同 PGA 对应的两个结构地震需求的对数标准差相差不大。对两个组合结构不同地震需求的对数标准差进行统计，表 7.5 给出钢-混凝土组合框架结构地震需求对数标准差的均值、标准差和变异系数。

表 7.5 组合结构地震需求对数标准差的均值和变异系数

项目	均值	标准差	变异系数
最大顶点位移角（Max. $T\theta$）对数标准差	0.409	0.024	0.059
最大层间位移角（Max. $S\theta$）对数标准差	0.334	0.023	0.069

从表 7.5 中可以看出，结构最大顶点位移角和最大层间位移角地震需求的对数标准差对应于不同 PGA 的变异性很小。因此本书建议对不同 PGA 统一取最大顶点位移角对数标准差为 0.4，最大层间位移角对数标准差为 0.35。

采用建议的地震需求对数标准差和原有实际对数标准差计算得到的易损性曲线进行对比，分别如图 7.12 和 7.13 所示。

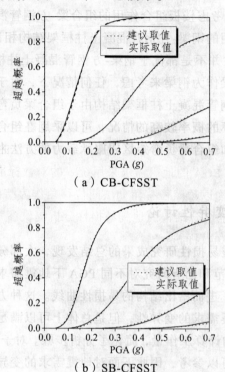

（a）CB-CFSST

（b）SB-CFSST

图 7.12　基于顶点位移量化指标的结构易损性曲线比较

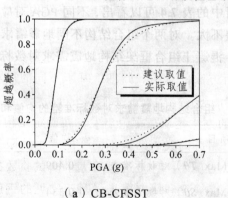

（a）CB-CFSST

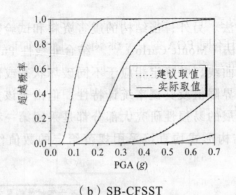

（b）SB-CFSST

图 7.13　基于层间位移角的结构易损性曲线比较

从图 7.12 和图 7.13 中可以看出,本书建议取值得到的易损性曲线与原有基于实际统计分析得到的对数标准差计算得到的易损性曲线, 总体上比较接近,因此可以对不同 PGA 的地震需求采用统一的对数标准差。本书建议的对数标准差取值,可以为以顶点位移角和层间位移角作为结构地震需求量,PGA 为自变量的钢-混凝土组合结构的地震易损性分析提供参考,从而达到简化易损性分析问题复杂性的目的。

7.5　基于全概率的结构易损性曲线

7.5.1　结构抗震性能水平的随机性问题

第 6 章 6.2 节提出了基于结构极限破坏状态的性能水平限值的确定方法,但在具体实施过程中,需要确定是否考虑由于结构本身随机性而导致的结构抗震性能水平的随机性。这个问题不仅存在于本书给出的基于性能的易损性分析方法,对于传统的结构易损性分析也是普遍存在的问题。本书通过对现有结构易损性分析方法的总结和归纳,基于不同的需求建议分别采用如图 7.14 所示的两种方法进行结构抗震性能水平分析。

图 7.14（a）的方法是从概率论出发,在确定结构性能水平时考虑了结构自身的随机性,相应的代表结构不同性能水平的限值也是随机的。该方法有两种途径可以实现,一种是通过对大量的试验数据、震害资料进行统计分析或者基于已有规范和研究成果。对于常见的钢筋混凝土框架、钢框

架等可以采用该方法。另外，当结构的震害资料和试验数据缺乏时，可以采用蒙特卡洛模拟法（Monte Carlo）[15-16]结合非线性 Pushover 分析方法计算结构的抗震能力曲线，并确定相应于不同破坏状态或性能水平的以位移或位移延性表示的界限值及其概率统计特性。但由于该方法本身复杂且工作量庞大，目前开展的易损性研究大部分都是采用第一种途径，对于规范中有规定的常见结构形式均直接采用规范给定的数值作为结构抗力的均值[8-10]。

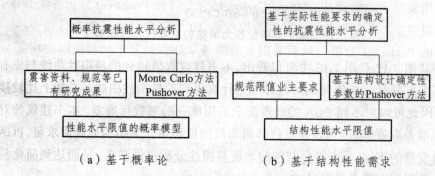

（a）基于概率论　　　　　　　　（b）基于结构性能需求

图 7.14　结构性能水平分析方法

图 7.14（b）的方法是从结构本身的实际性能要求出发，结构的性能水平是确定性的不考虑随机性，这也是目前基于性能设计抗震设计的一个重要组成部分。对于业主有要求的，可以直接根据需求确定性能限值。研究者从实际性能要求出发，目前大多直接采用规范限值作为结构的性能水平限值不考虑性能水平的随机性[8-10]。对于规范中无规定的结构，可以基于结构设计中确定性的材料参数（出于不同的保证率考虑可以采用材料强度的试验值、标准值或设计值）对结构进行 Pushover 分析，从而来得到结构性能水平限值。

7.5.2　概率抗震性能水平分析

本章在第 6 章确定不同性能水平限值时，主要目的在于介绍性能水平限值的确定方法，因此用于抗震性能水平分析的结构模型采用了材料强度的均值。下面以组合梁-方钢管混凝土柱框架结构（CB-CFSST）的顶点位移角量化指标为例，采用概率抗震性能水平分析方法确定顶点位移量化指标限值的概率模型。

已有研究结果表明结构的抗震能力的函数符合对数正态分布[8-10,12-14]，在本章研究中，结构抗震性能水平的概率函数 R 也用对数正态分布函数来表示，该函数由两个参数来定义，即结构抗震性能水平限值对数均值 $\tilde{R}_{\mathrm{ln}}$ 和对数标准差 β_c，

$$R = Ln\,(\tilde{R}_{\mathrm{ln}},\ \beta_c) \tag{7.10}$$

不同性能水平下，量化指标限值的均值 $\tilde{R}$、对数均值 $\tilde{R}_{\mathrm{ln}}$ 和对数标准差 β_c 采用蒙特卡洛模拟法（Monte Carlo）结合非线性 Pushover 分析方法获得。首先对 7.2.2 节中考虑结构材料随机性的 10 个结构样本分别进行基于一阶模态的 Pushover 分析，然后采用本书第 4 章建议的基于结构极限破坏状态的性能水平限值的确定方法，求得 10 个结构样本对应于 4 个性能水平的顶点位移角限值。表 7.6 给出结构样本不同性能水平下顶点位移角限值和统计信息。

表 7.6　结构样本顶点位移角限值及统计信息

性能水平	正常使用（NO）	立即使用（IO）	生命安全（LF）	防止倒塌（CP）
$T\theta$	LS1	LS2	LS3	LS4
样本 1	1/439	1/156	1/81	1/49
样本 2	1/373	1/133	1/85	1/55
样本 3	1/465	1/165	1/80	1/49
样本 4	1/413	1/144	1/79	1/49
样本 5	1/508	1/183	1/90	1/59
样本 6	1/404	1/141	1/81	1/43
样本 7	1/458	1/163	1/76	1/44
样本 8	1/389	1/138	1/79	1/49
样本 9	1/426	1/148	1/78	1/48
样本 10	1/499	1/173	1/88	1/60
$\tilde{R}$	1/433	1/153	1/81	1/50
$\tilde{R}_{\mathrm{ln}}$	− 6.076	− 5.035	− 4.403	3.920
β_c	0.097	0.100	0.053	0.106

表 7.7 给出不同性能水平下，顶点位移角限值均值与第 6 章表 6.4 基于材

料强度均值得到的顶点位移角限值的比较。从表 7.7 中可以看出两者误差均在 ± 5% 内，相差不大。

表 7.7　基于概率方法和基于材料强度平均值结构抗震性能水平限值比较

性能水平	正常使用（NO）	立即使用（IO）	生命安全（LF）	防止倒塌（CP）
$T\theta$	LS1	LS2	LS3	LS4
$\tilde{R}$	1/433	1/153	1/81	1/50
基于材料强度均值	1/422	1/148	1/82	1/51
误差	− 2.54%	− 3.26%	1.23%	2.00%

7.5.3　基于全概率的结构易损性曲线

根据结构的需求和结构的性能水平就可以计算结构在不同强度地震作用下结构需求超过特定性能水平的概率。由 7.3 节结构的概率地震需求分析可知，结构需求 u 也服从对数正态分布，所以不同 PGA 下结构需求超过结构抗震性能水平 R 的概率可计算如下

$$P(R/u \leqslant 1 | \mathrm{PGA}) = \Phi\left(\frac{-\ln(\tilde{R}/\tilde{u}_{|\mathrm{PGA}})}{\sqrt{(\beta_c^2 + (\beta_{d|\mathrm{PGA}})^2)}}\right) \quad (7.11)$$

式中，不同性能水平限值均值 $\tilde{R}$ 和对数标准差 β_c 可由表 7.6 确定，$\tilde{u}_{|\mathrm{PGA}}$ 和 $\beta_{d|\mathrm{PGA}}$ 分别为不同 PGA 下结构需求均值和对数标准差，分别由表 7.3 和 7.4 确定。$\Phi(\cdot)$ 为标准正态分布函数，可用式（7.9）确定

上述获得结构易损性曲线的方法既考虑了结构抗震性能的随机性又考虑结构需求随机性，称为全概率方法。本章第 7.4 节公式（7.8）只考虑结构需求的随机性，称为半概率方法。7.4 节对结构进行基于性能的易损性分析时，采用图 7.14（b）的方法确定结构的性能水平，是基于结构的实际性能需求的易损性分析方法。为了与全概率的方法进行对比，本章在确定结构性能水平时，采用了材料性能随机变量的均值；实际在进行基于结构实际性能需求的地震易损性分析时，可根据实际性能需求要求的高低采用材料强度的实测值、标准值或设计值。本章只是以材料强度均值为例，介绍

228

该方法的实施过程。

图 7.15 给出全概率方法和半概率方法得到的组合梁-方钢管混凝土柱框架结构易损性曲线的比较。从图中可以看出，采用全概率方法计算得到的结构地震易损性曲线位于半概率方法得到易损性曲线的上方，即基于全概率方法计算得到的结构需求超过性能水平的超越概率要大于半概率方法的计算结果。

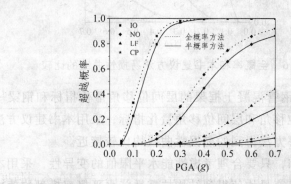

图 7.15　全概率和半概率方法易损性曲线的比较

虽然本章半概率方法中结构确定性抗震性能水平限值与全概率方法结构抗震性能水平限值相差不大，但是由于没有考虑性能水平的随机性，所以得到的结构地震易损性曲线相差较大。鉴于采用材料强度均值得到的结构抗震性能水平限值与概率抗震性能水平方法得到的结构性能水平限值均值比较接近，且为了提高计算效率和简化计算步骤，本书建议对于钢-混凝土组合结构在没有可用的抗震性能水平限值情况下，需要采用全概率方法进行基于性能的地震易损性分析时，可以采用基于材料强度均值得到的结构抗震性能水平限值作为性能水平限值概率模型的均值。

抗震性能水平限值的变异性主要与材料性能随机变量的变异性有关，本章参考表 7.1 中材料性能的变异系数，取抗震性能水平限值的变异系数为材料性能变异系数的均值 0.1，通过公式（7.5）计算得到相应的对数标准差也为 0.1。这样就确定了性能水平限值的对数正态分布概率模型，采用该模型按照公式（7.11）求得结构的易损性曲线并与全概率方法得到的易损性曲线进行比较，如图 7.16 所示。

从图 7.16 中可以看出，建议方法和全概率方法得到的易损性曲线比较接近，除了在正常使用性能水平（NO）两者数值在 PGA 为 $0.2g \sim 0.5g$ 相差稍大外（最大差值小于 3%），其他性能水平下两者最大差值均小于 1%。

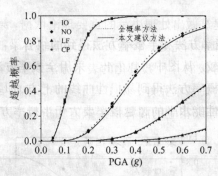

图 7.16　全概率和本书建议方法易损性曲线的比较

　　对于组合梁-方钢管混凝土框架的层间位移角量化指标和钢梁—方钢管混凝土框架的顶点位移角和层间位移角量化指标，采用本书建议方法得到的易损性曲线和全概率方法得到的易损性曲线均比较接近。

　　由以上分析可知，只要合理考虑性能水平限值的变异性，采用本书建议的基于结构本身随机变量均值得到结构抗震性能水平概率模型均值的方法是可行的。这样不仅可以减少工作量，还可以对钢-混凝土组合结构较为简便地实现全概率的地震易损性分析。

7.6　基于概率的单体组合结构震害指数确定方法

　　基于性能的结构易损性曲线不仅可以对结构的性能水平进行评价、用于基于性能的结构设计，还可以给出结构在不同强度地震作用下不同破坏等级发生的概率。虽然，易损性曲线能较为详细地给出对应不同强度地震作用下结构发生各级破坏的概率，但在结构震害预测中，工程人员和业主更希望能得到对应不同烈度或地震强度时结构的破坏状态。震害指数是目前地震工程界应用比较多的一个量化指标。迄今为止，地震工程界提出过许多对结构的地震破坏状态进行定量评估的方法，其中一个重要方面就是计算结构的震害指数。基于易损性分析结果，建议了一种基于概率的单体组合结构震害指数的确定方法。

7.6.1　震害指数

　　震害指数是评价某个结构或构件在受到地震作用后破坏状态的无量纲指

数，是在震后对受损建筑做出处理决策的重要理论依据。第6章将建筑物的破坏划分为5个等级，即基本完好、轻微破坏、中等破坏、严重破坏和毁坏。震害指数是这5个破坏等级的一种数量化的表示方法，是对结构的震害程度的定量描述，用0表示结构的基本完好，用1表示毁坏，中间等级就用0和1之间的数来表征。5个破坏等级相应的震害指数中值和指数范围如表7.8所示[17-18]。

表7.8　震害指数定义

破坏等级	基本完好	轻微破坏	中等破坏	严重破坏	毁坏
震害指数中值	0	0.2	0.4	0.7	1.0
指数范围	[0, 0.1]	(0.1, 0.3]	(0.3, 0.55]	(0.55, 0.85]	(0.85, 1.0]

7.6.2　组合结构震害指数确定方法

目前对单体结构震害指数的计算方法有很多，也提出了许多的震害指数计算模型，但是这些震害指数模型之间没有一个统一的标准，不同震害指数模型，对应的结构不同破坏等级的指数范围也不尽相同。诸多的震害指数计算模型中，多是针对截面和构件层面，并且普遍存在难以从构件震害指数推算整体结构震害指数的缺陷[19]。另一方面，确定结构震害指数时，也是通过确定的分析方法。

由于地震动随机性较强，很难通过确定性的方法对结构的震害进行评估。同样对于结构震害指数的确定也需要考虑结构本身和地震动的随机性。对于结构所在地区有该类结构历史震害资料或易损性矩阵的结构，文献[18]中建议了确定震害指数的方法。对于钢-混凝土组合结构这种新型的结构形式，较少经历过地震考验，缺乏震害资料，也没有现成的易损性矩阵可用。因此本书以表7.8定义的震害指数为统一标准，参照建筑群或一定范围所有建筑物平均震害指数的定义，建议基于概率的单体组合结构震害指数的确定方法如下：

（1）首先确定结构信息。判定结构类型、场地类别、现状、地震动特性等。

（2）计算结构的易损性矩阵。根据结构类型，考虑地震动和结构本身的不确定性，选择能反应结构性能水平的量化指标，对结构进行易损性分析，进而求得结构的易损性矩阵。

（3）基于平均震害指数的概念，采用式（7.12），计算单体结构的震害指数。

$$d_j = \sum_p D_p \cdot P(D_p / J) \qquad (7.12)$$

式中，$D_p \in [0，1]$为震害指数中值，如表 7.7 所示；$P(D_p/J)$为结构在 PGA 为 J 时发生 P 级破坏状态（Ⅰ级：基本完好、Ⅱ级：轻微破坏、Ⅲ级：中等破坏、Ⅳ级：严重破坏、Ⅴ级：毁坏）的概率值，可以从结构的易损性矩阵得到。

（4）根据 PGA 与中震烈度即设防烈度 I 之间的对应关系[20]

$$\text{PGA} = 10^{(I \lg 2 - 0.1047575)} \qquad (7.13)$$

求得相应于不同烈度下结构的震害指数。

根据上述方法确定结构在不同烈度下的震害指数后，可以根据表 7.8 中震害指数的范围对结构的破坏等级进行评价。

7.6.3 算例分析

采用建议的单体组合结构震害指数的确定方法，对组合梁-方钢管混凝土柱框架结构（CB-CFSST）和钢梁-方钢管混凝土柱框架结构（SB-CFSST）的震害指数进行计算。以 7.4.2 节中基于层间位移角量化指标得到两个框架的易损性曲线为例（图 7.8 所示），求得两个结构的易损性矩阵，如表 7.9 和表 7.10 所示。

表 7.9 CB-CFSST 易损性矩阵

PGA（g）	基本完好	轻微破坏	中等破坏	严重破坏	毁坏
0.05	0.950	0.050	0.000	0.000	0.000
0.1	0.329	0.669	0.002	0.000	0.000
0.2	0.004	0.813	0.183	0.000	0.000
0.3	0.000	0.349	0.650	0.001	0.000
0.4	0.000	0.085	0.897	0.017	0.000
0.5	0.000	0.037	0.848	0.110	0.004
0.6	0.000	0.014	0.739	0.226	0.020
0.7	0.000	0.005	0.605	0.340	0.051

表 7.10　SB-CFSST 框架易损性矩阵

PGA（g）	基本完好	轻微破坏	中等破坏	严重破坏	毁坏
0.05	0.976	0.024	0.000	0.000	0.000
0.1	0.519	0.477	0.005	0.000	0.000
0.2	0.110	0.631	0.259	0.000	0.000
0.3	0.001	0.310	0.686	0.003	0.000
0.4	0.000	0.089	0.878	0.032	0.001
0.5	0.000	0.025	0.859	0.111	0.005
0.6	0.000	0.008	0.742	0.227	0.023
0.7	0.000	0.003	0.599	0.335	0.062

根据式（7.12）和式（7.13）计算两结构对应不同 PGA 和设防烈度时的震害指数，分别如表 7.11 和表 7.12 所示。同时根据表 7.8 中震害指数的范围给出两个结构不同设防烈度下的破坏等级。

表 7.11　CB-CFSST 震害指数及破坏等级

PGA（g）	0.05	0.1	0.2	0.3	0.4	0.5	0.6	0.7
设防烈度	VI	VII	VIII		IX			
震害指数	0.010	0.135	0.236	0.331	0.388	0.428	0.477	0.531
破坏等级	基本完好	轻微破坏	轻微破坏	中等破坏	中等破坏	中等破坏	中等破坏	中等破坏

表 7.12　SB-CFSST 震害指数及破坏等级

PGA（g）	0.05	0.1	0.2	0.3	0.4	0.5	0.6	0.7
设防烈度	VI	VII	VIII		IX			
震害指数	0.005	0.097	0.230	0.339	0.392	0.432	0.480	0.537
破坏等级	基本完好	轻微破坏	轻微破坏	中等破坏	中等破坏	中等破坏	中等破坏	中等破坏

从表 7.11 和表 7.12 的对比可以看出，组合梁-方钢管混凝土柱框架结构（CB-CFSST）在设防烈度 8 度和 8 度以下时，震害指数要大于钢梁-方钢管混凝土柱框架结构（SB-CFSST），破坏程度稍严重，在 PGA 大于等于 $0.3g$ 时则相反，但是两个结构的破坏等级相同。

7.7 小　结

本章采用蒙特卡洛方法考虑结构本身的不确定性和地震动的不确定性，采用随机抽样方法，分别建立了 1280 个组合梁-方钢管混凝土柱框架结构（CB-CFSST）和 1280 个钢梁-方钢管混凝土柱框架结构（SB-CFSST）的结构-地震动样本，采用弹塑性动力时程分析方法对这些样本进行了概率地震需求分析，分别获得了两个结构对应于不同峰值加速度（PGA）的结构需求的对数正态概率密度函数。

基于第 6 章钢-混凝土组合结构性能水平确定方法的研究结果，计算了对应于不同 PGA 下结构地震需求超过某一性能水平的超越概率，从而得到以 PGA 为变量的结构地震易损性曲线。通过对基于不同量化指标结构易损性曲线的比较，对钢-混凝土组合框架结构，建议采用层间位移角量化指标进行地震易损性分析。对比了组合梁-方钢管混凝土柱框架结构（CB-CFSST）和钢梁-方钢管混凝土柱框架结构（SB-CFSST）易损性能的差别。结果表明：考虑楼板组合作用的组合梁-方钢管混凝土柱框架结构与不考虑楼板作用的钢梁-方钢管混凝土柱框架结构相比，在不同的性能水平下，组合梁框架结构的易损性并不是都优于钢梁框架结构。因此不能单纯地认为将组合梁作为钢梁来考虑，在任何情况下都是有利的。并针对本章算例组合梁-方钢管混凝土柱框架结构由于组合梁负弯矩区屈服承载力较低而导致发生结构轻微破坏的概率较高的情况，建议采用在组合梁的混凝土翼板上部贴钢板等用来增加组合梁负弯矩区屈服承载力的方法来降低结构正常使用和立即使用性能水平下的破坏概率。

讨论了地震需求变异性的影响，建议了结构需求统一的对数标准差，为该类结构的易损性分析提供参考。研究了基于全概率和半概率结构易损性分析的差别和两者的转化关系。

基于易损性分析结果，建议了基于概率的单体结构震害指数的确定方法，并计算了组合梁-方钢管混凝土柱框架结构（CB-CFSST）和钢梁-方钢管混凝土柱框架结构（SB-CFSST）在不同设防烈度下的震害指数。

参考文献

[1] Liu Yangbing, Chen Fang, Liu Jingbo. Present research and prospect of seismic fragility for steel-concrete mixed structures[C]. Applied Mechanics and Materials, 2012, Vols. 166-169：2197-2201.

[2] 刘晶波, 刘阳冰. 基于性能的方钢管混凝土框架地震易损性分析[J]. 土木工程学报, 2010, 43（2）：39- 47.

[3] 刘阳冰, 刘晶波. 钢-混凝土组合框架结构易损性分析[C]. 第17届全国结构工程学术会议论文集, 武汉, 2008：380-384.

[4] 刘晶波, 刘阳冰. 基于性能的组合结构的地震易损性分析. 第六届全国土木工程研究生学术论坛, 2008, 北京.

[5] 中华人民共和国建设部. GB50010-2010 混凝土结构设计规范[S]. 北京：中国建筑工业出版社, 2016.

[6] 徐钟济. 蒙特卡罗方法[M]. 上海：上海科学技术出版社, 1985.

[7] 裴鹿成,王仲奇. 蒙特卡罗方法及其应用[M]. 北京：海洋出版社, 1998.

[8] Park J, Towashiraporn P, Craig J I et al. Seismic fragility analysis of low-rise unreinforced masonry structures[J]. Engineering Structures, 2009, 31(1):125-137.

[9] Jong-Su Jeon, Ji-Hun Park, Reginald DesRoches. Seismic fragility of lightly reinforced concrete frames with masonry infills[J]. Earthquake Engineering & Structural Dynamics, 2015, 122(3):228–237.

[10] 徐 强, 郑山锁, 韩言召, 等. 基于结构整体损伤指标的钢框架地震易损性研究[J].振动与冲击, 2014, 33（11）：78-82.

[11] 中国工程建设标准化协会. CECS 159 ：2004 矩形钢管混凝土结构技术规程[S]. 北京：中国标准出版社, 2004.

[12] PKM Moniruzzaman, Fouzia H Oyshi, Ahmed F Farah. Seismic fragility evaluation of a moment resisting reinforced concrete frame[C].

International Conference on Mechanical, Industrial and Energy Engineering 2014,26-27 December, 2014, Khulna, BANGLADESH.

[13] Skalomenos K A, Hatzigeorgiou G D, Beskos D E. Modeling level selection for seismic analysis of concrete‐filled steel tube/moment‐resisting frames by using fragility curves[J]. Earthquake Engineering & Structural Dynamics, 2015, 44（2）：199-220.

[14] 王海良, 张铎, 王剑, 等. 基于 IDA 的钢管混凝土空间组合桁架连续梁桥抗震易损性分析[J]. 世界地震工程, 2015, 31（2）：76-85.

[15] 徐钟济. 蒙特卡罗方法[M]. 上海：上海科学技术出版社, 1985.

[16] 裴鹿成,王仲奇. 蒙特卡罗方法及其应用[M]. 北京：海洋出版社, 1998.

[17] 尹之潜. 地震灾害及损失预测方法[M]. 北京:地震出版社, 1995.

[18] 孙柏涛, 孙得璋. 建筑物单体震害预测新方法[J]. 北京工业大学学报, 2008, 34(7):701-707.

[19] 崔玉红, 邱虎, 聂永安 等. 国内外单体建筑物震害预测方法研究述评[J]. 地震研究, 2001, 24（2）：175-182.

[20] 王光远. 工程结构与系统抗震优化设计的实用方法[M]. 北京：中国建筑工业出版社, 1999.

8 钢-混凝土组合框架-混凝土核心筒地震反应分析

由于框架结构在使用高度上的局限性，同时也为了满足更多建筑功能的要求，框架-核心筒结构体系已成为高层和超高层结构中普遍采用的一种结构形式。随着钢-混凝土组合结构的广泛应用，外部为钢-混凝土组合框架（一般由钢管混凝土柱和组合梁构成，本章讨论的组合框架均为此类型），内部为钢筋混凝土核心筒的组合框架-核心筒结构体系近年来在我国得到了迅速的发展和应用，例如深圳的中兴研发大楼等高层结构就是采用这一结构形式。但是，目前对钢-混凝土组合框架-核心筒结构体系的研究较少[1-3]，尤其是相对于钢筋混凝土框架-核心筒以及钢框架-核心筒结构体系的研究而言，更需要对这种新型结构体系的整体性能进行研究，以期更好地在实际工程中应用。

因此，本章在第 2、3、4 章研究工作的基础上，对钢-混凝土组合框架-混凝土核心筒结构体系的弹性抗震性能进行大规模的参数分析，对 309 个模型进行了模态分析和弹性反应谱分析，研究了框架伸臂梁连接方式、外框架梁、柱截面、核心筒厚度和楼层数改变时，组合框架-核心筒结构体系的变形和外框架剪力的初步反应规律。最后对组合框架-核心筒结构的弹塑性性能进行了研究。

8.1 框架伸臂梁连接方式

8.1.1 结构模型及材料模型

为了寻求合理的分析模型，参考大量实际工程中的典型的框架-核心筒平面，经过总结和归并后，图 8.1 给出结构平、立面和三维示意图。结构平面尺寸为 30 m×30 m，核心筒尺寸 12 m×12 m，占平面面积的 16%。结构共30 层，1~8 层层高 4.5 m，9~30 层层高 3.6 m，总高 115.2 m。框架柱采用方钢管混凝土柱（CFSST 柱），梁采用钢-混凝土组合梁，抗剪连接件按完全抗剪连接设计。建筑抗震设防烈度为 8 度，场地类别为 Ⅱ 类，设计地震分组为第一组。构件截面尺寸和材料特性见表 8.1。

计算中楼面恒载考虑楼板自重、楼面装饰层（包括吊顶管道）以及填充墙折减的均布荷载，屋面荷载考虑屋面板自重、屋面的保温防水层自重及吊顶管道自重，两者恒荷载标准值均取 4.5 kN/m²，活载标准值均取 2.0 kN/m²。

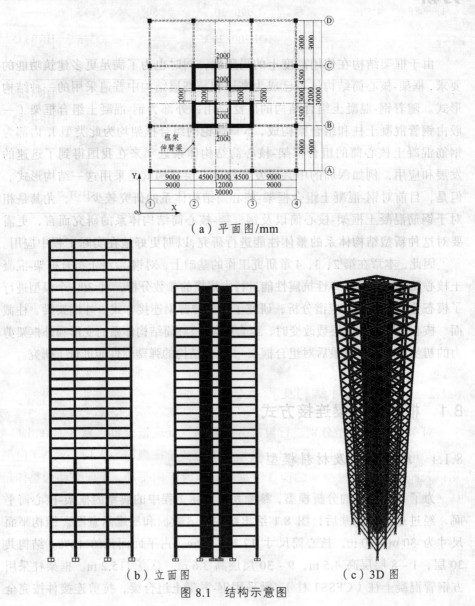

（a）平面图/mm

（b）立面图　　　（c）3D 图

图 8.1　结构示意图

表 8.1　结构主要构件截面及材料特性

楼层	层高	类别	截面/mm	混凝土强度	钢材	钢筋
1F ~ 8F	4.5 m	外墙厚	800	C60	——	HRB335
		内墙厚	400	C60	——	HRB335
		框架柱	1 000×30	C50	Q345	——
		框架梁	HN 700×300	——	Q345	HRB335
		楼板	140	C30	——	HRB335
9F ~ 30F	3.6 m	外墙厚	600	C50	——	HRB335
		内墙厚	400	C50	——	HRB335
		框架柱	800×30	C50	Q345	——
		框架梁	HN 700×300	——	Q345	HRB335
		楼板	140	C30	——	HRB335

结构周边框架梁、柱采用刚接，考虑核心筒体与外框架柱间的框架伸臂梁与两者连接方式的不同，建立了以下 4 个计算模型：

模型 1——框架伸臂梁与核心筒及框架柱均刚接（用 FF 表示）；

模型 2——框架伸臂梁与核心筒及框架柱均铰接（用 PP 表示）；

模型 3——框架伸臂梁与核心筒刚接，与框架柱铰接（用 FP 表示）；

模型 4——框架伸臂梁与核心筒铰接，与框架柱刚接（用 PF 表示）。

8.1.2　连接方式对结构变形性能的影响

对 4 个计算模型分别进行模态分析和弹性反应谱分析，表 8.2 给出了 4 个模型的前 10 阶周期。模型 1 ~ 模型 3 的前 3 阶振型均为 X 向平动，Y 向平动以及扭转振动。模型 4 的前 3 阶振型分别为 Y 向平动，X 向平动和整体扭转。从表 8.2 中数值可以看出，结构扭转为主的第一自振周期（表中带*号数值）与平动为主的第一自振周期之比都小于 65%，满足规范中不大于 0.85 的要求，结构的扭转效应得到了限制。因结构双轴对称，模型的前两阶周期均相等。

239

表 8.2 模型前 10 阶周期/s

周期	模型 1（FF）	模型 2（PP）	模型 3（FP）	模型 4（PF）
1	2.185	2.402	2.320	2.323
2	2.185	2.402	2.320	2.323
3	1.315*	1.319*	1.317*	1.319*
4	0.551	0.571	0.564	0.565
5	0.551	0.571	0.564	0.565
6	0.435	0.437	0.436	0.436
7	0.255	0.261	0.256	0.256
8	0.248	0.256	0.252	0.253
9	0.248	0.254	0.251	0.251
10	0.236	0.254	0.251	0.251

从表中可以看出框架伸臂梁两端为刚接时（模型 1），结构自振周期最小；两端铰接时（模型 2），结构周期最大，基本周期增大约 10%；一端铰接，一端刚接时（模型 3 和 4），结构周期基本相等。由于 4 个模型的质量均相同，因此两端刚接时结构的整体刚度最大，两端铰接时，结构的整体刚度最小。

因为 4 个模型前两阶周期相等，为了便于结果比较，均对结构 X 向进行 8 度多遇地震下的弹性反应谱分析，根据《矩形钢管混凝土结构技术规程》（CECS 159:2004）[4]5.2.1 条，在多遇地震作用下，阻尼比取 0.04。采用振型分解反应谱法计算结构地震反应，为了保证计算精度，参与计算的振型采用模态分析中的前 60 阶振型，振型参与质量达到总质量的 92%以上。不同连接方式下结构侧移和层间位移角比较如图 8.2 和 8.3 所示。

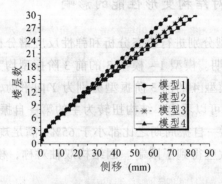

图 8.2 不同连接方式结构侧移

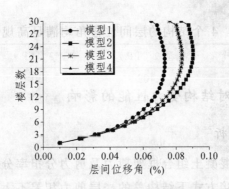

图 8.3　不同连接方式结构层间位移角

从图 8.2 和 8.3 中可以看出，水平地震荷载作用下，模型 1 刚接连接方式侧移和层间位移角最小，模型 2 铰接连接方式侧移和层间位移角最大，模型 3 和模型 4 变形基本相等。从侧移曲线形状上看，4 个模型的侧移曲线形状基本一致，除下部略呈弯曲型变形外，整体侧移属于典型的"弯剪型"变形。这主要是因为在结构下部，混凝土筒体起主要作用，变形具有弯曲型特点，在结构上部弯曲变形为主的核心筒体的层间移角最大值往往出现在上部，而由第 3 章分析知道剪切变形为主的外组合框架最大层间位移角则通常出现在结构底部，两者的协同工作使结构变形具有剪切型特点。

由图 8.3 和第 4 章中组合梁-方钢管混凝土柱组合框架结构层间位移角的曲线比较可以看出，组合框架-核心筒结构层间位移角曲线形状与组合框架结构层间位移角形状不同，组合框架-核心筒体系在结构的中上部层间位移角最大，且变形趋于均匀。

表 8.3　多遇地震下结构最大层间位移角及位置

项目	模型 1（FF）	模型 2（PP）	模型 3（FP）	模型 4（PF）
最大层间位移角	1/1366	1/1107	1/1197	1/1194
出现的层数	第 20 层	第 22 层	第 21 层	第 21 层

表 8.3 给出了 4 个模型最大层间位移角数值以及出现的层数。从表中可以看出随着连接形式从两端刚接到两端铰接，结构最大层间位移角的位

241

置向结构上部移动。4 个结构的层间位移角均满足高规[5]中 1/800 的限值要求。

8.1.3　连接方式对结构受力性能的影响

1. 结构内力分析

图 8.4 给出钢-混凝土组合框架剪力及剪力分担率分布图。从图 8.4(a) 中可以看出不同连接方式下结构总的楼层剪力相差不大，总体上均随着结构高度的增高而减小。通过对计算结果的统计分析可知，除了在结构顶部三层外，其余楼层模型 1（FF）总的楼层剪力最大，模型 2 总的楼层剪力最小，模型 3（FP）和模型 4（PF）基本相等，介于模型 1 和模型 2 两者之间。

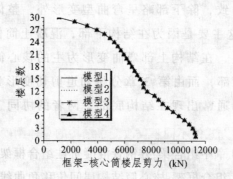

（a）组合框架-RC 核心筒楼层剪力图

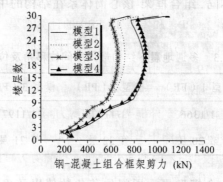

（b）钢-混凝土组合框架层间剪力图

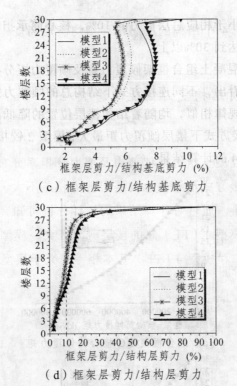

（c）框架层剪力/结构基底剪力

（d）框架层剪力/结构层剪力

图 8.4　钢-混凝土组合框架剪力分布图

框架伸臂梁连接方式的不同不仅改变了结构的总体刚度也改变了外框架和内部核心筒的刚度比，两者的相互作用造成了外框架楼层剪力的分布规律和结构总的层剪力分布规律有所不同。从图 8.4（b）可以看出，钢-混凝土组合框架承担的剪力 4 个模型相差较大，其中模型 1（FF）和模型 4（PF）组合框架承担的剪力相近，大于模型 2（PP）和模型 3（FP）的计算结果。组合框架的剪力在结构下部均较小，随着结构高度的增加，框架对核心筒的支撑作用加强，框架剪力逐增加。模型 1 在 19 层达到最大剪力，模型 2 在 21 层达到最大剪力，模型 3 和模型 4 在 20 层达到最大剪力，之后逐渐减小。达到顶部两层时，框架剪力有个明显的转折，达到最大。外框架承担的剪力与组合框架-核心筒基底总剪力的比如图 8.4（c）所示。从图中可以看出，模型 1 和模型 4 外框架承担的剪力百分比大于模型 2 和模型 3，模型 3 外框架承担的剪力百分比最小。

从图 8.4（d）层剪力的百分比图中可以看出，模型 4 和模型 1 的层剪力分担率相近，大于模型 2 和模型 3 的计算结果。4 个模型的层剪力分担率均随着结构高度的增加而增大，在结构的 1～10 层，钢-混凝土组合框架承担的

243

地震剪力较小，均小于相应总层剪力的 10%，核心筒承担了约 90%的剪力，在结构顶部，可以达到 30%以上。

图 8.5 给出钢-混凝土组合框架倾覆力矩及倾覆力矩分担率的分布图。从图 8.5（a）中可以看出，不同连接方式下结构总的倾覆力矩相差不大，这与总的楼层剪力分布规律相似，均随着结构楼层位置的降低而增大。沿结构高度，模型 1 刚接连接方式下楼层倾覆力矩最大，模型 2 铰接连接方式下最小，模型 3 稍大于模型 4 的计算结果。

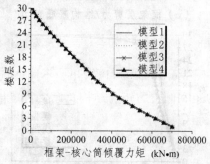

（a）组合框架-RC 核心筒倾覆力矩

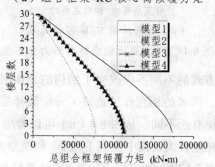

（b）钢-混凝土组合框架倾覆力矩

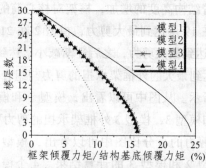

（c）框架倾覆力矩/结构基底倾覆力矩

244

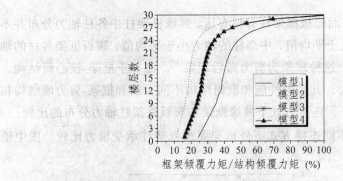

（d）框架层倾覆力矩/结构层倾覆力矩

图 8.5　钢-混凝土组合框架倾覆弯矩分布图

从图 8.5（b）~ 图 8.6（c）中可以看出，不同连接方式下，钢-混凝土组合框架承担的倾覆力矩和倾覆力矩与结构总倾覆力矩比的变化规律和结构总的倾覆力矩变化规律相似，均随着结构楼层位置的降低而增大。沿结构高度，总体上模型 1 楼层倾覆力矩最大，模型 2 最小，模型 3 和模型 4 基本相等，模型 3 计算结果稍大于模型 4 的计算结果。

从图 8.5（d）中可以看出，模型 1 的层倾覆力矩分担率最大，模型 2 的层倾覆力矩分担率最小，模型 3 和模型 4 基本相等。4 个模型的倾覆力矩分担率均随着结构楼层位置的增高而增大很快，其中模型 1、模型 3 和模型 4 在结构顶层，由于核心筒倾覆力矩方向变化，框架倾覆力矩大于总倾覆力矩，其比值大于 1。

由以上的分析可知，模型 1（框架伸臂梁两端刚接）和模型 4（框架伸臂梁与核心筒铰接，与框架柱刚接）的连接方式，结构整体性强，外围框架更多地参加了结构的共同工作，在实际结构设计中建议采用这两种连接形式。而模型 3（框架伸臂梁与核心筒刚接，与框架柱铰接）外框架和核心筒协同工作能力较差，且组合梁与核心筒刚接节点施工比较麻烦，另外由于核心筒和外框架之间可能存在竖向差异变形，伸臂梁与核心筒采用铰接可以减低由于竖向变形引起的连接节点的内力。鉴于以上综合考虑，一般不建议采用模型 3 的连接方式。模型 2 因为节点施工比较方便，在保证结构变形和受力的前提下，可以使用。

2. 外框架柱轴力

对于框筒结构，水平力作用下的倾覆力矩使框筒的一侧翼缘框架柱受拉，另一侧框架柱受压，而腹板框架柱有拉有压。翼缘框架柱中各柱轴力分布并不均匀，角柱的轴力大于平均值，中部柱的轴力小于平均值，腹板框架各柱的轴力也不是线性分布，这种现象为剪力滞后现象[6]。而对于框架-核心筒结构，因为周边柱距的加大，其受力性能和框筒结构不同，而和框架-剪力墙结构相似。下面简单讨论不同连接方式下翼缘框架和腹板框架柱轴力分布的比较。

图 8.6 给出了不同连接方式下外框架翼缘框架柱承受轴力比较，图中轴向受压为正。

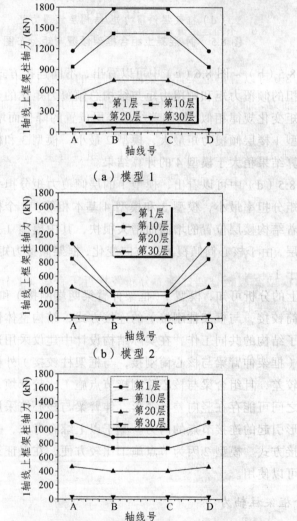

（a）模型 1

（b）模型 2

（c）模型 3

246

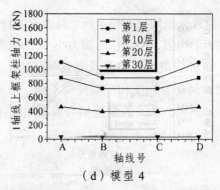

（d）模型 4

图 8.6　不同连接方式框架-核心筒翼缘框架柱承受轴力比较

从图 8.6 可以看出框架伸臂梁两端刚接的模型 1，中柱 B、C 轴柱的轴力大于角柱轴力，而其他 3 个模型的中轴轴力均小于角柱轴力，与框筒结构翼缘框架的剪力滞后现象比较相似。这主要是模型 1 中 B、C 轴线上的框架-剪力墙抗侧刚度大大超过了 A、D 轴线上的组合框架。模型 1 和模型 2 翼缘框架柱轴力分布的不均匀程度要大于模型 3 和模型 4。4 个模型柱轴力均沿高度方向，从上而下趋于平均。翼缘框架柱轴力的分布也证实了框架—核心筒的受力性能与框架—剪力墙结构相似。

图 8.7 为 4 个模型腹板框架柱轴力的分布，轴向受压为正。可以看出，模型 1 和模型 2 腹板框架柱轴力分布较接近于直线。4 个模型，随着层数的增高，腹板框架柱轴力的分布越接近于直线。

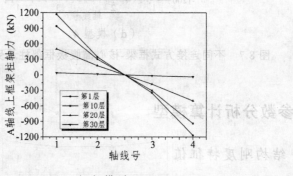

（a）模型 1

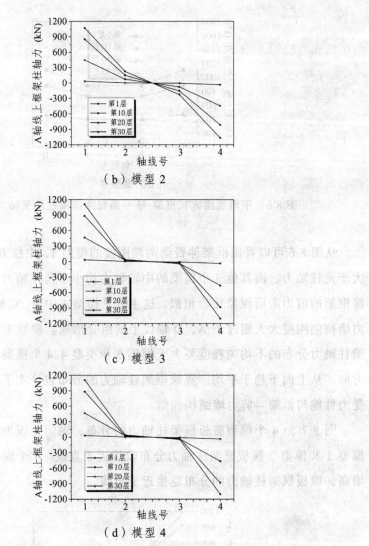

（b）模型 2

（c）模型 3

（d）模型 4

图 8.7　不同连接方式框架-核心筒腹板框架柱承受轴力比较

8.2　参数分析计算模型

8.2.1　结构刚度特征值

　　框架-核心筒结构在地震作用下的受力性能和变形性能与外框架和内部核心筒的刚度比有很大关系。由于其受力状态和框架-剪力墙结构的受力状态比较相似。参照框架-剪力墙结构，引入刚度特征值 λ 来表征外框架与核心筒刚度的相对强弱，表达式如下：

$$\lambda = H\sqrt{\frac{C_f}{E_w I_w}} \quad (8.1)$$

式中，C_f 为总框架的抗剪刚度，可采用 D 值法[6]进行计算；H 为结构的总高度；$E_w I_w$ 为考虑剪切变形影响的核心筒等效抗弯刚度[6-8]。参数 λ 反映框架和核心筒墙体刚度相对强弱，与核心筒和框架的刚度比有关，对核心筒的受力状态和变形状态有很大的影响。

8.2.2 模型选取

8.1 节中讨论了框架伸臂梁连接方式不同对结构变形和受力性能的影响，可以看出采用模型 1（FF）和模型 4（PF）的连接方式，外框架和 RC 核心筒协同工作较好。实际结构设计中，也建议采用这两种连接方式。而在施工中，因钢-混凝土组合梁与 RC 核心筒的刚接节点施工比较麻烦，在满足变形条件下，一般采用铰接节点。因此下面进行参数分析的计算模型均采用 PF 连接方式，即框架伸臂梁与核心筒铰接，与框架柱刚接。

模型平面同图 8.1（a）。结构 1~8 层层高均为 4.5 m，其他层层高均为 3.6 m。同一模型中，梁、柱、墙截面尺寸沿结构高度不发生变化，材料强度同 8.1 节中给出的材料强度。框架梁选用 3 种截面形式、框架柱选用 5 种截面形式、核心筒外墙厚度选用 5 种不同的厚度，楼层数采用 15 层、25 层、30 层、35 层和 40 层来通过组合，共形成 305 个计算模型，其中 35 层的结构选用了 5 个模型。通过对计算模型的分析，讨论参数变化时，结构弹性地震反应的初步规律。所有计算模型中内筒的剪力墙厚度及材料强度均同 8.1 节中的内筒，不发生变化。

表 8.4 分别给出了组合框架梁、CFSST 框架柱、墙厚及楼层数的具体信息以及简化表示形式。表中括号内为简化符号。不同的计算模型采用这些简化符号来代表。如 B06C07W06S15 代表：钢梁截面为 HM 600×300（混凝土翼板厚为 140 mm）的框架组合梁；框架柱截面为 700×30 的 CFSST 柱（柱边长为 700 mm，钢管壁厚 30 mm）；外筒剪力墙厚度为 600 mm；楼层数为 15 层的计算分析模型。

表 8.4 参数具体信息及简化符号

构件类型	组合梁/mm	CFSST 柱/mm	外筒墙厚/mm	楼层数
截面及 楼层数	HM 600×300（B06）	700×30（C07）	600（W06）	15（S15）
	HN 700×300（B07）	800×30（C08）	800（W08）	25（S25）
	HN 800×300（B08）	1000×35（C10）	1000（W10）	30（S30）
	混凝土翼板厚均为 140	1200×45（C12）	1200（W12）	35（S35）
		1500×50（C15）	1500（W15）	40（S40）

8.3 结构变形规律分析

8.3.1 框架梁截面的影响

计算模型共选取 3 种不同截面尺寸的梁，图 8.8 ~ 图 8.10 分别给出核心筒剪力墙厚度为 W06、W15 时，楼层数为 S40、S30、S15 时，梁截面不同时最大层间位移角的变化率。图中横坐标为梁截面，纵坐标为最大层间位移角的变化率。

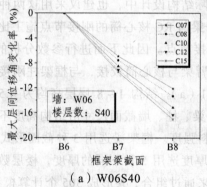

（a）W06S40

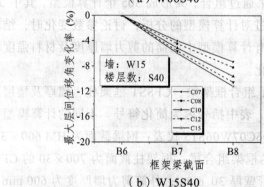

（b）W15S40

图 8.8　W06S40 和 W15S40 结构最大层间位移角变化率

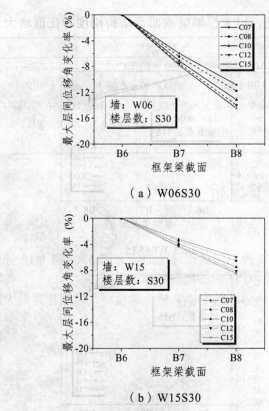

（a）W06S30

（b）W15S30

图 8.9　W06S30 和 W15S30 结构最大层间位移角变化率

　　图 8.8～图 8.10 中最大层间位移角变化率的计算均以框架梁截面为 B06
时的最大层间位移角为参考值，其他条件不变，梁截面为 B07 和 B08 时最
大层间位移角相对于参考值增大或减小的比值，参考值模型的变化率为 0，
正值为增大，负值为减小。图中每一条曲线均代表一组 3 个计算模型的变
化率，以图 8.8（a）中标示为 C07 的曲线为例来进行说明，曲线上的 3 个
数据点分别表示了　C07W06S40（B06C07W06S40、B07C07W06S40、
B08C07W06S40）这组模型的最大层间位移角变化率，其中模型
B06C07W06S40 的最大层间位移角为参考值。从图中可以看出，剪力墙厚
度和框架柱截面不变的情况下，在一定范围内增大框架梁截面尺寸，结构
的最大层间位移角均减小。总体上框架柱截面越大，框架梁截面加大时，
最大层间位移角减小比率增大。当楼层数增高时，随着梁截面的增大，结
构最大层间位移角减小的比率加大。通过计算分析可知，在核心筒和外框

251

架柱尺寸相同的情况，增大框架梁截面，结构刚度特征值增大，结构整体抗侧刚度增大。

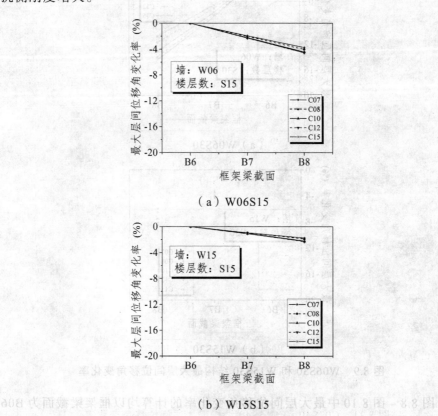

（a）W06S15

（b）W15S15

图 8.10　W06S15 和 W15S15 结构最大层间位移角变化率

图 8.11 ~ 图 8.13 分别给出外框架柱为 C07、C15，楼层数为 S40、S30、S15 时，不同梁截面下最大层间位移角的变化率。图中横坐标和纵坐标代表的意义均同图 8.8 ~ 图 8.10。图中每一条曲线同样也代表了一组 3 个计算模型的变化率，以图 8.11（a）中标示为 W08 的曲线为例来进行说明，曲线上的三个数据点分别表示了 C07W08S40 这组模型的最大层间位移角变化率，其中模型 B06C07W08S40 的最大层间位移角为参考值。

从图 8.11 ~ 图 8.13 中可以看出，其他条件相同，增大框架梁截面尺寸，结构的最大层间位移角均减小。总体上核心筒剪力墙厚度增厚，框架梁截面加大时，最大层间位移角减小比率减小。当楼层数增高时，随着梁截面的增大，结构最大层间位移角减小的比率加大。

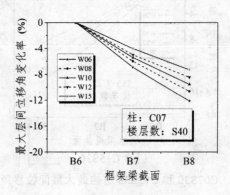

（a）C07S40

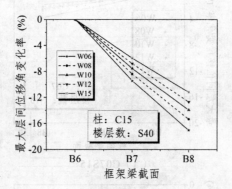

（b）C15S40

图 8.11　C07S40 和 C15S40 结构最大层间位移角变化率

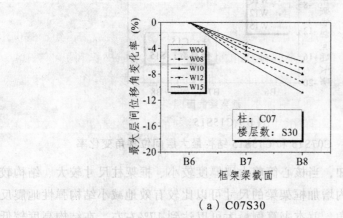

（a）C07S30

由以上分析可知，当柱、梁的截面尺寸较小，即结构刚度不够大时，适当提高混凝土的强度等级可以明显改善结构的抗震性能，减小结构的层间位移角；当混凝土强度等级较高，且本构中剪切刚度关系不变时，结构刚度的提高对结构层间位移角的影响很小，即效果并不明显。

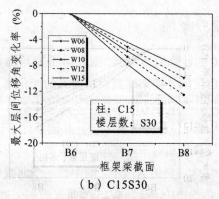

（b）C15S30

图 8.12　C07S30 和 C15S30 结构最大层间位移角变化率

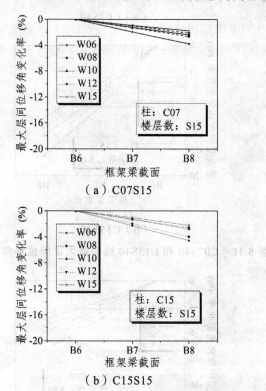

（a）C07S15

（b）C15S15

图 8.13　C07S15 和 C15S15 结构最大层间位移角变化率

由以上分析可知，当核心筒剪力墙厚度较小、框架柱尺寸较大、结构较高时，在一定范围内增加框架梁的尺寸可以比较有效地减小结构弹性地震反应的最大层间位移角，就本书算例最大可以达到 17%左右。在结构高度较低的情况下，效果不显著。

8.3.2　框架柱截面的影响

以结构楼层数 S40 的计算模型为例，图 8.14 分别给出框架梁截面为 B07 和 B08 时最大层间位移角仅随外框架柱截面增大时的变化率。图中横坐标为框架柱截面，纵坐标为最大层间位移角的变化率。变化率的计算均以框架柱截面为 C07 时计算模型的最大层间位移角为参考值，其他条件不变，柱截面从 C08 变化到 C15 时最大层间位移角相对于参考值增大或减小的比值，其中参考值模型的变化率为 0，正值为增大，负值为减小。图中每一条曲线代表一组 5 个计算模型的变化率，以图 8.14（a）中标示为 W15 的曲线为例来进行说明，曲线上的 5 个数据点分别表示了 B07W15S40（B07C07W15S40、B07C08W15S40、B07C10W15S40、B07C12W15S40、B07C15W15S40）这组模型的最大层间位移角变化率，其中模型 B07C07W15S40 的最大层间位移角为参考值。

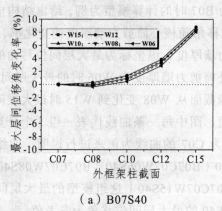

（a）B07S40

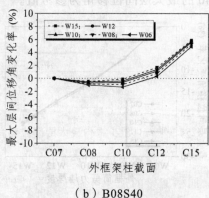

（b）B08S40

图 8.14　结构最大层间位移角随外框架柱截面变化率

255

从图 8.14 可以看出，当核心筒剪力墙厚度和框架梁截面相同时，增大框架柱截面尺寸，结构的最大层间位移角首先随着框架柱截面的增大而降低，后随着柱截面的增大而稍微增大，增大率均在 10% 以内。这是由于柱截面过大而连梁不变时，结构外框架和内部核心筒协同工作性能变差，结构整体性不好，同时由于柱截面的迅速增加使得结构质量迅速增加和地震作用增大，导致了结构最大层间位移角增大。对比图 8.14（a）和图 8.14（b）可知，框架梁截面较大时，最大层间位移角随着柱截面增大减小的程度增大，且最大层间位移角变化率改变符号的柱截面相应增大。由以上分析可知，仅增大柱截面尺寸，对于本书计算模型，对减小结构弹性层间位移反应不大。

8.3.3 核心筒厚度的影响

以框架梁截面为 B07 时的计算模型为例，给出结构楼层数分别为 S40 和 S30 时，最大层间位移角随核心筒剪力墙厚度的变化率，如图 8.15 所示。图中横坐标为外筒剪力墙厚度，纵坐标为最大层间位移角的变化率。变化率的计算均以结构模型外筒剪力墙厚度为 W06 时的最大层间位移角为参考值，其他条件不变，剪力墙截面从 W08 变化到 W15 时最大层间位移角相对于参考值增大或减小的比值。图中每一条曲线代表一组 5 个计算模型的变化率，以图 8.15（a）中标示为 C07 的曲线为例来进行说明，曲线上的 5 个数据点分别表示了 B07C07S40（B07C07W06S40、B07C07W08S40、B07C07W10S40、B07C07W12S40、B07C07W15S40）这组模型的最大层间位移角变化率，其中模型 B07C07W06S40 的最大层间位移角为参考值。

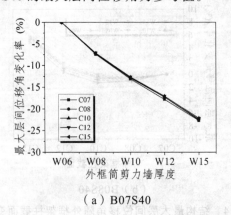

（a）B07S40

256

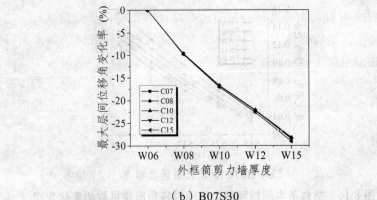

（b）B07S30

图 8.15　结构最大层间位移角随核心筒厚度变化率

从图 8.15 可以看出，结构的最大层间位移角随着核心筒剪力墙厚度的增加而减小很快，减小比率均在 30% 以内。对于不同的外框架柱，最大层间位移角随着核心筒剪力墙厚度增大而减小的速率几乎相同。从上面的分析可以看出，核心筒剪力墙厚度是控制结构层间变形的主要因素。

8.3.4　楼层数的影响

图 8.16 给出框架梁为 B07、框架柱为 C10 时，结构基本周期和最大层间位移角随楼层数不同的变化规律。从图中可以看出，随着楼层数的增高，结构基本周期和最大层间位移角增大很快。

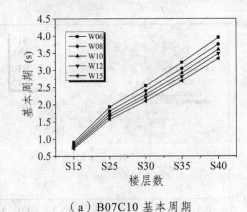

（a）B07C10 基本周期

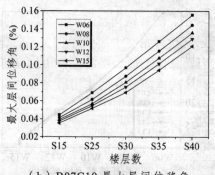

（b）B07C10 最大层间位移角

图 8.16　结构基本周期和最大层间位移角随楼层数的变化规律

结构基本周期、顶点位移变化规律与最大层间位移角变化规律相似，因此讨论时只给出了最大层间位移角的分析结果。

综合上面各个参数的分析结果可知，最大层间位移角随着框架梁、柱截面大小、楼层数以及核心筒厚度的变化规律并不完全一致。从结构变形控制考虑，在一定范围内增大外框架梁或核心筒厚度均可以有效地减小结构弹性位移反应，结构变形随着楼层数的增高增大得很快。

8.3.5　结构刚度特征值对最大层间位移角分布的影响

图 8.17 给出结构刚度特征值 λ 变化时，计算模型最大层间位移角的位置。图中最大层间位移角位置采用最大层间位移角所在楼层数与结构总层数的比，用系数 ξ 表示。

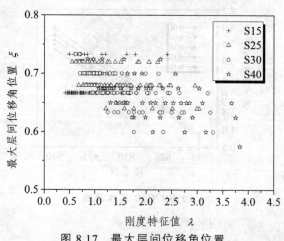

图 8.17　最大层间位移角位置

从图 8.17 中可以看出，随着结构层数的增加，ζ 的离散度增大.虽然结构刚度特征值 λ 与最大层间位移角 ζ 并不成单调关系，但是数据点分布随着 λ 的增大，向下偏移，因此总体上最大层间位移角位置随着 λ 的增大呈下降趋势。这是因为 λ 增大，结构框架部分的作用增强，结构的地震反应特征也向框架结构变化，层间位移角最大值即下移。

由计算结果的统计分析，结构刚度特征值在 0.41～3.83 间，ζ 在 0.575～0.733 间变化，均值 0.678，标准差 0.029。所以对钢-混凝土组合框架—RC 核心筒结构最大层间变形起控制作用的是中上部楼层。

8.4 外框架剪力及剪力分担率

8.4.1 框架梁截面的影响

以 C10W10S40、C10W10S30 和 C10W10S15 的 9 个计算模型为例，图 8.18～图 8.20 分别给出框架梁截面变化时,结构整体和外钢-混凝土组合框架剪力的分布。

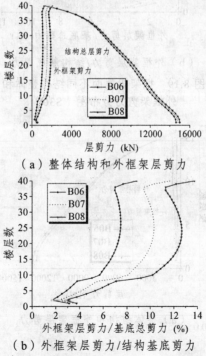

（a）整体结构和外框架层剪力

（b）外框架层剪力/结构基底剪力

图 8.18　框架梁截面不同结构整体和外框架剪力分布图（S40）

从图8.17中可以看出，随着框架柱截面的削弱而使框架底层剪力...剪力增加，基本上保持不变；而随着...而最终形成了随框架柱...的增大，而下降...因此...结构工...上部...的...也越大，且...因此...较大，剪力所占...层...地震作用...框架剪力变化...结构的...（3.6 kN），...在0.575～0.733间变化。当框架柱...的合理配...比较不同框架柱...力的变化...上部...

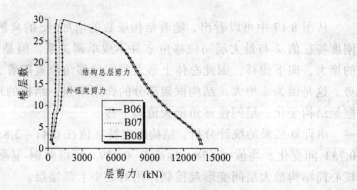

（a）整体结构和外框架层剪力

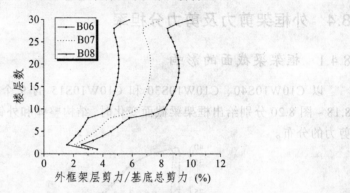

（b）外框架层剪力/结构基底剪力

图 8.19 框架梁截面不同结构整体和
外框架剪力分布图（S30）

8.4 外框架剪力及剪力分配分析

8.4.1 框架梁截面的影响

以C10WT0S40、C10WT0S30和C10WT0S15三种模型为例，图8.18～图8.20分别给出...框架梁截面...不同时...钢—混凝土组合框...的剪力分布。

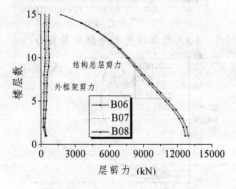

（a）整体结构和外框架层剪力

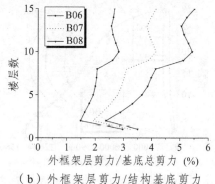

（b）外框架层剪力/结构基底剪力

图 8.20　框架梁截面不同结构整体和外框架剪力分布图（S15）

从图 8.18～图 8.20 中可以看出，结构层数由低到高，随着框架梁截面的增大，结构整体总的层剪力变化不大，外框架剪力和剪力分担率均增大且在层高改变处和结构顶部有突变，外框架最大剪力位于结构中上部。

8.4.2　框架柱截面的影响

以 B08W10S40、B08W10S30 的 10 个计算模型为例，图 8.21 和图 8.22 分别给出框架柱截面改变时，结构整体和外钢-混凝土组合框架剪力和剪力分担率的变化规律。

从图 8.21 和图 8.22 中可以看出，结构层数从低到高，随着框架柱截面的增大，结构整体层剪力增大，外框架剪力和剪力分担率均增大，在层高改变和结构顶层有突变；剪力和剪力分担率沿结构高度的分布形式在结构的底部和顶层发生改变，外框架最小层剪力随着框架柱截面的增大不再出现在结构底层，向结构上部移动，但在结构底部 1-5 层范围内。

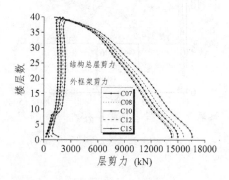

（a）结构整体和外框架层剪力

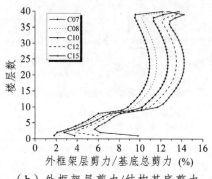

（b）外框架层剪力/结构基底剪力

图 8.21　框架柱截面不同时结构整体和外框架剪力分布图（S40）

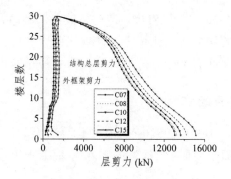

（a）整体结构和外框架层剪力

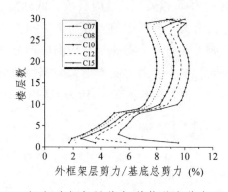

（b）外框架层剪力/结构基底剪力

图 8.22　框架柱截面不同时结构整体和外框架剪力分布图（S30）

8.4.3　核心筒厚度的影响

以 B08C10S40 的 5 个计算模型为例，图 8.23 给出核心筒厚度变化时，结构整体和外钢-混凝土组合框架剪力和剪力分担率的变化规律。

从图 8.23 中可以看出，随着核心筒厚度的增加，在结构底部整体层剪力增大较大，外框架承担的剪力和剪力分担率减小，在结构中上部减小比率较大。

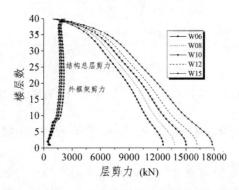

（a）结构整体和外框架层剪力

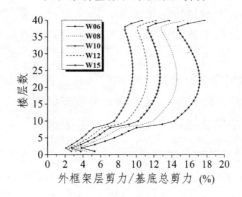

（b）外框架层剪力/结构基底剪力

图 8.23　核心筒厚度不同结构整体和外框架剪力分布图（S40）

8.4.4　楼层数的影响

以 B08C10W10 的 5 个计算模型为例，给出楼层数为 S40、S35、S30、S25 和 S15 时，外钢-混凝土组合框架剪力分担率随楼层数的变化规律，如图 8.24 所示。从图中可以看出，随着楼层数的增高，外框架剪力分担率增大，但是在结构底部变化率不大。

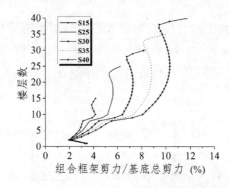

图 8.24　楼层数变化时外框架剪力分担率变化规律

8.4.5　结构刚度特征值对框架最大剪力位置的影响

以上讨论了各参数单独改变时，外框架剪力和剪力分担率的变化规律。下面综合考虑结构刚度特征值 λ 对框架最大剪力位置的影响规律。

8.4.1 节～8.4.4 节的分析结果表明，除大部分计算模型外框架剪力在结构顶部达到最大外，所有计算模型在结构中上部均存在框架最大剪力楼层，下面讨论外框架最大剪力楼层位置。

图 8.25 给出结构刚度特征值 λ 变化时，计算模型外框架最大剪力位置。图中横坐标为结构刚度特征值，纵坐标为外框架最大剪力位置，采用最大框架剪力所在楼层与结构总层数的比，用系数 ζ 表示。

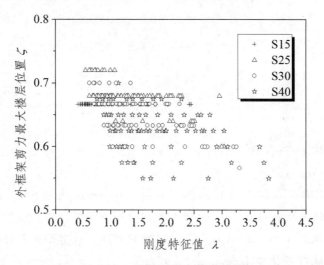

图 8.25　外框架最大剪力位置

264

从图 8.25 可以看出，随着楼层数的增加，外框架剪力最大位置 ζ 数据点的分布与最大层间位移角位置 ξ 数据点的分布不大相同，但总体规律一致。随着结构层数的增高，离散度增大；虽然结构刚度特征值 λ 与 ζ 并不成单调关系，但是数据点分布随着 λ 的增大，向下偏移，因此，总体上来说外框架剪力最大位置 ζ 随着结构刚度特征值 λ 的增大呈下降趋势。由计算结果的统计分析，结构刚度特征值在 0.41～3.83 间，ζ 在 0.55～0.72 间变化，均值 0.655，标准差为 0.034。与最大层间位移角位置比较可以看出，外框架最大剪力位置 ζ 略低于最大层间位移角位置 ξ 约 1 个楼层。对外框架起控制作用的是中部和结构顶部的剪力值。

8.5 结构静力弹塑性分析模型

8.5.1 混凝土核心筒弹塑性分析模型

由第 1 章 1.3.1 节剪力墙弹塑性分析模型介绍可知，剪力墙宏观模型相对简单，且适用于结构的整体分析，因此，本章采用宏观模型来模拟剪力墙结构的非线性性能。且根据该节对不同剪力墙宏观模型的比较可知，多垂直杆单元模型和多弹簧模型目前应用较多，各有优缺点。文献[9]在这两者的基础上，提出了多竖杆宏观模型对剪力墙进行模拟。

剪力墙多竖杆模型，如图 8.26 所示。一个墙肢采用 3 根杆单元模拟：墙两端约束边缘构件或构造边缘构件用一个杆单元模拟，忽略弯矩的作用，只考虑轴向拉压；边缘构件之间的墙板采用一个杆单元模拟，考虑轴力、弯矩和剪力作用；在楼层位置，各竖杆之间用刚性梁连接以保证协同工作。刚性梁与边缘构件铰接，与墙板杆刚接。文献[9]中也对该模型的刚度矩阵进行了推导，从理论上证明了此模型是合理的。文献[9]和文献[10]分别采用该模型对剪力墙进行了模拟，并与试验结果和微观实体有限元的分析结果进行对比，结果均表明该模型具有相当的精度。此外，研究者还应用这种剪力墙模型对不同类型的框架—核心筒结构体系中的核心筒进行了模拟[9-10]，可以较好地反映核心筒的弹塑性性能。本章采用该剪力墙宏观模型来模拟核心筒的弹塑性性能。

图 8.26 中 H 代表剪力墙总高度；h 为楼层高度；h_w 为剪力墙截面高度；

c 为边缘约束构件沿墙高方向的长度，根据《高层建筑混凝土结构技术规程》（JGJ 3—2010）[5]相关规定确定，不同情况边缘构件的取法不同，图 8.26（a）仅给出了暗柱示意。

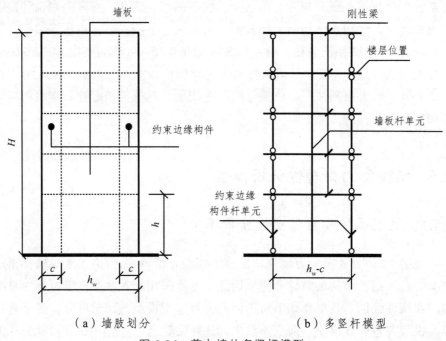

（a）墙肢划分   （b）多竖杆模型

图 8.26   剪力墙的多竖杆模型

在 SAP2000 中采用集中塑性模型考虑杆单元的塑性变形。塑性铰设置如下：墙端约束边缘构件仅考虑轴向拉压，在杆单元中间设置轴力铰（P铰）；墙板单元考虑轴向变形和弯曲变形的非线性，在杆单元的两端设置弯矩和轴力的共同作用的铰（PMM 铰），如图 8.27 所示。需要说明的是，图 8.27 模型中的杆单元与 1.3.1 节中的多垂直杆模型中的弹簧有所区别，图 8.27 中的杆单元具有弹性刚度包括抗弯刚度、抗剪刚度和轴向刚度，仅不考虑杆件的塑性剪切变形，结构整体位移中包含了杆件本身弹性阶段的剪切变形。

对于核心筒，参照剪力墙模型也按照约束边缘构件和剪力墙板进行划分，然后采用多竖杆模型进行模拟。图 8.28 给出核心筒模型示意图，图中虚线内的部分为约束边缘构件，虚线外的剪力墙为中间的墙板单元。

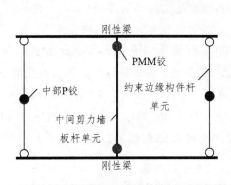

图 8.27　多竖杆模型塑性铰布置

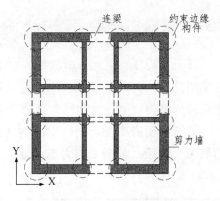

图 8.28　核心筒模型简图

8.5.2　计算模型的选取

从本章弹性分析结果可知，各参数变化对结构的受力和变形性能均有较大的影响，实质上都可以归结为结构刚度特征值的影响。因此弹塑性分析主要研究外框架相对强弱对结构性能的影响。为了便于结果讨论，所选的 5 个计算模型的核心筒剪力墙厚度不变外筒均取为 600 mm，只考虑外框架梁、柱截面尺寸的变化，模型编号见表 8.5。

表 8.5　计算模型及结构刚度特征值 λ

计算模型	结构刚度特征值 λ
B06C07W06S30	0.991
B07C08W06S30	1.139
B08C07W06S30	1.250
B08C10W06S30	1.762
B08C12W06S30	2.334

选取的模型均满足多遇地震下的变形验算，同时根据弹性分析结果，偏于安全考虑，对核心筒采用统一配筋率：墙身配筋率为 0.6%，约束边缘构件纵筋配筋率为 1.4%。钢筋混凝土连梁端部纵筋配筋率 1.4%，配箍率 0.6%。

267

8.5.3 塑性铰布置

采用非线性有限元分析软件 SAP2000 对计算模型进行 Pushover 分析。在对模型进行分析之前,先施加 1.0 恒荷载标准值+0.5 活荷载标准值的竖向荷载,然后采用沿高度第一振型侧向荷载分布模式施加水平荷载,采用位移控制。

计算模型需要设置塑性铰的构件包括:钢-混凝土组合梁,CFSST 柱,钢筋混凝土连梁,混凝土剪力墙。塑性铰种类和具体布置见表 8.6。

表 8.6 结构模型构件塑性铰布置

施加塑性铰构件	塑性铰类别	位置
组合梁	主方向弯矩铰(M3 铰)	框架梁两端,伸臂梁一端
连梁	主方向剪力铰(V 铰)和弯矩铰(M3 铰)	梁两端
CFSST 柱	轴力—双轴弯矩相互作用铰(PMM 铰)	柱上下两端
剪力墙边缘构件	轴力铰(P 铰)	约束边缘构件中部
中间墙肢	轴力—双轴弯矩相互作用铰(PMM 铰)	墙肢上下两端

对于钢筋混凝土构件,程序中采用了 ATC-40[11] 和 FEMA-356[12] 理论,比较成熟,为简化计算过程,分析时输入截面配筋,程序根据截面配筋自动生成默认塑性铰,不再单独定义。本书主要用到轴力(P)铰,剪力 V(铰),主弯矩(M3)铰和耦合的轴力弯矩相关(PMM)铰。

8.5.4 弹塑性分析模型验证

为了验证所建立的结构弹塑性分析模型的精确性,对弹塑性分析模型进行模态分析,与弹性模型模态分析的计算结果进行对比。表 8.7 给出 5 个结构弹性模型和弹塑性模型模态分析得到的基本周期和两者间的误差(采用两者基本周期差的绝对值与弹性模型基本周期的比表示)。计算得到的第 1 阶振型均为沿 Y 方向的平动,第 2 阶均为沿 X 向的平动,两者的周期相等。

从表 8.7 中可以看出,弹塑性模型计算得到的结构基本周期稍微大于弹性模型的计算结果,最大只增大了 1.05%,具有很好的精度。这是因为弹塑性模型中所采用的核心筒剪力墙宏观模型稍微低估了核心筒的抗侧刚度,但是能保证计算的准确性和精度。

表 8.7　　弹性模型和弹塑性模型基本周期比较　　　　单位：s

计 算 模 型	弹性模型	弹塑性模型	误差
B06C07W06S30	2.587	2.605	0.70%
B07C08W06S30	2.520	2.539	0.76%
B08C07W06S30	2.450	2.465	0.62%
B08C10W06S30	2.471	2.492	0.85%
B08C12W06S30	2.514	2.540	1.05%

采用能力谱方法并考虑对于长周期结构需求谱系数的调整确定结构在不同设防烈度地震作用下的性能点。以结构刚度特征值为 0.991 的计算模型 B06C7W06S30 为例，图 8.29 给出 8 度多遇地震下，基于弹塑性模型 Pushover 分析结果与基于弹性模型振型分解反应谱法计算得到的结构位移反应的比较。由 Pushover 分析可知，多遇地震性能点时，结构没有出现塑性铰，处于弹性工作状态。

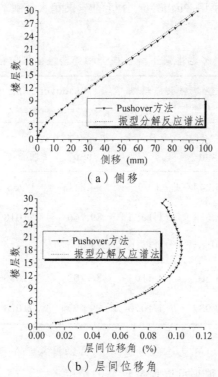

（a）侧移

（b）层间位移角

图 8.29　多遇地震下计算模型 B06C07W06S30 位移反应比较

从图 8.29 可以看出，两种方法得到的结构侧移曲线非常接近，但层间位移角曲线在结构的中上部稍有差别，这是由于 Pushover 方法是按第一振型侧向荷载分布形式加载，没有考虑高阶振型的影响。由计算分析可知，振型分解反应谱法得到的结构最大层间位移角出现在结构 19 层，而 Pushover 方法得到的结构最大层间位移角出现在 18 层，向下移动了一层。这是因为 Pushover 分析方法中的核心筒模型采用了等效的宏观非线性墙模型稍微低估了核心筒的抗侧刚度，这就使得框架与核心筒的刚度比增大，从前面 8.3.5 节分析可知，随着结构刚度特征值的增大，最大层间位移角位置向下偏移。这两者是一致的，也从另一方面证明了本章 8.3.5 节规律的正确性。

表 8.8 具体给出 5 个计算模型 Pushover 分析方法（弹塑性模型）与振型分解反应谱法（弹性模型）计算得到的多遇地震下结构的位移反应以及两者的误差（采用两者位移差的绝对值与弹性模型位移的比表示）。从表中数值可以看出，顶点位移的误差最大为 2.01%，最大层间位移角的误差最大为 4.65%，均小于 5%。弹塑性模型 Pushover 分析的结果稍大于弹性模型振型分解反应谱法的计算结果。

表 8.8　多遇地震下弹性模型和弹塑性模型位移反应

计算模型	振型分解反应谱法（弹性模型）		Pushover 方法（弹塑性模型）		误差	
	顶点位移/mm	最大层间位移角	顶点位移/mm	最大层间位移角	顶点位移	最大层间位移角
B06C07W06S30	93.244	1/995	94.811	1/965	1.68%	3.09%
B07C08W06S30	88.683	1/1054	89.966	1/1018	1.45%	3.58%
B08C07W06S30	84.105	1/1117	84.999	1/1078	1.06%	3.65%
B08C10W06S30	85.307	1/1103	86.702	1/1059	1.63%	4.15%
B08C12W06S30	87.932	1/1070	89.699	1/1023	2.01%	4.65%

由以上分析比较可知，本章所建立的弹塑性模型的弹性刚度虽然稍低于弹性模型，但是相差很小可以保证计算的精度。

为了进一步检验采用不同计算方法分析时，所建立的弹塑性模型的可靠性，又采用振型分解反应谱法计算了 5 个弹塑性结构模型在多遇地震下的位移反应，并与采用 Pushover 分析方法得到的弹塑性模型的分析结果以及振型分解反应谱法计算得到的弹性模型的结果进行对比。同样以计算模型 B06C7W06S30 为例，图 8.30 给出 8 度多遇地震下，三种方法计算结果的比较。从图中可以看出，弹塑性模型振型分解反应谱法计算得到的结果介于 Pushover 分析方法和弹性模型振型分解反应谱法之间。弹性模型和弹塑性模型振型分解反应谱法计算得到的层间位移角曲线形状非常接近。Pushover 方法得到的侧移曲线和振型分解反应谱法的计算结果非常接近，层间位移角曲线在结构的中上部稍有差别，这是由于 Pushover 方法是按第一振型侧向荷载分布形式加载，没有考虑高阶振型的影响。

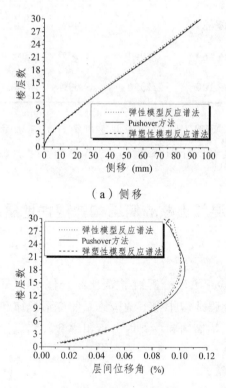

（a）侧移

（b）层间位移角

图 8.30　多遇地震下 B06C07W06S30 位移反应比较

表 8.9 具体给出采用弹塑性模型 Pushover 方法和振型分解反应谱法计算

结果的比较和两者的误差（采用两者位移差的绝对值与振型分解反应谱结果的比表示）。从表中的数值可以看出，Pushover 方法的分析结果稍大于振型分解反应谱的计算结果。两者顶点位移的误差均小于 1%，最大层间位移角的误差均小于 3.5%。

表 8.9   采用不同方法计算时弹塑性模型分析结果比较

计算模型	振型分解反应谱法		Pushover 方法		差别	
	顶点位移/mm	最大层间位移角	顶点位移/mm	最大层间位移角	顶点位移	最大层间位移角
B06C07W06S30	94.010	1/990	94.811	1/965	0.85%	2.59%
B07C08W06S30	89.400	1/1048	89.966	1/1018	0.63%	2.95%
B08C07W06S30	84.667	1/1111	84.999	1/1078	0.39%	3.06%
B08C10W06S30	86.169	1/1092	86.702	1/1059	0.62%	3.12%
B08C12W06S30	89.100	1/1056	89.699	1/1023	0.67%	3.23%

以上分析表明，采用不同的分析方法进行计算，本书所建立的弹塑性模型同样给出了精度良好的计算结果。

8.6   组合框架-混凝土核心筒结构弹塑性地震反应 Pushover 分析

下面采用 Pushover 方法分析钢-混凝土组合框架-混凝土核心筒结构的弹塑性地震反应，研究强地震作用下结构体系的变形规律和特征，结构的地震破坏模式和特点，结构筒体和框架内力承担率和转移规律等。

8.6.1   结构破坏模式

所选 5 个模型结构刚度特征值在 0.991 ~ 2.334 之间，由静力弹塑性分析结果可知，这 5 个模型的破坏模式基本相同，因此下面以模型 B06C07W06S30 为例，说明 5 个计算模型塑性铰的出现顺序。5 个计算模型的第一阶振型均

为沿结构 Y 方向的平动，加载方向沿 Y 正方向加载。图 8.31 分别给出图 8.1（a）中①轴线、②轴线和靠近②轴线一侧结构内筒塑性铰的发展情况以及分析得到的结构能力曲线。

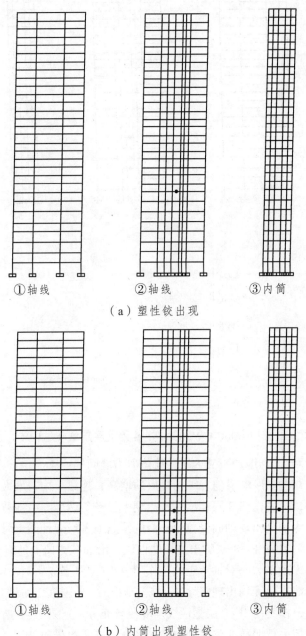

①轴线　　　　　②轴线　　　　　③内筒

（a）塑性铰出现

①轴线　　　　　②轴线　　　　　③内筒

（b）内筒出现塑性铰

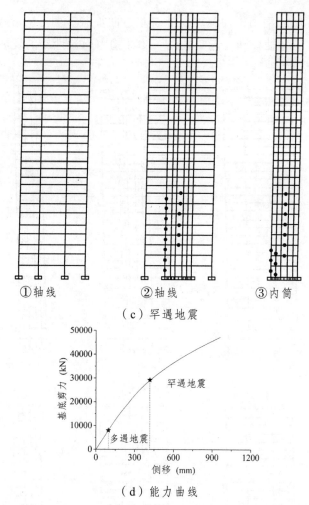

①轴线　　　　②轴线　　　　③内筒

（c）罕遇地震

（d）能力曲线

图 8.31　模型 B06C07W06S30 塑性铰发展示意及结构能力曲线

从图 8.31 可以看出，外筒第 8 层的筒体剪力墙间的连梁一端首先出现塑性铰，
由计算可知在结构 1～8 层随着结构楼层的增高，连梁上内力增大；外筒连梁塑
性铰向下发展，接着内筒 8 层连梁一端出现塑性铰。然后，沿加载方向外筒剪力
墙受拉约束边缘构件出现轴向受拉铰。8 度罕遇地震对应性能点时，垂直于加载
方向外筒受拉侧墙体 1～8 层均出受拉塑性铰，沿加载方向上外筒底部 3 层受拉
墙板单元端部出现轴力－双轴弯矩相互作用铰（PMM 铰），内筒 1-3 层受拉侧约
束边缘构件和墙板单元均出塑性铰。推覆结束时，外围框架均没有出现塑性铰，
处于弹性状态，核心筒 1～8 层塑性铰发展比较充分，连梁 1～8 层两端均出现塑
性铰，结构破坏呈现明显的整体倾覆破坏特征，核心筒受拉破坏。

8.6.2 结构变形比较

下面讨论罕遇地震作用下结构变形特征。以 B06C07W06S30 为例，图 8.32 给出 Pushover 分析得到的结构多遇地震和罕遇地震下的侧移以及罕遇地震与多遇地震作用下结构侧移的比值。

从图 8.32（a）可以看出，随着地震强度的增大，结构的各层侧移不断增加，由于核心筒屈服导致其刚度退化，结构侧移曲线的弯剪型的特征越来越显著。总体上讲，在结构的底部几层，曲线凸向纵轴，曲线的形状为弯曲变形形状，随着楼层数的增高，这种趋势逐渐变弱，曲线呈现弯剪型的特征。为了更清楚地了解各楼层侧移随地震作用的变化规律，图 8.32（b）给出个楼层罕遇地震时侧移与多遇地震时侧移的比，从图中可以看出在结构的上部侧移比值几乎为一常数，下部楼层的侧移增大速度要大于上部楼层。由本章 8.6.1 节破坏模式分析可知，结构底部几层破坏严重，抗侧力构件的塑性铰主要集中在结构下部，核心筒塑性铰沿高度发展不是十分充分，因此，下部楼层相对于多遇地震的侧移要大于上部楼层。

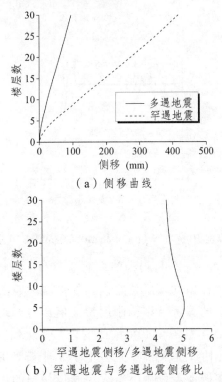

（a）侧移曲线

（b）罕遇地震与多遇地震侧移比

图 8.32　计算模型 B06C07W06S30 侧移曲线图

图 8.33 给出模型 B06C07W06S30 和 B07C08W06S30 罕遇地震和多遇地震下层间位移角曲线比较。从图中可以看出结构的层间位移角均在中上部楼层达到最大值，罕遇地震层间位移角相对于多遇地震层间位移角的比值与侧移的分析结果相似，下部楼层层间位移角的增大速度大于上部楼层，上部楼层除了部分模型在顶部有突变外，几乎为一定值。对于模型 B06C07W06S30 和 B08C10W06S30，多遇地震下结构最大层间位移角位置分别在 18 层和 17 层，罕遇地震下分别在结构的 17 和 16 层，均向下移动一层。

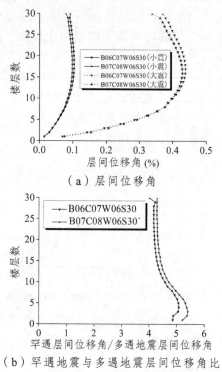

（a）层间位移角

（b）罕遇地震与多遇地震层间位移角比

图 8.33　计算模型 B06C07W06S30 和 B07C08W06S30 层间位移角曲线

表 8.10 给出 Pushover 分析得到的多遇地震和罕遇地震时结构最大层间位移角、最大层间位移角的楼层位置以及变形增大系数。从表中数值可以看出，对于本书所选的算例，结构刚度特征值比较合理，罕遇地震最大层间位移角增大系数在 4.23～4.41 范围内变化，变化幅度较小，可以为同类型结构弹塑性变形的估计提供参考。通过对 5 个模型的最大层间位移角位置的统计可以看出罕遇地震作用下最大层间位移角的位置要比多遇地震时低 1～2 个楼层。因此，在结构地震反应分析和抗震设计时可以采用弹性最

大层间位移角位置的分析结果，对罕遇地震作用下最大层间位移角的位置进行初步的估计。

表 8.10　计算模型最大层间位移角计算统计结果

模型编号	刚度特征值 λ	Pushover 分析结果		最大层间位移角位置		变形增大系数
		多遇	罕遇	多遇	罕遇	
B06C07W06S30	0.991	1/965	1/228	18	17	4.23
B07C08W06S30	1.139	1/1018	1/233	17	16	4.34
B08C07W06S30	1.250	1/1078	1/247	17	16	4.36
B08C10W06S30	1.762	1/1059	1/240	17	15	4.41
B08C12W06S30	2.334	1/1023	1/232	16	15	4.41

从上述结构破坏模式和结构变形的分析可以看出，最大层间位移角发生的位置并不是结构破坏最严重的楼层。对于框架-核心筒这种体系，大量试验和数值模拟的结果表明，破坏往往发生在结构底部两层。因此在结构设计中仅采用结构最大层间位移角来控制结构的变形是否合适，尚需进一步的研究。

8.6.3　外框架承担剪力分析

由计算分析可知，所选 5 个计算模型不仅破坏模式类似，地震作用下外框架承担剪力的变化规律也相似。因此，以模型 B06C07W06S30 和 B07C08W06S30 为例，讨论外框架承担剪力相对于多遇地震的变化规律。图 8.34 给出外框架多遇和罕遇地震作用时层剪力的分布规律。

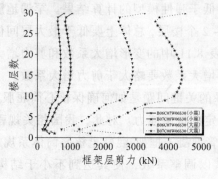

（a）框架剪力

277

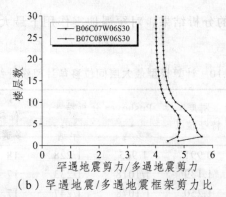

（b）罕遇地震/多遇地震框架剪力比

图 8.34　计算模型 B06C07W06S30 和 B07C08W06S30 框架剪力分布图

从图 8.34 中可以看出，除了顶部几层外，两个计算模型的剪力最大楼层位于结构的中部。罕遇地震作用下，框架剪力相对于多遇地震时有较大的增加。与侧移和层间位移角类似，图 8.34（b）给出罕遇地震框架剪力与相应多遇地震框架剪力的比，由于底部楼层核心筒屈服，核心筒所受内力向外框架卸载，下部楼层框架剪力的增大速度快，上部楼层的增大速度慢，且增加率比较接近。

为了研究罕遇地震下外框架最大剪力也即外框架控制剪力的变化规律，表 8.10 给出多遇和罕遇地震作用下外框架最大剪力的统计结果和剪力增大系数（罕遇地震与多遇地震框架最大剪力比）。

从表 8.11 可以看出，外框架最大剪力均随着结构刚度特征值的增大而增大，且都在楼层的中上部达到最大值。与表 8.10 对比可知，在结构刚度比在 0.991～2.334 范围时，多遇地震下框架剪力最大楼层位置与最大层间位移角位置位于同一个楼层或者略低于一个楼层，这与弹性模型分析得到的结论基本一致，但位置要略低于弹性模型的计算结果。罕遇地震下，剪力最大楼层位置向下移动，约 1～2 个楼层，总体上要低于最大层间位移角一个楼层的位置。对比表 8.10 和表 8.11 中的变形增大系数和剪力增大系数可知，两者相差不大，总体上变形增大系数要略大于剪力增大系数。

框架-核心筒体系的关键问题是如何确保核心筒屈服后，框架能起第二道防线的作用，具有一定的抗侧能力。对此，我国相关规程[1]参照钢框架-混凝土核心筒体系，对钢管混凝土框架-混凝土核心筒体系规定：框架部分按计算所得的地震剪力应乘以调整系数，使其达到不小于结构底部总地震剪力的 25% 和框架部分地震最大剪力值 1.8 倍二者中的较小者。钢框架与钢-混凝土

278

组合框架的受力性能和变形性能相差较大，这条规定是否合理，需要进行更深一步的研究。本书所选的 5 个计算模型外组合框架均能保证实现第二道防线的作用。下面对这几个模型外框架剪力的分担率进行研究，来讨论规程要求的适用性。

表 8.11　计算模型外框架最大层剪力统计结果

模型编号	刚度特征值λ	外框架最大剪力/kN		剪力最大楼层位置		剪力增大系数
		多遇	罕遇	多遇	罕遇	
B06C07W06S30	0.991	707.26	2 911.31	18	17	4.12
B07C08W06S30	1.139	1 011.26	4 414.00	17	15	4.36
B08C07W06S30	1.250	1 223.62	5 275.17	16	15	4.31
B08C10W06S30	1.762	1 430.04	6 289.47	16	14	4.40
B08C12W06S30	2.334	1 614.00	6 984.71	16	14	4.33

对外框架设计起控制作用的是框架底层和框架剪力最大楼层[9-10]，下面重点对外框架剪力分担率进行讨论。为了简化表示，引入以下剪力系数，表达式如下：

$$\alpha_1 = V_{f0}/V_{S0} ; \quad \alpha_2 = V_{f\max}/V_{S0} ; \quad \alpha_3 = V_{f\max}/V_S \qquad (8.2)$$

式中，α_1 为外框架基底剪力和相应的结构基底剪力比值，α_2 和 α_3 分别为外框架最大剪力与结构基底剪力以及框架最大剪力楼层的总剪力的比值。V_{f0} 为外框架基底剪力，$V_{f\max}$ 为外框架剪力最大值；V_{S0} 为结构基底总剪力，V_S 为框架最大剪力层的楼层总剪力。

表 8.12 给出外框架剪力系数 α_1、α_2 和 α_3 的计算结果，表中也给出了罕遇地震作用下剪力系数 α_1、α_3 与多遇地震下相应系数的比值。

表 8.12　外框架剪力系数统计结果

模型编号	λ	α_1			α_2		α_3		
		多遇	罕遇	增大系数	多遇	罕遇	多遇	罕遇	增大系数
B06C07W06S30	0.991	4.47%	5.66%	1.27	8.74%	10.22%	12.19%	13.10%	1.08
B07C08W06S30	1.139	6.37%	8.39%	1.32	12.28%	14.71%	17.09%	17.96%	1.05
B08C07W06S30	1.250	7.50%	10.15%	1.35	14.96%	17.46%	19.91%	20.56%	1.03
B08C10W06S30	1.762	11.20%	14.46%	1.29	16.36%	19.35%	21.84%	22.93%	1.05
B08C12W06S30	2.334	16.03%	18.92%	1.18	18.47%	20.34%	23.39%	24.22%	1.04

从表中数值可以看出随着结构刚度特征值的增大，外框架剪力系数均增大。罕遇地震与多遇地震下框架基底剪力系数 α_1（基底剪力分担率）的比值，即增大系数在 1.18～1.35，而框架剪力最大层剪力系数 α_3（框架最大楼层剪力分担率）的比值在 1.03～1.08。这说明框架基底剪力系数增加较快，剪力重分配效果显著；框架剪力最大层的剪力系数变化不大，剪力的重分配没有底层显著。剪力系数 α_1 和 α_3 在多遇地震和罕遇地震下均没有达到规程中规定的结构基底总剪力的 25%。由此可知，对于本书算例，在结构刚度比 0.991～2.334 之间，多遇地震下框架承担剪力小于我国规程规定的 25%的基底总剪力，但也可以实现外框架第二道防线的作用。因此，规程中关于外框架剪力分担率的规定对于钢-混凝土组合框架-混凝土核心筒结构体系是适用的且偏于安全的。

8.7　组合框架–混凝土核心筒结构弹塑性地震反应动力时程分析

一般来讲，传统的 Pushover 分析方法采用不变的力分布形式，将结构推至一定的目标位移，得到结构的反应。这种方法对于体系振动为一阶振型为主的体系有很好的近似，但是没有较好的考虑高阶振型的影响，并且存在目标位移或性能点的确定等问题上的局限性。对于 Pushover 分析结果的准确性，需要以时程分析结果进行校核。本节对钢-混凝土组合框架-混凝土核心筒结构进行弹塑性地震反应动力时程分析，分别以 El Centro 波、Kobe 波和北京波为输入，进行结构动力反应计算，获得了结构的位移反应、内力反应时程等计算结果，并主要从位移反应和结构破坏状态两个方面，比较弹塑性时程分析和 Pushover 分析的计算结果。

以计算模型 B06C07W06S30 为例，采用第 4 章中钢-混凝土组合框架结构动力弹塑性时程分析的 El Centro 波、Kobe 波和北京波对结构进行弹塑性时程分析，地震波峰值加速度按 8 度罕遇地震下调整为 0.4g，三条波的加速度反应谱如图 8.35 所示。

图 8.36 给出 El Centro 波、Kobe 波和北京波作用下结构顶层侧移的时程曲线。从图中可以看出，三条地震波下的时程曲线形状差别较大，且均有不同程度的残余变形，北京波的残余变形最大，El Centro 波最小。

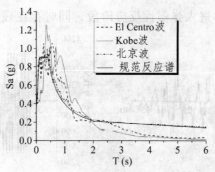

图 8.35 El Centro 波、Kobe 波和北京波加速度反应谱

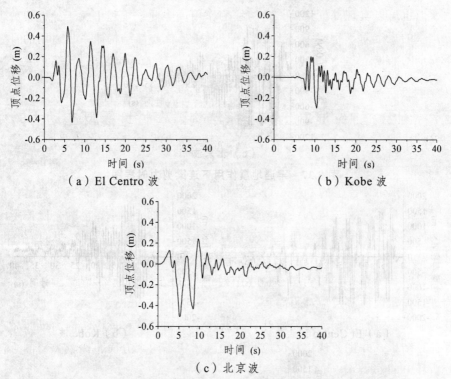

（a）El Centro 波   （b）Kobe 波

（c）北京波

图 8.36 罕遇地震作用下结构顶层位移弹塑性时程

图 8.37 和图 8.38 分别给出三条地震波作用下结构底层②轴线上外筒剪力墙间连梁[如图 8.1（a）所示]剪力和弯矩的时程曲线。从内力时程曲线可以清楚地看到，连梁已发生明显的弹塑性反应，结构动力反应结束时，连梁存在残余内力。三条地震波作用下，连梁剪力反应幅值相差不大，构件均进入弹塑性反应阶段，存在残余内力。北京波输入时弯矩反应幅值最大，El Centro 波和 Kobe 波输入时，弯矩反应幅值比较接近。三条波输入时，构件内力同

样达到其抗力，构件进入弹塑性反应阶段，同时存在残余内力。

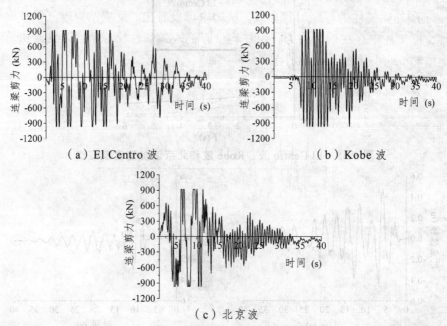

（a）El Centro 波　　　　　　　　　　（b）Kobe 波

（c）北京波

图 8.37　罕遇地震作用下连梁剪力时程图

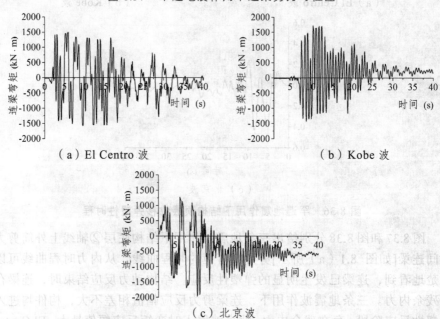

（a）El Centro 波　　　　　　　　　　（b）Kobe 波

（c）北京波

图 8.38　罕遇地震作用下连梁弯矩时程图

图 8.39 给出三条地震作用下结构底层①轴线和 B 轴线交叉点上[如图 8.1（a）所示]外框架柱的弯矩时程曲线。从图中可以看出，反应结束时三条波输入时，框架柱中存在残余内力，但柱均没有进入弹塑性反应阶段，这是由结构整体的残余变形所导致的。

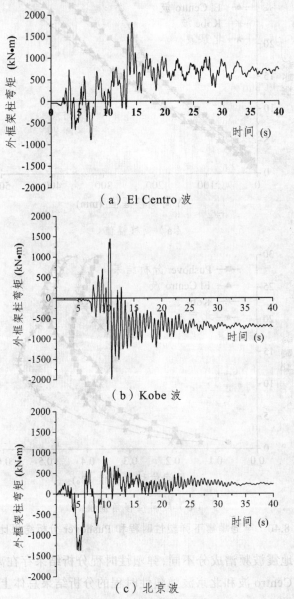

（a）El Centro 波

（b）Kobe 波

（c）北京波

图 8.39　罕遇地震作用下外框架柱弯矩时程图

图 8.40 给出弹塑性时程分析得到的结构各楼层位移反应的最大值和层间位移角的最大值，图中同时也给出了 Pushover 分析的结果。

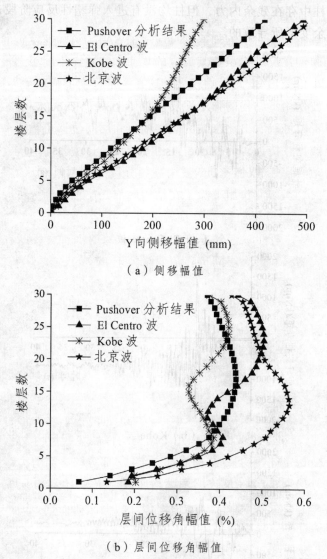

（a）侧移幅值

（b）层间位移角幅值

图 8.40　罕遇地震下弹塑性时程和 Pushover 分析结果比较

由于三条地震波频谱成分不同，弹塑性时程分析结果存在离散。从图 8.40 可以看出，El Centro 波和北京波弹塑性时程的分析结果总体上大于 Pushover 的分析结果，而 Kobe 波的分析结果总体上要小于 Pushover 的分析结果。从

图 8.35 给出的三条地震波加速度反应谱可以看出，在结构的基本周期附近，Kobe 波的谱加速度要小于 El Centro 波和北京波的谱加速度，而 El Centro 波、北京波的谱加速度与规范谱接近。结构地震反应研究表明，结构弹性地震反应受结构基本周期对应的加速度反应谱值 SA1（谱加速度）的影响较大，对于结构的弹塑性反应，虽然其反应的规律和特点已不同于结构弹性反应，但反应的大小仍受 SA1 的影响较大。这在一定程度上解释了为什么 El Centro 波、北京波作用下结构的弹塑性反应总体上大于 Kobe 波的位移反应。

从图 8.40 可以看出北京波的侧移幅值和层间位移角幅值与 Pushover 分析的位移模式比较接近，而 Kobe 波相差较大。这主要与地震波的频谱组成以及结构的动力特性有关，Kobe 波中高频分量占的成分较大，对结构的高阶振型影响较大。三条波作用下除了在结构底部几层，两种分析方法得到的结构侧移幅值和层间位移角幅值差别较大外，在结构中上部这些差异总体上在 25% 以内。从弹塑性时程分析结果的平均值来看，弹塑性时程分析得到的结构顶层最大侧移和最大层间位移角要略大于 Pushover 的分析结果，但在 15% 以内。

由本章 8.6.1 节结构的破坏模式分析可知，罕遇地震下 Pushover 分析中，结构构件的破坏主要集中结构底部 1～8 层的核心筒和连梁上。弹塑性时程分析中，El Centro 波和北京波作用下，结构底部 1～8 层核心筒和连梁上塑性铰发展较充分，其中 El Centro 波作用下结构 9～18 层垂直于地震波作用方向一侧的约束边缘构件屈服，沿加载方向连梁上塑性铰发展不充分，北京波作用下结构 9～25 层连梁塑性铰发展充分，沿加载方向核心筒一侧部分剪力墙肢出现塑性铰，这两条地震波作用下结构构件破坏数量均大于 Pushover 的分析结果。Kobe 波作用下，结构底部 1～4 层部分核心筒剪力墙屈服，其中底部 2 层比较严重，1～8 层连梁两端均屈服，结构 10～20 层核心筒部分出现塑性铰，连梁上塑性铰很少。结构中构件的不同破坏状态也从另一方面说明了结构位移反应差异的原因。

由以上分析可知，采用结构弹塑性时程分析结果对 Pushover 的分析结果进行评价时，由于不同地震波计算结果离散性较大，因此除了要正确选择输入的地震加速度时程曲线外，还要选用多条地震记录在平均意义上分析结构地震反应的规律和特点、评价结构的破坏状态。对于结构比较规则且体系振动以第一振型为主，虽然 Pushover 分析的结果与弹塑性动力时程分析的结果存在一定的差异，但 Pushover 分析方法基本上能对罕遇地震下结构的反应进行较为准确的分析。由于在结构底部楼层，Pushover 分析结果与弹塑性动力时程分析结果相差较大，建议采用其他侧向力分析形式来进行校正，另外还可以考虑高阶振型影响的侧向力分布形式，从而提高 Pushover 分析的准确性。

8.8 小 结

本章主要对组合框架-混凝土核心筒结构的抗震性能进行了弹塑性地震反应分析和参数影响分析，主要工作和结论包括以下几个方面：

（1）对 4 个不同框架伸臂梁连接方式的钢-混凝土组合框架-混凝土核心筒计算模型进行了模态分析和振型分解反应谱分析，研究了连接方式不同对结构受力和变形性能的影响。结果表明：框架伸臂梁两端刚接和伸臂梁与核心筒铰接、但与框架柱刚接这两种连接方式，外框架和核心筒协同受力性能良好，建议实际结构设计中采用这两种连接方式。

（2）基于框架伸臂梁不同连接方式的分析结果，采用框架伸臂梁与核心筒铰接、与框架柱刚接的连接方式，建立了 305 个组合框架-混凝土核心筒计算模型，并对这些计算模型进行了弹性参数分析，初步探讨了框架梁、柱截面，剪力墙厚度、楼层数变化对结构变形性能和外框架剪力的影响规律。结果表明：在本书结构刚度比范围内，单独增大柱截面尺寸对减小结构位移反应效果不明显，同时增大外框架梁、柱尺寸或增大核心筒剪力墙厚度均可有效的降低结构的弹性位移反应。外框架剪力分担率随着外框架梁、柱截面尺寸和楼层数的增高而增大，随着核心筒厚度的增加，在结构底部整体层剪力增大较大，外框架承担的剪力和剪力分担率减小，在结构中上部减小比率较大。

（3）基于大量参数分析的计算结果，研究了结构刚度特征值对结构最大层间位移角位置及外框架楼层最大剪力位置的影响。计算结果表明：结构刚度特征值在 0.41~3.83，最大层间位移角所在楼层的位置与结构总层数的比值在 0.575~0.733 变化，均值为 0.678；外框架最大剪力所在楼层的位置与结构总层数的比值在 0.55~0.72，均值为 0.655，略低于最大层间位移角位置约 1 个楼层。对钢-混凝土组合框架-混凝土核心筒体系最大层间变形和框架剪力起控制作用的是中上部楼层。

（4）建立了钢-混凝土组合框架-混凝土核心筒结构的弹塑性分析模型，

通过与弹性模型模态分析和振型分解反应谱法计算结果的对比，验证了模型的正确性。对结构开展了 Pushover 分析，探讨了结构的地震破坏模式，分析了结构变形和外框架剪力随地震作用增大的变化规律，可为结构的设计提供参考。进行了钢-混凝土组合框架-混凝土核心筒结构弹塑性地震反应时程分析，初步研究了在不同地震波作用下结构时程反应的特征、结构的强地震破坏规律和特点。对比了弹塑性时程分析方法与和 Pushover 分析方法计算结果的差别，探讨了静力弹塑性分析方法的适用性。

参考文献

[1]　刘阳冰, 文国治, 刘晶波. 钢-混凝土组合框架-RC 核心筒结构弹塑性地震反应分析, 四川大学学报：工学版, 2011, 43（2）: 51-57.

[2]　刘阳冰, 刘晶波, 韩强. 组合框架-核心筒结构地震反应初步规律研究. 河海大学学报：自然科学版, 2011, 39（2）: 146-153.

[3]　Liu Yang-bing, Liu Jing-bo, Han Qiang. Research on seismic response of steel – concrete composite frame-RC core wall structure. 14th European Conference on Earthquake Engineering, August 30-September 3, 2010, Ohrid, Republic of Macedonia.

[4]　中国工程建设标准化协会. CECS 159：2004 矩形钢管混凝土结构技术规程[S]. 北京：中国标准出版社, 2004.

[5]　中华人民共和国建设部. JGJ3-2010 高层建筑混凝土结构技术规程[S]. 北京：中国建筑工业出版社, 2010.

[6]　包世华, 方鄂华. 高层建筑结构设计[M]. 北京：清华大学出版社, 2004: 245-249.

[7]　包世华. 新编高层建筑结构[M]. 北京：中国水利水电出版社, 2001: 166-167.

[8]　傅学怡. 实用高层建筑结构设计[M]. 北京：中国建筑工业出版社, 1999: 50-56.

[9]　魏勇. 外钢框架-混凝土核心筒结构抗震性能及设计方法研究[D]. 北京：清华大学土木系, 2006.

[10]　楚留声. 高烈度区型钢混凝土框架-钢筋混凝土筒体混合结构体系抗震

性能研究[D]. 西安：西安建筑科技大学土木工程学院, 2008.

[11] Applied Technology Council. ATC-40 Recommended methodology for seismic evaluation and retrofit of existing concrete building[S]. Redwood City, California, 1996.

[12] Federal Emergency Management Agency (FEMA). FEMA 356 Commentary on the guidelines for the seismic rehabilitation of buildings [S]. Prepared by American Society Of Civil Engineers, Washington, D.C., 2000.

9 新型双钢板-混凝土组合墙轴心受压性能试验研究

9.1 双钢板-混凝土组合墙研究背景和现状

9.1.1 研究背景

双钢板-混凝土组合墙是由置于两侧的两片钢板和内部混凝土通过抗剪连接件连接组成的新型竖向组合构件和抗侧力构件。外侧钢板对内部混凝土有约束作用,对提高混凝土强度、变形和抑制混凝土裂缝和过早压溃具有积极作用;而内部混凝土和连接件的存在限制了外钢管和钢板的局部屈曲。双钢板-混凝土组合墙已在国内外核电站厂房得到广泛应用,近年来逐渐应用于城市道路桥梁、高层建筑等许多领域,是改善混凝土剪力墙抗震性能的重要发展方向之一,已成为工程研究的热点[1-3]。

双钢板-混凝土组合作为一种新型结构具有结构强度高、抗震性能好、施工方便快捷等特点,在日本、中国等核电设施中的应用较为广泛,美国西屋电气公司第 4 代安全壳(如图 9.1)、日本 ABWR Buildings(如图 9.2)等均采用了双钢板-混凝土组合墙[4]。但其设计应用多以具体工程具体研究的方式进行,缺少专用的规范标准[1]。只有日本出版了针对钢板混凝土结构的技术导则和规范,并已在核电厂核岛厂房以外的其他厂房结构中建成应用。

图 9.1 西屋电气第四代安全壳

图 9.2　ABWR Buildings 示意图

双钢板-混凝土组合墙结构作为一种新型结构,也作为模块化施工的重要手段,是 CAP1000 设计施工中必须研究解决的关键技术。在 CAP1000 示范项目的实施过程中,由于缺乏针对双钢板-混凝土结构的专门技术规范,美国核管会 NRC 对双钢板-混凝土组合墙结构在屏蔽厂房中应用的安全性提出质疑,至今没有认可和接受 CAP1000 核电厂钢板混凝土结构屏蔽厂房的设计。在 CAP1000 机组多国设计审查项目(MDEP)中,英国等其他国家的监管机构也对双钢板-混凝土组合墙结构的设计依据提出质疑。目前,针对双钢板-混凝土组合墙的试验和理论研究多集中于民用高层建筑且研究也不充分[3]。因此,有必要以现有屏蔽厂房为原型,开展一系列的基本力学性能和施工安全研究,在此基础上,进行数值模拟和参数分析,从而提出双钢板-混凝土组合墙结构合理的分析模型和设计方法,为双钢板-混凝土组合墙结构的工程应用提供理论依据。

9.1.2　研究现状

20 世纪 80 年代,日立造船工程公司(Hitachi shipbuilding and engineering company)提出了钢板内嵌混凝土组合墙的构想[4],构造如图 9.3 所示,在 CFER(Center for Frontier Engineering Research)的资助下,进行了此种组合墙的试验研究,研究结果表明,新型组合墙构造简单,墙的厚度较小,且具有较高的承载力和较好的延性等优点,因此被广泛应用于港口以及海洋工程。Adams 等[5-6]对该组合墙的破坏模式进行了分析,剪力墙内部混凝土首先出现剪切斜裂缝,之后混凝土被压碎,最后钢板屈服,结构破坏。Link, R. A.等[7]用有限元软件对该组合墙结构进行了数值模拟,分析了结构破坏模式以及承载力的影响因素,研究结果表明,组合墙破坏模式主要由箱型单元长宽比控制，根据长宽比不同，剪力墙的破坏分为两种，若混凝土压碎时钢板仍未屈服，则剪力墙为脆性破坏，反之则为延性破坏。

1995 年，Wright 等提出了压型钢板混凝土组合墙体系[8]，如图 9.4 所示，剪力墙两侧为压型钢板，内部为现浇混凝土，施工中压型钢板一方面起着混凝土模板和支撑定位的作用，一方面作为结构的抗侧力体系。在此研究基础上，Wright 等对双层压型钢板-内填混凝土组合墙的 1/6 缩尺模型进行了轴压以及单调和往复加载试验。试验结果表明，单调加载时混凝土板的裂缝垂直于荷载方向，往复加载时混凝土板出现正交斜裂缝，压型钢板的局部屈曲和压型钢板与混凝土之间的传力性能对该类结构的力学性能影响显著，当压型钢板和混凝土之间连接约束较强时，该类组合墙具有较高的受剪承载力[9-10]。

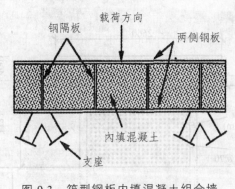

图 9.3 箱型钢板内填混凝土组合墙

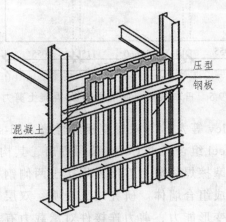

图 9.4 双面压型钢板-混凝土组合墙

291

1995—2001 年，日本学者针对某核电站，进行了一系列双钢板-混凝土组合墙的试验研究。Ozaki 等[11]对 10 个双钢板-混凝土组合墙构件进行了弯剪试验，如图 9.5 所示，将剪跨比、含钢率、是否施加轴力以及钢板开洞情况作为变化参数，分析各参数对组合墙的受剪承载力、受弯承载力的影响。研究结果表明，组合墙的受剪屈服强度与钢板用量成正比，组合墙的抗剪屈服强度受抗弯屈服强度的影响较小。Usami[12]、Akita[13]、Takeuchi[14]等对双钢板–混凝土组合墙进行了一系列压剪试验，研究栓钉间距对钢板屈曲的影响，变化参数为距厚比（栓钉间距与钢板厚度之比），如图 9.6 所示。研究结果表明，钢板在弹性阶段的屈曲应力可以采用半固定支承（一端固结、一端铰接）的欧拉临界荷载计算，而进入弹塑性阶段后，屈曲应力小于计算值。研究结果还表明，钢板屈曲现象对双层钢板–内填混凝土组合墙的整体受力性能几乎没有影响。

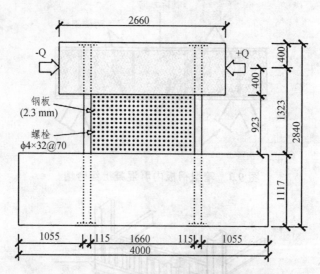

图 9.5　日本某核电站双层钢板-混凝土剪力墙

2003 年，Clubley 等人[15]对双层钢板组合墙（Bi-steel 组合墙）进行了试验研究，Bi-Steel 组合墙由 Corus 公司提出，其构造如图 9.7 所示，该组合墙采用高速摩擦焊将剪力连接杆焊接于两侧钢板之间，钢板内部浇注混凝土从而形成组合墙体。研究结果表明，双层钢板组合墙具有较高的抗剪承载力和变形能力，剪力连接件对承载力有一定的影响，当连接件数量较少时，个别连接件的受剪破坏会导致墙体的整体破坏。该组合墙由于钢板厚度较大，用钢量很高，目前主要用于一些防护建筑和需要快速建设的结构。

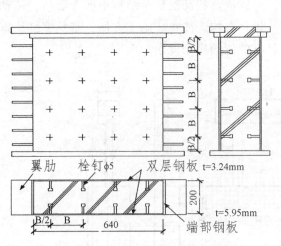

（a）试件尺寸及构造　　　　　　　　（b）破坏情况

图 9.6　Usami 等人的双层钢板–内填混凝土组合墙试验

图 9.7　Bi-steel 组合墙

2011 年，聂建国等[16]对高轴压比低剪跨比双钢板-混凝土组合墙进行了往复荷载试验研究，分析了不同形式连接件对抗震性能的影响，如图 9.8 所示。聂建国等共完成了 3 片剪力墙试件，其中 2 片为低剪跨比双钢板-混凝土组合墙，1 片为同剪跨比的钢筋混凝土剪力墙对比试件。试验结果表明：与钢筋混凝土剪力墙相比，低剪跨比双钢板-混凝土组合墙具有较好的承载力、抗侧刚度、延性和耗能能力，是一种抗震性能优越的组合结构。此后聂建国等[17-18]对高轴压比下高剪跨比和中低剪跨比的双钢板-混凝土组合墙进行了大量往复荷载试验研究，研究结果表明，双钢板-混凝土组合墙具有较好的承载力、延性和耗能能力，可以满足超高层建筑结构中剪力墙的"高轴压、高延性、薄墙体"的要求，还具有构造简单、施工方便、避免裂缝外露等优点，在超高层建筑结构中具有广泛的应用前景。

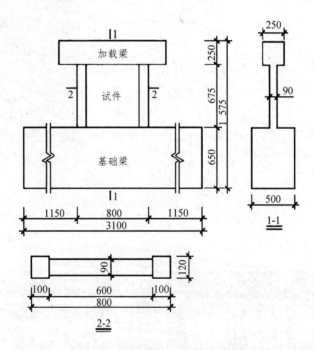

图 9.8　聂建国等的双层钢板-混凝土组合墙试件

综上所述，目前，针对双钢板-混凝土组合墙的试验和理论研究多集中于民用高层建筑，且多关注低周往复荷载下的压、剪研究以及组合墙的抗剪、抗弯性能。对于核电厂中使用的组合墙的轴压性能的相关研究较为缺乏。混凝土强度、钢板强度、距厚比、高厚比等参数对组合墙的轴向受压

294

性能的影响尚未见系统的研究，对双钢板-混凝土组合墙轴压承载力计算公式的试验和理论研究也较为缺乏，部分参数对轴压承载力计算公式的定量影响也没有充分研究依据。因此，有必要以现有 CAP1400 核电站屏蔽厂房为原型，开展一系列的组合墙基本力学性能和抗震性能试验研究。在此基础上进行数值模拟和参数分析，对双钢板-混凝土组合墙合理的分析模型和设计方法进行研究，为我国核电站结构设计规范的制定奠定基础，并为双钢板-混凝土组合墙在核电设施中的工程应用和在民用建筑中的应用提供理论依据和技术保障。

9.2 双钢板-混凝土组合墙轴心受压性能试验方案设计

9.2.1 试验目的

双钢板-混凝土剪力墙承受轴向压力是最简单也是最基本的受力状态，掌握其轴心受压力学性能的一般规律，是研究双钢板-混凝土剪力墙（或筒体）压、弯等基本力学性能以及复杂力共同作用下工作性能的基础。另外，对于轴心受压构件而言，一般情况下，其承载力是由稳定条件决定的，即应满足整体稳定和局部稳定要求。

因此，为了解双钢板-混凝土剪力墙的轴心受力性能，验证其实用性和有效性，设计了 8 个双钢板-混凝土组合墙试件并对其进行轴心受压试验，以期达到以下目的：

（1）考察双钢板-混凝土组合墙在轴向压力作用下的破坏过程、破坏形态以及钢板应力分布情况。

（2）研究距厚比、连接件形式、栓钉和对拉螺栓比例和布置形式、钢材强度等因素对剪力墙受力性能、刚度、变形能力和破坏模式的影响的规律。

（3）探讨距厚比对双钢板-混凝土剪力墙钢板局部屈曲性能和钢板与混凝土组合作用的影响规律，为提出防止钢板局部屈曲先于屈服的距厚比限值计算公式提供试验依据。

（4）对建立的双钢板-混凝土剪力墙分析模型进行验证，在获得试验验证的基础上，进行大规模的参数分析，以得到主要影响参数的影响规律和实用计算模型，为双钢板-混凝土剪力墙受压承载力设计公式的提出奠定基础。

9.2.2　试件设计及制作

1. 试件设计

试件设计首先以实际工程为原型，墙截面按照 1∶7 进行缩尺，然后在此基础上考虑栓钉间距、对拉螺栓位置、对拉螺栓比例及钢材强度的改变。设计中并考虑试验设备加载能力，且采用有限元软件对试验构件进行了初步分析。

共设计了 8 个双钢板-混凝土剪力墙试件，编号为 DSW-1 到 DSW-8，其中 DSW-4 是以原型缩尺的试件。所有墙体的截面高度均为 800 mm，厚度为 166 mm。钢板采用 Q345 和 Q235 钢，内填 C50 细石混凝土。在试件的底部及顶部分别设置钢筋混凝土基础梁和加载梁，与剪力墙浇注成整体，以防止局部破坏；基础梁截面尺寸为 400 mm × 250 mm，加载梁截面尺寸为 300 mm × 250 mm，基础梁和加载梁的混凝土也采用 C50 混凝土，纵筋和箍筋均采用 HRB335。墙体的钢板均伸入加载梁和基础梁 200 mm，并在上下均设 8 mm 厚的封口钢板，保证锚固性能。试件尺寸和具体连接构造如图 9.9 所示。

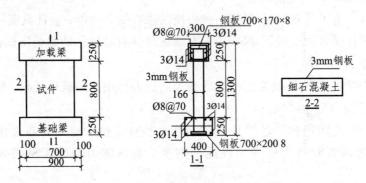

图 9.9　DSW-1 ~ DSW-8 立面、剖面图

图 9.10 给出了 DSW-1 ~ DSW-8 钢板栓钉、对拉螺栓和洞口的布置示意图。图中 ● 代表直径为 6 mm 的对拉螺栓，+ 代表直径为 6 mm 长度为 48 mm 的栓钉。

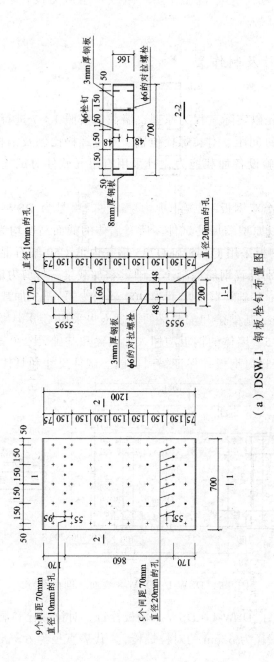

（a）DSW-1 钢板栓钉布置图

297

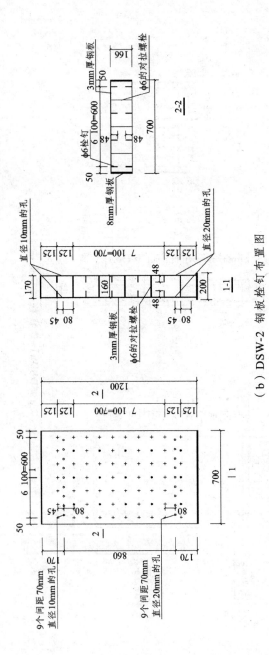

（b）DSW-2 钢板栓钉布置图

298

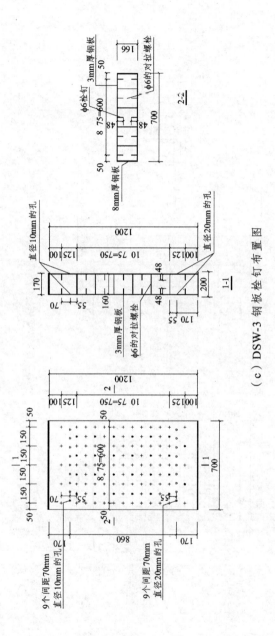

（c）DSW-3 钢板栓钉布置图

299

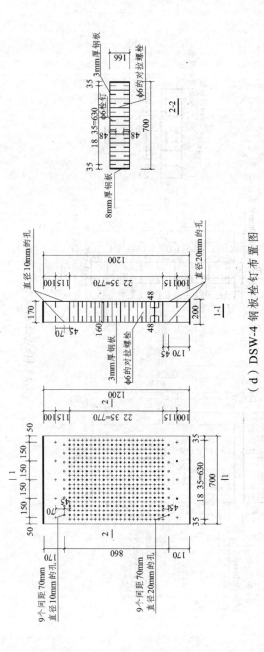

（d）DSW-4 钢板栓钉布置图

300

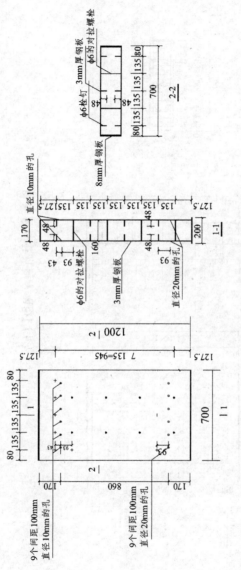

（e）DSW-5 钢板栓钉布置图

301

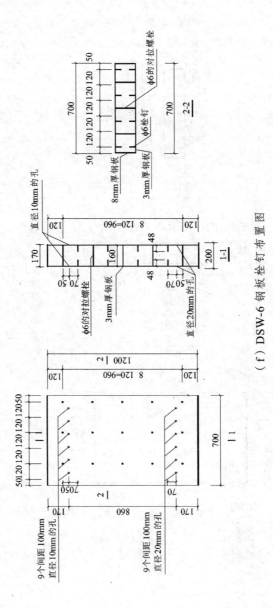

（f）DSW-6 钢板栓钉布置图

302

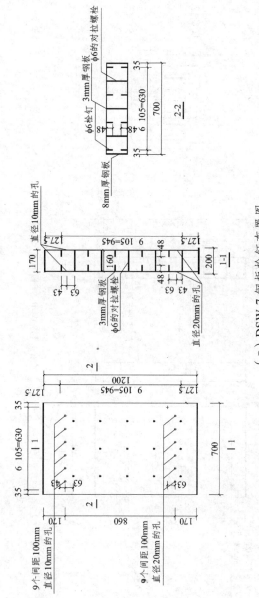

（g）DSW-7 钢板栓钉布置图

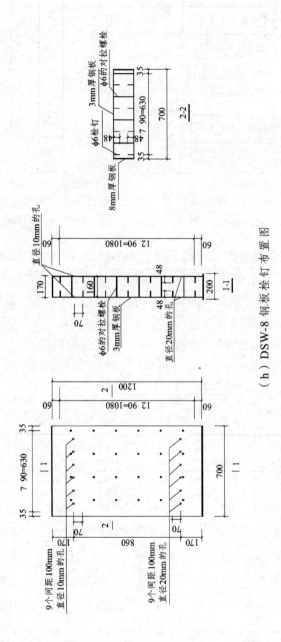

（h）DSW-8 钢板栓钉布置图

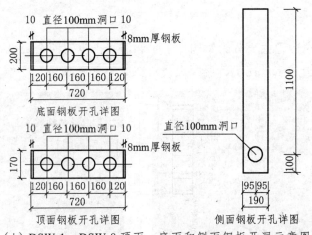

（i）DSW-1～DSW-8 顶面、底面和侧面钢板开洞示意图

图 9.10　DSW-1～DSW-8 钢板栓钉和洞口布置示意图

表 9.1 给出 8 个剪力墙试件的编号和基本信息。DSW 为 Double Shear Wall 的缩写。距厚比为栓钉间距 s 与钢板厚度 t 的比值，对于轴心受力构件而言，距厚比、钢材强度以及连接件的布置形式对墙的整体力学性能和钢板的局部屈曲影响显著，因此将这些因素作为主要的变化参数。试件 DSW-1～DSW-8 分为二组：第一组为 DSW-1～DSW-4，4 个试件仅距厚比不同，其他均相同；第二组为 DSW-5～DSW-8，与第一组相比，钢材牌号不同，栓钉间距不同，这 4 个试件仅距厚比不同，其他均相同。

表 9.1　试验试件编号及基本信息

试件编号	墙高 /mm	t /mm	混凝土厚 /mm	s /mm	距厚比	混凝土强度	钢材牌号
DSW-1	800	3	160	150	50	C50	Q345
DSW-2	800	3	160	100	33	C50	Q345
DSW-3	800	3	160	75	25	C50	Q345
DSW-4	800	3	160	35	12	C50	Q345
DSW-5	800	3	160	135	45	C50	Q235
DSW-6	800	3	160	120	40	C50	Q235
DSW-7	800	3	160	105	35	C50	Q235
DSW-8	800	3	160	90	30	C50	Q235

2. 试件制作

试件制作过程主要分为钢构件加工和混凝土浇筑两个阶段，其中钢构件部分在钢结构加工厂完成，混凝土浇筑在实验室完成。

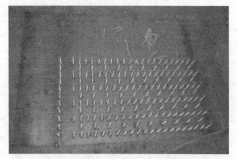

（a）墙钢板栓钉焊接

（b）墙钢板与侧钢板焊接

（c）墙钢板焊接

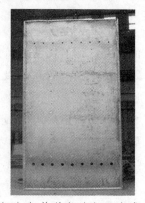

（d）钢构件部分加工完成

图 9.11　钢构件部分制作过程

钢构件加工中，首先在墙钢板上按照规定位置打孔用于连接对拉螺栓和穿加载梁和基础梁箍筋，其中基础梁箍筋预留孔要大于加载梁，其目的是便于浇筑混凝土时，观察剪力墙内部混凝土是否浇筑密实。为了防止墙钢板在焊接栓钉过程中屈曲，将墙钢板点焊在一块厚钢板上焊接栓钉，如图 9.11（a）所示。墙钢板栓钉焊接完毕后，焊接侧面钢板和底面钢板，如图 9.11（b）所示；侧钢板和底面钢板焊接完毕后，再焊接另一侧的墙钢板，如图 9.11（c）所示；最后焊接顶面钢板，钢构件部分加工完成，如图 9.11（d）所示。

试件的混凝土浇筑在实验室完成，每批次同时浇筑两个构件。首先，绑扎基础梁钢筋笼、然后绑扎加载梁钢筋笼及支模、如图 9.12（a）、（b）所示；然后浇筑混凝土，基础梁混凝土主要从墙体外侧倒入，部分从侧面洞口和底面洞口流入，加载梁和墙体混凝土从上部浇筑，如图 9.12（c）所示。图 9.12（d）为浇筑完成后的试件。

（a）绑扎钢筋笼和支模　　　　　（b）基础梁和加载梁支模完毕

（c）浇筑混凝土　　　　　　（d）试件制作完成

图 9.12　混凝土部分制作过程

3．试验材料

试验试件双钢板内填充的混凝土设计强度等级为 C50，实测立方体抗压强度在 37 MPa～53 MPa 之间，变化范围较大，可以在一定程度上反映混凝土强度的影响。在每批试件浇筑时，同时制作边长 150 mm×150 mm×150 mm 的混凝土标准立方体试块，并与试件在相同的环境条件下进行养护。在试件加载前，按标准试验方法测试得到的混凝土立方体抗压强度 f_{cu} 如表 9.2 所示。

表 9.2　试件墙体混凝土立方体抗压强度实测值/MPa

试件编号	试样 1	试样 2	试样 3	平均值
DSW-1，DSW-3	50.5	53.3	53.5	52.4
DSW-2，DSW-4	42.0	48.0	50.5	46.8
DSW-5，DSW-6	36.4	37.3	37.5	37.1
DSW-7，DSW-8	46.9	52.4	48.7	49.3

　　剪力墙钢板分别采用 Q235B 和 Q345B 两种牌号，厚度均为 3 mm。试件加工前对所采用的不同牌号的钢板进行取样，试样的形状和尺寸参照《金属材料室温拉伸试验方法》（GB/T 228—2002）[19]的规定进行取样加工。每一种牌号的钢材，取 8 个标准试样，材性试验测得的结果如表 9.3 所示。图 9.13 给出拉伸试验得到的应力–应变曲线。

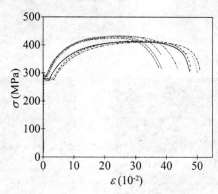

图 9.13　Q235 钢应力-应变曲线

表 9.3　钢板的材料性能

牌号	钢板厚/mm	屈服强度	极限强度	屈服应变	极限应变	延伸率
Q235	3	276	412	0.13%	21.08%	41.2%
Q345	3	370	490	0.18%	27.11%	35.8%
Q235	8	289	429	0.15%	22.59%	34.6%

9.2.3　试验方案

1. 加载装置与加载制度

试验加载装置采用微机控制电液伺服 20 000 kN 压剪试验机，加载量程

20 000 kN，试验机的顶板及底板尺寸均为 1.1 m×1.1 m，试验机的净空高度为 1.5 米。试验加载装置如图 9.14 所示。基础梁放置于试验台座上，试验机通过加载梁将轴压力均匀分配到墙中，使墙体受力状态接近实际工作状态。

试验方法为单调轴向加载试验，采用力控制和位移控制相结合的加载方法。具体实施步骤如下：

（1）弹性预压 200 kN；

（2）每级荷载为 100 kN，加载至预估最大承载力 P_{max} 的 50%，持荷 2 分钟后读数；

（3）每级荷载为 50 kN，加载至预估最大承载力 P_{max} 的 80%，持荷 5 分钟后读数；

（4）每级荷载为 20 kN，加载至预估最大承载力 P_{max} 的 90%，持荷 5 分钟后读数；

（5）采用等位移加载控制，加载速率为 0.001 mm/s，连续加载直到破坏。

图 9.14　试验加载装置图

2．测点布置

试验过程中需要量测的物理量包括力、相对位移、平面外位移和钢板应变。

采用试验机的力传感器测量竖向力。用两个位移传感器（位移计）分别测量剪力墙左右两边的相对的竖向位移，一个位移计测量墙的平面外位移。位移计布置如图 9.15 所示。

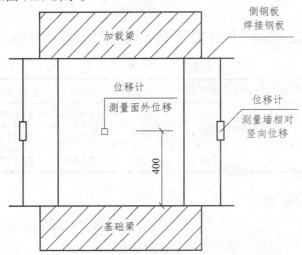

图 9.15　DSW-1～DSW-8 位移计布置图

309

在剪力墙钢板上和侧面钢板上布置多个应变片来量测钢板的竖向和横向应变，对于试件 DSW-1～DSW-8，剪力墙钢板正面和背面应变片布置情况相同，主要分三种情况布置：① 栓钉横向间距中点；② 栓钉竖向间距中点；③ 四个栓钉的中心位置。两侧面墙体的钢板上，在钢板的中心位置处，自上向下在 3 个四分点处分别布置双向应变片。试件 DSW-1～DSW～8，分别在墙钢板和侧向钢板上布置 48 个应变片。以 DSW-2 为例，图 9.16 给出钢板应变片布置图。图中给出的仅为一片墙板和一片侧向钢板应变片的布置，相对应的另外两片，应变布置与其相同。

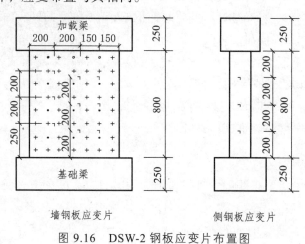

墙钢板应变片　　　　　　　　侧钢板应变片

图 9.16　DSW-2 钢板应变片布置图

9.3　双钢板–混凝土剪力墙轴心受压性能试验结果及分析

9.3.1　试验过程及现象描述

试件的制作和加载试验分二批进行，其中 DSW-1～DSW-4 为第一批，DSW-5～DSW-8 为第 2。本节图 9.17～9.23 椭圆标示部分为钢板发生局部屈曲的位置。以下文中所述钢板正面均贴有试件编号，背面无试件编号标签。

1. 试件 DSW-1

加载初期，未观察到明显的试验现象，墙钢板均未发现明显的变形。加载至 500 kN 时，墙体正面顶部距加载梁底部 100 mm 左右，即从加载梁底部起第 1 排栓钉与第 2 排栓钉之间的中部位置，沿加载梁长度方向，钢板局部

310

屈曲向面外凸出成横向带状，如图 9.17（a）所示。墙体背面左侧左边第 1
列的第 2 个应变片位置（第 3 排栓钉和第 4 排栓钉的中心位置），钢板稍微向
外凸出，发生局部屈曲，如图 9.17（b）。加载至 1 300 kN 时，正面钢板局部
屈曲位置的钢板变形加剧，背面无明显变化。加载至 3 000 kN 时，正面及背
面钢板沿着横向，分别发展成横向凸起带，敲击钢板，有空洞声音，钢板与
混凝土明显处于分离状态。加载至 3 500 kN 时，正面上部的凸起部位沿横向
逐渐扩展，底部靠近基础梁位置的钢板也出现外凸的现象，发生局部屈曲，
如图 9.17（c）所示。随着加载的继续，钢板局部屈曲位置凸起的范围和变形
越来越大，加载至 4 300 kN 时，背面钢板的局部屈曲位置平面外变形和横向
范围继续发展，如图 9.17（d）所示。加载至 6 000 kN 时，听到螺栓断裂的
声音，加载至 6 120 kN 时，正面和背面凸起位置的钢板均出现较大变形，甚
至出现了明显的钢板"折痕"，如图 9.17（e）所示，随即侧钢板和面钢板焊
缝被拉开，压碎混凝土从拉开焊缝脱落，如图 9.17（f）所示。

（a）500 kN 正面钢板

（b）500 kN 背面钢板

（c）3 500 kN 时正面钢板

（d）4 300 kN 时背面

（e）焊缝拉开前背面钢板屈曲变形　　　　　　（f）构件破坏

图 9.17　DSW-1 试件破坏过程

2. 试件 DSW-2 和 DSW-3

试件 DSW-2 和 DSW-3 的试验现象基本相同，只是钢板首次发生屈曲的荷载不同，DSW-2 为 3 400 kN，DSW-3 为 4 800 kN。以下以试件 DSW-3 为例，描述试验现象。图 9.18 给出试件 DSW-3 试验加载过程中破坏状态。轴向荷载达到 4 800 kN 以前，墙钢板均未出现明显变形，如图 9.18（a），加载至 4800kN 时，墙体正面的顶部位置（第 1 排应变片的位置），即横向第 1 排与第 2 排栓钉之间，钢板略微向外凸出，发生局部屈曲，如图 9.18（b）所示，敲击有空洞声音，混凝土与钢板分离，背面无明显面外变形。加载至 5 500 kN 后，正面局部屈曲位置的钢板变形加剧，背面第 3 排应变片的位置，即第 7 排与第 8 排栓钉之间，钢板发生局部屈曲，如图 9.18（c）所示。加载至 6 100 kN 时，听见螺栓断裂的声音，加载至 6 280 kN 时，正面及背面钢板凸起位置的变形均越来越大，敲击钢板，有明显空洞声音，与钢板明显的分离，如图 9.18（d）、（e）所示。加载至 6 700 kN 时，正面和背面局部屈曲位置的钢板均出现较大变形，甚至出现了明显的钢板"折痕"，钢板已发生了很大变形，濒临破坏，随即焊缝拉裂，压碎混凝土流出，构件破坏，如图 9.18（f）所示。

（a）4 500 kN 背面钢板　　　　　　（b）4 800 kN 正面钢板

（c）5 500 kN 背面钢板　　　　　　（d）6 280 kN 背面钢板

（e）6 280 kN 正面钢板　　　　　　（f）构件破坏

图 9.18　DSW-3 试件破坏过程

3. 试件 DSW-4

加载至 7 080 kN 以前，墙体的正面和背面的钢板均未出现明显变形，如图 9.19（a）、（b）所示。7080 kN 时，正面钢板顶部加载梁底部第 1 排与第 2 排栓钉之间的位置出现了变形，钢板略微向外凸出，发生局部屈曲，如图 9.19（c）所示，敲击该凸出位置的钢板，无明显空洞的声音，表明在钢板屈曲位置，混凝土与钢板未发生分离；背面无明显变形。

（a）7 000 kN 正面钢板

（b）7 000 kN 背面钢板

（c）7 080 kN 正面钢板

（d）7 350 kN 背面钢板

（e）7 780 kN 正面钢板　　　　（f）正面钢板与侧钢板焊缝拉裂

图 9.19　DSW-4 试件破坏过程

　　加载至 7 350 kN 时，正面局部屈曲位置的钢板变形加剧，背面无明显变化，如图 9.19（d）所示。随着荷载的增加，钢板凸起位置的变形越来越大，加载至 7 500 kN 时，听见有对拉螺栓断裂的声音。加载至 7 780 kN 时，正面局部屈曲位置的钢板平面外变形有所发展，但远小于其他 3 个试件。此时，可观察到钢板向下呈水波纹状的流塑变形，说明此时钢板应力不增加，轴向应变迅速增大，随后在正面钢板局部屈曲位置与侧钢板的交接处焊缝被拉裂，混凝土压碎，构件破坏。

4. 试件 DSW-5

　　试件加载初期，无明显试验现象。加载至 1 100 kN 时，墙体钢板正面和背面的中部位置，钢板均略微向外凸出，发生局部屈曲，如图 9.20（a）所示，此时计算得到轴向平均应变仅为 0.05%，远未达到钢板的屈服应变。加载至 2 300 kN 时，正面局部屈曲位置的钢板变形向平面外和左右迅速发展，如图 9.20（b）所示。加载至 4 000 kN 时，正面钢板局部屈曲的范围更大，横向出现了变形带，背面钢板变形发展较为迅速，形成了钢板变形的一条折痕，如图 9.20（c）、（d）所示。

（a）1 100 kN 正面钢板

（b）2 300 kN 正面钢板

（c）4 000 kN 正面钢板

（d）4 000 kN 背面钢板

（e）5050 kN 背面钢板

（f）破坏时背面

图 9.20　DSW-5 试件破坏过程

加载至 4 900 kN 时，听到栓钉断裂的声音；加载至 5 080 kN 时，位移计记录到的墙的上下端竖向位移差达到 2.93 mm，轴向平均压应变约 0.37%，正面及背面凸起位置的钢板均出现较大变形，不断听到对拉螺栓断裂的声音，紧接着背面钢板局部屈曲位置与侧钢板的焊缝被拉开，压碎的混凝土从拉开的缺口处脱落，试件破坏，如图 9.20（f）所示。

5. 试件 DSW-6

图 9.21 给出试件随着轴向荷载增加，正面和背面钢板局部屈曲变形的发展变化过程。试件在轴向荷载达到 2 000 kN 前，剪力墙两面钢板均未发现明显变形；加载至 2 000 kN 时，此时平均轴向应变为 0.11%，接近于钢材的屈服应变，但未达到屈服，墙体正面中部偏右侧位置，钢板向外凸出，发生局部屈曲，如图 9.21（a）所示，敲击该位置的钢板，明显有空洞的声音，混凝土与钢板发生分离，背面无明显变形。加载至 2 500 kN 时，正面局部屈曲位置的钢板变形加剧，如图 9.21（b）所示，背面钢板在平行于加载梁的两个平行位置上向外有轻微凸出。加载至 3 500 kN 时，正面钢板的中部凸起和背面钢板的两个平行板带凸起的范围和凸出的高度均有所发展，如图 9.21（d）所示。加载至 4 500 kN 时，正面及背面凸起位置的钢板均出现较大面外变形，并有对拉螺栓拉断的声音发出，如图 9.21（c）和（e）所示。加载至 4 840 kN 时，正面及背面钢板均出现了明显的钢板"折痕"，如图 9.21（f）和（g）所示，此时焊缝未被拉开。荷载不再增加，紧接着在局部屈曲变形位置与侧钢板连接处的焊缝被突然拉开，内部压碎混凝土从焊缝拉开出脱落，承载力急剧下降，如图 9.21（h）。

（a）2 000 kN 正面　　　　　　　　（b）2 500 kN 正面钢板

（c）4 500 kN 正面钢板

（d）3 500 kN 背面钢板

（e）4 500 kN 背面钢板

（f）4 840 kN 背面钢板

（g）4 840 kN 正面钢板

（h）试件破坏

图 9.21　DSW-6 试件破坏过程

6. 试件 DSW-7

轴向荷载加载至 3 000 kN 时，墙体钢板背面和正面的中部安装面外位移计处横向两排栓钉之间右侧，钢板略微向外凸起，发生局部屈曲，钢板与混凝土此时稍有分离，相应的轴向平均应变为 0.14%，达到钢材的屈服应变，如图 9.19（a）所示。加载至 4 500 kN 时，正面和背面的钢板凸起范围扩大、变形量增加，敲击该范围内的钢板，空洞响声明显，表明该范围内墙体钢板与混凝土基本分离，如图 9.22（b）所示。

（a）3 000 kN 正面钢板

（b）4 500 kN 正面钢板

（c）焊缝开裂前背面钢板

（d）焊缝开裂前正面钢板

图 9.22　DSW-7 试件破坏过程

加载至 5 100 kN 时，正面钢板局部屈曲的范围和程度均相应增大，而背面的钢板凸起位置已基本形成"折痕"，内部混凝土压碎，不断听到钢板响声和对拉螺栓断裂的响声，紧接着侧钢板与墙钢板焊缝被拉开，压碎的混凝土从拉开的缺口处脱落。图 9.22（c）、（d）分别给出焊缝开裂前，墙钢板正面和背面钢板局部屈曲变形情况。

7. 试件 DSW-8

加载至 3 800 kN 时，正面钢板在距上下梁之间的中间靠两侧部位凸起，均在所在位置横向两排栓钉之间发生局部屈曲，如图 9.23（a）中所示，背面钢板无明显变化。加载至 4 000 kN 时，背面靠加载梁位置的钢板微微凸起，出现了较小的变形。加载至 5 000 kN 时，背面的钢板变形仍不明显，而正面钢板的面外变形非常明显，如图 9.23（b）所示。加载至 5 900 kN 时，正面钢板面外变形的范围和程度均增加很多，而背面钢板的局部变形仍不明显，不断听到钢板响声和对拉螺栓断裂的响声，内部混凝土压碎，紧接着侧钢板与墙钢板在正面钢板局部屈曲位置与侧钢板连接处的焊缝被拉开，压碎的混凝土从拉开的缺口处脱落，如图 9.23（c）所示。

（a）3 800 kN 正面钢板　　　　　（b）5 000 kN 正面钢板

（c）试件破坏

图 9.23　DSW-8 试件破坏过程

9.3.2　试验结果分析

1. 试件的荷载-位移曲线

图 9.24 给出试件 DSW-1 ~ DSW-4 试验得到的荷载-位移曲线。其中纵坐标为施加的竖向轴向荷载，横坐标为剪力墙上下两端的相对竖向位移，即剪力墙自身的轴向变形，取两个位移计测量结果的均值。图中●钢板局部屈曲起始点。

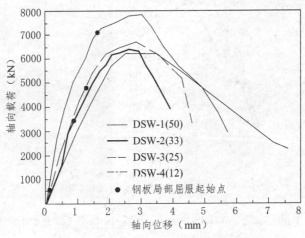

图 9.24　DSW-1 ~ DSW-4 荷载位移曲线

对于试件 DSW-1～DSW-4，只有栓钉间距不同，其他条件均相同，从DSW-1 到 DSW-4，距厚比逐渐减小。图 9.24 中括号内的数值为试件的距厚比，从图中可以看出，随着栓钉间距和距厚比的减小，双钢板-混凝土剪力墙的承载力越来越高，刚度越来越大，钢板发生局部屈曲的荷载越来越大。其中，DSW-1 到 DSW-3 刚度和承载力增加的幅度很小，DSW-4 的栓钉间距远小于其他 3 个试件，栓钉和对拉螺栓的数量远多于其他 3 个试件，距厚比远小于其他 3 个试件，因此其承载力和刚度的提高的幅度较大，且从其最大荷载到构件破坏，有较大的变形，在达到最大承载力时，明显能观察到，墙钢板像流水波纹一样的流动，这说明其变形急剧增大，延性要好于其他 3 个试件。

对于试件 DSW-5～DSW-8，其钢材强度低于 DSW-1～DSW-4，截面含钢率与 DSW-1～DSW-4 相同，栓钉间距不同。从 DSW-5～DSW-8，距厚比逐渐减小。图 9.25 中括号内的数值为试件的距厚比。从图中可以看出，在加载初期，4 个试件的弹性刚度基本相等，随着荷载的增大，钢板的局部屈曲，总体来说随着距厚比和栓钉间距的减小，其承载力和刚度逐渐增大，钢板首次发生局部屈曲的荷载和位移均增大。因为试件 DSW-6 焊接质量的问题，焊缝过早地被拉开，其承载力要小于试件 DSW-5，但刚度在焊缝拉开破坏前还是符合上述规律的。DSW-5～DSW-8 的最大承载力要低于前 4 个试件。

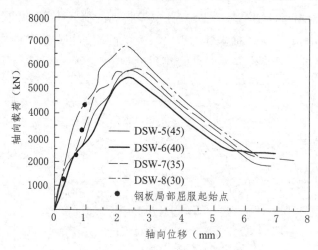

图 9.25　DSW-5～DSW-8 荷载位移曲线

通过以上分析，总体来说两组试件荷载-位移曲线的变化规律基本相似，具有如下规律：

（1）加载初期，距厚比对其刚度和承载力影响不大，随着荷载的增大，钢板的局部屈曲，对于相同截面和材料强度的试件，随着距厚比的增大，承载力和刚度均有所降低，但总体上降低不多。

（2）钢板出现局部屈曲时，试件的刚度和强度未出现明显下降，钢板局部屈曲对其最大承载力影响不大。

（3）距厚比对剪力墙钢板的局部屈曲荷载有显著影响，随着距厚比的减小，钢板发生局部屈曲的荷载越大，越接近于最大承载力。

2. 破坏模式

对于双钢板-混凝土剪力墙，其外侧的双钢板，充当钢筋和模板的作用，类似于轴心受压 RC 柱中的纵筋和箍筋，不仅提供竖向的承载力，也起到约束混凝土，限制混凝土横向膨胀的作用，与混凝土一起共同工作。根据试验现象和荷载位移曲线的分析总结，8 个试件在加载初期均处于弹性工作阶段，墙的竖向压缩变形的增加与荷载的增加成正比，钢板和混凝土压应力的增加也与荷载的增加成正比。但由于荷载的增加、试件距厚比和材料强度的不同，其破坏过程有所不同，根据剪力墙钢板是首先发生屈服还是局部屈曲，将其破坏模式分为以下两类：

（1）第 I 类破坏：墙钢板首先发生局部屈曲而未屈服，然后随着荷载增大，钢板屈曲范围扩大，在屈曲位置钢板与混凝土分离，而未屈曲的钢板和混凝土共同承受荷载，最后混凝土压碎，钢板横向应变达到屈服应变，焊缝裂开，构件破坏。

（2）第 II 类破坏：剪力墙钢板和混凝土共同受力，钢板的压应力增加快于混凝土，钢板首先屈服，然后随着荷载的继续增大，混凝土和钢板压缩变形的增大，钢板局部发生压曲，混凝土压碎，钢板横向应变达到屈服应变，焊缝裂开，试件破坏。

8 个试件的破坏都具有一定的突然性，均属于脆性破坏，在达到最大承载力，发生破坏前，钢板均发生不同程度的局部屈曲变形。但对于相同钢材牌号，钢板发生屈曲的荷载并不相同，与栓钉（或对拉螺栓）间距即距厚比有关。总体来说，距厚比小，间距小的试件，钢板发生屈曲时的荷载大；距厚比大，间距大的，钢板发生屈曲时，荷载小。表 9.4 给出 8 个试件，钢板发生屈曲时，对应的轴向荷载（屈曲临界荷载）和平均轴向应变（屈曲临界应变）以及试件的最大承载力。

从表 9.4 中可以看出，试件 DSW-1、DSW-2 和 DSW-3，钢板的屈服应变为 0.18%，钢板发生局部屈曲时，相应的平均轴向应变即屈曲临界应变均未达到钢材相应的屈服应变，钢材强度未达到屈服强度，属于第 I 类破坏，屈曲先于屈服；试件 DSW-5、DSW-6 钢板的屈服应变为 0.13%，钢板发生屈曲时，屈曲临界应变均小于钢材相应的屈服应变，这 2 个试件也为钢板局部屈曲先于屈服，破坏形式也属于上述的第 I 类破坏情况，第 I 类破坏是不希望发生需要避免的破坏。其他试件的墙钢板发生屈曲时，其平均轴向应变均达到钢材相应的屈服应变，因此属于第 II 类破坏，说明栓钉间距均能满足防止钢板屈服前发生屈曲。对比表 9.4 中不同钢材强度的试件发现，钢材强度高的试件，使其发生第 II 类破坏，需要的距厚比限值越小。

表 9.4　钢板发生屈曲时试件的轴向荷载、应变以及最大承载力

试件编号	钢材强度	距厚比	屈曲临界荷载/kN	屈曲临界应变/%	$\varepsilon_{cr}/\varepsilon_y$	最大承载力/kN	破坏类型
DSW-1	Q345	50	500	0.018	0.1	6270	屈曲先于屈服（I 类）
DSW-2	Q345	33	3400	0.110	0.6	6390	屈曲先于屈服（I 类）
DSW-3	Q345	25	4800	0.159	0.9	6700	屈曲先于屈服（I 类）
DSW-4	Q345	12	7080	0.205	1.1	7780	屈服先于屈曲（II 类）
DSW-5	Q235	45	1100	0.045	0.3	5080	屈曲先于屈服（I 类）
DSW-6	Q235	40	2000	0.108	0.8	4840	屈曲先于屈服（I 类）
DSW-7	Q235	35	3000	0.141	1.1	5110	屈服先于屈曲（II 类）
DSW-8	Q235	30	3800	0.148	1.1	5950	屈服先于屈曲（II 类）

对试件的最大承载力分析发现，对于试件 DSW-4 ~ DSW-1，距厚比从 12 增大到 50，最大承载力降低约 19.4%；对于试件 DSW-8 ~ DSW-5（不考虑 DSW-6），距厚比从 30 增大到 45，最大承载力降低约 14.6%./焊缝的焊接质量也在很大程度上影响了承载力的大小。

综上所述，对于受压构件而言，距厚比仅对构件的破坏模式、钢板发生局部屈曲的荷载影响较大，对其最大承载力影响不大；钢板钢材强度越高，防止试件发生第 I 类破坏的距厚比限值越小。

3. 钢板应变分析

以试件 DSW-1、DSW-4、DSW-5、DSW-7 为例，给出钢板应变随轴向荷载的变化曲线。试件 DSW-1、DSW-5 和 DSW-4、DSW-7 分别代表了两类破坏模式，其中 DSW-1、DSW-5 为第 I 类破坏，钢板屈曲先于屈服；DSW-4、DSW-7 为第 II 类破坏，钢板屈服先于屈曲。

（1）试件 DSW-1

图 9.26 给出试件 DSW-1 正面和背面，局部屈曲位置上的荷载-轴向应变曲线。其中横坐标正值为拉应变，负值为压应变。

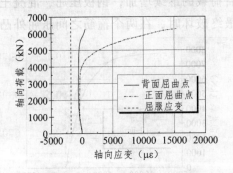

图 9.26　DSW-1 钢板应变曲线

在试件 DSW-1 的正面，在最先出现局部屈曲的顶部未布置应变片，因此不能直接从该位置的应变片读数来判断钢板屈曲前是否达到屈服，但从其他屈曲位置应变片的记录可以看出，正面布置 9 个纵向应变片的位置，在达到最大承载力时，应变均未达到受压的屈服应变，部分应变片的应变从初始的压应变转为拉应变，正面钢板屈曲先于屈服，从 DSW-1 背面的纵向应变来看，由于在最先出现局部屈曲的位置布置有应变片，可以很明显地从应变看出，加载初期，压应变随着荷载的增加而增加，轴向荷载大约在 500 kN 后，压应变随着荷载的增加非常缓慢，且压应变一直很小，远未达到钢材的屈服应变，荷载达到一定程度后，钢板表面的应变从压应变转为拉应变，始终未达受压的屈服应变，表明背面钢板屈曲先于屈服。从正面和背面的应变分析来看，钢板局部屈曲明显，且屈曲发生时钢板均未达到屈服。对比试验现象，试件

DSW-1 钢板很早发生局部屈曲变形，平均轴向压应变很小，因此，可以认为 DSW-1 的钢板屈曲先于屈服，与前面采用平均轴向应变分析结果相符，属于第 I 类破坏。

（2）试件 DSW-4

试件 DSW-4 的背面和正面共布置了 18 个纵向应变片，所有的应变片在整个加载过程中均处于受压状态，且随着轴向荷载的增加钢板的竖向应变均超过屈服应变。如图 9.27，分别取正面钢板距加载梁顶部 182.2 mm 和背面钢板距基础梁顶部 192.5 mm 处应变片读数，其中横坐标为轴向应变，纵坐标为轴向荷载。从图中可以看出，纵向压应变随着荷载的增加而增大，在靠近局部屈曲位置，轴向荷载大概在 5 000 ~ 6 000 kN 之间，其轴向应变达到屈服应变。因此，从 DSW-4 的试验现象及应变数值来看，所有位置的钢板均已达到了屈服，随着荷载的继续增加，钢板压屈，混凝土压碎，类似于钢筋混凝土柱的纵筋在最终破坏时，在两个箍筋之间压屈外凸。

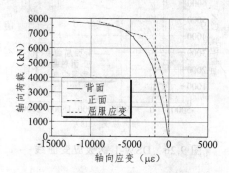

图 9.27　DSW-4 钢板应变曲线

（3）试件 DSW-5

DSW-5 背面一共布置了 10 个纵向应变片，其中有 2 个应变片在加载至 1 200 kN 时，从压应变变换为拉应变，而另外的 8 个应变片一直处于受压状态，但是到构件破坏时均未达到屈服。图 9.28 分别给出墙钢板正面和背面屈曲点的应变曲线。DSW-5 正面一共布置了 9 个纵向应变片，其中有 3 个应变片位置的钢板从 500 kN 开始陆续从压应变变化到拉应变，即表示从 500 kN 开始在 9 个贴应变片的位置中陆续有三个位置的钢板出现了局部弹性屈曲的现象，且屈曲之前均未达到屈服状态。因此，可以认为试件 DSW-5 在试验中，发生局部屈曲位置的钢板在发生屈曲前均未达到屈服，属于第 I 类破坏。

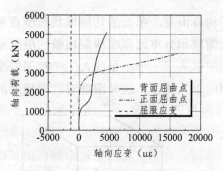

图 9.28　DSW-5 钢板应变曲线

（4）试件 DSW-7

图 9.29 分别给出墙钢板正面和背面屈曲点的应变曲线。从图中可以看出墙钢板应变随着荷载的增大一直为压应变，且均达到屈服应变。DSW-7 背面一共布置了 9 个纵向应变片，其中只有一个位置的应变由压应变变为拉应变，而其余的 8 个应变片均一直处于受压的状态，即未出现明显的屈曲现象。DSW-9 正面一共布置了 9 个纵向应变片，有两个点有由负变正的情况，且变号前，应变为达到屈服应变，而其余的 7 个点一直处于受压的状态。因此，可以认为钢板整体基本的屈服发生于屈曲之前，属于第 II 类破坏。

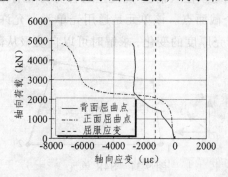

图 9.29　DSW-7 钢板应变曲线

9.4　有限元数值模拟和距厚比限值分析

9.4.1　双钢板-混凝土组合剪力墙有限元模型

1. 单元类型

墙体混凝土采用 8 节点的三维线性缩减积分单元（C3D8R）模拟，该单元每个节点有三个平动自由度。单元的几何形状、节点和积分点位置，如图9.30所示。由于线性缩减积分单元存在沙漏现象，引起刚度退化，ABAQUS在线性缩减积分单元中引入了一个小量的人工"沙漏刚度"以限制沙漏模式的扩展。模型中应用的单元越多，这种刚度对沙漏模式的限制越有效。

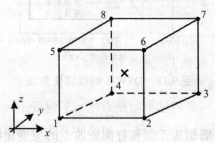

图 9.30　C3D8R 单元图

双钢板-混凝土剪力墙中的 3 mm 厚和 8 mm 厚的钢板均采用 4 节点的三维线性缩减积分单元（S4R）模拟，控制"沙漏"，适用于大应变的计算，该单元每个节点具有六个自由度，单元的几何形状、节点和积分点位置如图 9.31所示。进行非线性分析时，沿厚度方向需指定任意奇数个的界面点，截面点数目根据分析问题而定。在双钢板-混凝土组合剪力墙有限元分析中，沿厚度方向采用默认的 5 个截面点。该单元是通用壳单元，允许沿厚度方向的横向剪切变形，并且随着壳厚度的变化，求解时可以自动服从薄壳或者厚壳理论。

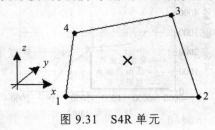

图 9.31　S4R 单元

栓钉采用非线性弹簧单元模拟（SPRING2 单元），如图 9.32 所示，对于对拉螺栓，考虑到其对钢板的约束较强，故将对拉螺栓处的钢板节点与混凝土节点耦合。

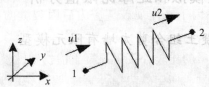

图 9.32　SPRING2 单元

2. 材料本构模型

采用 ABAQUS 对双钢板-混凝土剪力墙轴心受压性能进行分析时，最为关键的问题之一是确定混凝土、钢板材料的本构模型和栓钉的剪力-滑移曲线。以下简要介绍下本构模型的选取和参数的确定。

（1）混凝土本构模型

混凝土本构模型选择的合适与否，直接关系着分析结果的正确与否。ABAQUS 专为混凝土提供了三种本构模型。

① 混凝土弥散开裂模型

该模型适用于围压不超过单轴压力作用下混凝土所能承担的应力的 4~5 倍下单调变形的混凝土构件，仅在 ABAQUS/Standard 模块中使用。对裂缝的表示以及开裂后的行为的定义是混凝土弥散开裂模型的核心。受拉时，由独立的裂缝检测面决定一点是否开裂，并通过"拉伸强化"来模拟裂纹区的后继破坏行为，定义应变软化行为，有基于应力双钢板-混凝土组合墙应变曲线和基于断裂能两种方法；而受压时，则由关联流动、等强硬化的屈服面控制，仅需给出单轴情况下混凝土的应力双钢板-混凝土组合墙塑性应变关系。

② 混凝土脆性开裂模型

该模型与弥散开裂模型类似，只是它仅在 ABAQUS/Explicit 模块中使用，适用于脆性材料的动力分析，特别是在压应力比较小的分析中。

③ 混凝土损伤塑性模型

该模型适用于低围压下的混凝土构件，在 ABAQUS/Standard 和 ABAQUS/Explicit 模块中均能使用。由于该模型考虑了混凝土在作用过程中对混凝土的损伤效应，比较适合于模拟往复甚至地震作用下的混凝土结构行为。该模型为连续的、基于塑性的混凝土损伤塑性模型，假定混凝土材料的破坏是由拉伸开裂和压缩破碎而导致的。而混凝土在作用过程中考虑由两部分构成：损伤部分和塑性部分。塑性部分通过输入参数膨胀角 Ψ、Eccentricity、K_c、α_f 以及黏滞系数 μ 来实现。损伤部分，则通过定义拉伸和压缩行为的损伤，每种损伤通过定义损伤因子和刚度恢复系数两个参数来实现。程序通过损伤因子来体现破坏应力后因裂缝的出现使材料的刚度变小的影响。

通过以上三种模型的比较，采用混凝土损伤塑性模型，所需的混凝土损伤模型数据采用目前最为通用的清华大学过-张损伤模型[20]。具体描述如下：

混凝土单轴受压应力-应变曲线方程：

令 $x = \varepsilon / \varepsilon_0$，$y = \sigma / \sigma_0$，其中 ε_0、σ_0 分别表示曲线的峰值应变和应力。

当 $x \leqslant 0.211$，即 $\sigma \leqslant 0.4 f_{ck}$

$$y = (E_0 \varepsilon_c / f_{ck})x \tag{9.1}$$

当 $0.211 < x \leqslant 1$ 时

$$y = \alpha_a x + (3 - 2\alpha_a)x^2 + (\alpha_a - 2)x^3 \tag{9.2}$$

式中，$\alpha_a = 2.4 - 0.0125 f_{ck}$。

当 $x > 1$ 时

$$y = \frac{x}{\alpha_d(x-1)^2 + x} \tag{9.3}$$

式中，$\alpha_d = 0.157 f_{ck}^{0.785} - 0.905$。

混凝土单轴受拉应力-应变曲线方程：

当 $x \leqslant 1$ 时

$$y = 1.2x - 0.2x^6 \tag{9.4}$$

当 $x > 1$ 时

$$y = \frac{x}{\alpha_t(x-1)^{1.7} + x} \tag{9.5}$$

式中，$\alpha_t = 0.312 f_t^2$；f_t 为混凝土单轴抗拉强度。

图 9.33、9.34 分贝给出混凝土单轴受压和受拉的应力-应变曲线。

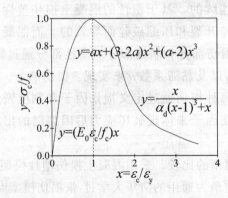

图 9.33 混凝土受压应力-应变关系曲线

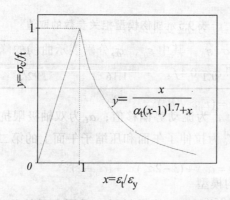

图 9.34　混凝土受拉应力-应变关系曲线

混凝土受压损伤因子：

混凝土材料在拉压反复荷载作用下，由于塑性累积和刚度退化，材料性能变化相当复杂。ABAQUS 在计算时引入了混凝土损伤的概念，较好地描述了混凝土的力学行为。受压损伤因子计算公式[20]：

$$d_{\mathrm{c}} = 1 - \frac{\sigma_{\mathrm{c}} E_0^{-1}}{\varepsilon_{\mathrm{c}}^{\mathrm{pl}}(1/b_{\mathrm{c}} - 1) + \sigma_{\mathrm{c}} E_0^{-1}} \tag{9.6}$$

式中，E_0 为混凝土的弹性模量，

$$b_{\mathrm{c}} = \varepsilon_{\mathrm{c}}^{\mathrm{pl}} / \varepsilon_{\mathrm{c}}^{\mathrm{in}}$$

$$\varepsilon_{\mathrm{c}}^{\mathrm{pl}} = \varepsilon_{\mathrm{c}}^{\mathrm{in}} - \left[\frac{\sigma_{\mathrm{c}}}{(1-d_{\mathrm{c}})E_0} - \frac{\sigma_{\mathrm{c}}}{E_0} \right] = \varepsilon_{\mathrm{c}}^{\mathrm{in}} - \frac{d_{\mathrm{c}}}{1-d_{\mathrm{c}}} \frac{\sigma_{\mathrm{c}}}{E_0}$$

$$\varepsilon_{\mathrm{c}}^{\mathrm{in}} = \varepsilon_{\mathrm{c}} - \varepsilon_{0\mathrm{c}}^{\mathrm{el}}, \ \varepsilon_{0\mathrm{c}}^{\mathrm{el}} = \sigma_{\mathrm{c}} / E_0$$

受拉损伤因子计算公式为：

$$d_{\mathrm{t}} = 1 - \frac{\sigma_{\mathrm{t}} E_0^{-1}}{\varepsilon_{\mathrm{t}}^{\mathrm{pl}}(1/b_{\mathrm{t}} - 1) + \sigma_{\mathrm{t}} E_0^{-1}} \tag{9.7}$$

式中，

$$b_{\mathrm{t}} = \varepsilon_{\mathrm{t}}^{\mathrm{pl}} / \varepsilon_{\mathrm{t}}^{\mathrm{ck}}$$

$$\varepsilon_{\mathrm{t}}^{\mathrm{pl}} = \varepsilon_{\mathrm{c}}^{\mathrm{ck}} - \left[\frac{\sigma_{\mathrm{t}}}{(1-d_{\mathrm{t}})E_0} - \frac{\sigma_{\mathrm{t}}}{E_0} \right] = \varepsilon_{\mathrm{c}}^{\mathrm{ck}} - \frac{d_{\mathrm{t}}}{1-d_{\mathrm{t}}} \frac{\sigma_{\mathrm{t}}}{E_0}$$

$$\varepsilon_{\mathrm{t}}^{\mathrm{ck}} = \varepsilon_{\mathrm{t}} - \varepsilon_{0\mathrm{t}}^{\mathrm{el}}, \ \varepsilon_{0\mathrm{t}}^{\mathrm{el}} = \sigma_{\mathrm{t}} / E_0$$

混凝土的泊松比采用 0.2，其他相关参数的取值见表 9.5。

表 9.5　损伤模型相关参数的取值

Ψ	ε	α_f	K_c	μ
30	0.1	1.16	2/3	0.0005

表中，Ψ 为膨胀角；ε 为流动势偏移值；α_f 为双轴极限抗压强度与单轴极限抗压强度的比值；K_c 为拉伸子午面和压缩子午面上的第二应力不变量之比；μ 表示黏滞系数。

（2）钢材的本构模型

钢材作为一种相对理想的均质材料，受压和受拉的力学性能基本一致，采用二次流塑模型。二次流塑模型将钢材的应力应变曲线分为五个阶段，弹性阶段、弹塑性阶段、塑性阶段、强化阶段、二次流塑阶段，如图 9.35 所示。

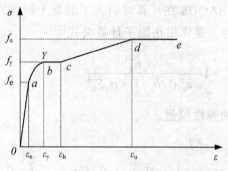

图 9.35　钢材应力-应变关系曲线

二次流塑模型各阶段应力应变关系如下式：

$$\sigma_s = \begin{cases} E_s\varepsilon & (\varepsilon \leqslant \varepsilon_e) \\ -A\varepsilon^2 + B\varepsilon + C & (\varepsilon_e < \varepsilon \leqslant \varepsilon_y) \\ f_y & (\varepsilon_y < \varepsilon \leqslant \varepsilon_h) \\ f_y + f_y(\alpha_1 - 1)\dfrac{\varepsilon - \varepsilon_h}{\varepsilon_u - \varepsilon_h} & (\varepsilon_h < \varepsilon \leqslant \varepsilon_u) \\ f_u & (\varepsilon > \varepsilon_u) \end{cases} \qquad (9.8)$$

式中，E_s 为钢材弹性模量，取 $E_s = 2.06 \times 10^5$ MPa；f_p 为钢材比例极限强度；f_y 为钢材屈服强度实测值；f_u 为钢材极限强度实测值；α_1 为钢材强屈比；$\varepsilon_e = 0.8 f_y / E_s$；$\varepsilon_y = 1.5\varepsilon_e$；$\varepsilon_h = 10\varepsilon_y$；$\varepsilon_u = 100\varepsilon_y$；$A = 0.2 f_y / (\varepsilon_y - \varepsilon_y)^2$；$B = 2A\varepsilon_y$；

$C = 0.2f_y + A\varepsilon^2 - B\varepsilon_e^2$。

（3）栓钉的剪力-滑移曲线

栓钉的轴向刚度采用非线性弹簧单元模拟，弹性段刚度取 $K=EA/L$，A 为栓钉横截面面积，L 为栓钉长度，轴向力达到栓钉轴向的抗拉强度后，保持恒定，如图 9.36 所示。横向抗剪刚度采用非线性弹簧模拟，现有的栓钉剪力-滑移曲线均为采用标准推出试验得到的曲线，采用应用较为广泛的 Ollgaard 曲线[21]，如图 9.37 所示，具体计算公式如下

$$V = N_v^c (1 - e^{-ns})^{m?} \qquad (9.9)$$

式中，N_v^c 为栓钉极限受剪承载力，在 $0.43A_s(E_cf_c)^{0.5}$ 和 $0.7A_sf_u$ 中取较小值；s 为滑移量；E_c 为混凝土弹性模量，$E_c=10^5/(2.2+34.74/f_{cu})$；$f_u$ 为栓钉的极限抗拉强度，$f_u=400MPa$；m，n 计算参数，Ollgaard 提出 $m=0.558$，$n=1$。

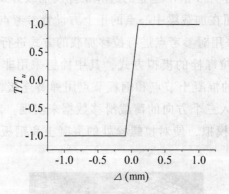

图 9.36 轴向弹簧的力-位移曲线图

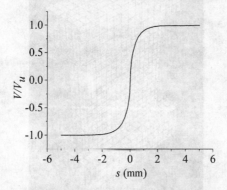

图 9.37 横向受剪弹簧的力-位移曲线

333

3. 有限元模型

图 9.38 给出所建立的有限元模型。试件加工时，需要在钢板上穿洞以安装对拉螺栓，考虑到增加洞口将影响模型的收敛且孔洞面积较小并不影响整体受力性能，建模时将忽略对拉螺栓孔洞。模型网格划分采用结构化网格划分方法，先将各部件划分成规则的几何形状，指派网格形状，混凝土以及加载梁、基础梁用六面体单元，钢板用四边形单元，指定划分密度并划分网格，从图 9.38 中可见网格划分单元规则。网格密度将影响计算结果，网格过粗会导致计算结果不精确，网格过细将增加计算量，采用合理的网格密度可以同时保证计算的精确度和效率，通过不断细化网格，对比细化前的计算结果，当两者相差较小时则认为网格密度足够。为了减少计算用时，可以将主要部件细化网格，次要部分适当加粗网格密度，该试验模型可以将加载梁以及基础梁的网格加粗。图 9.39 给出建立的边界条件及加载方式。其中基础梁的底面设置为固定端，而在加载梁中心点的正上方设置参考点，把参考点与加载梁顶面进行耦合，采用对参考点进行位移加载的方式进行加载。图 9.40 给出了栓钉连接以及对拉螺栓的模拟方式，其中栓钉采用非线性弹簧单元来模拟，通过将栓钉处的混凝土节点和钢板节点用弹簧连接，并在 ABAQUS 输出的 INP 文件中输入三个方向的荷载滑移数据来实现。对拉螺栓采用 MPC 绑定约束（Tie）来模拟，使对拉螺栓处的混凝土和钢板节点的六个自由度相同。

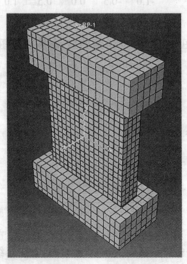

图 9.38　有限元模型图

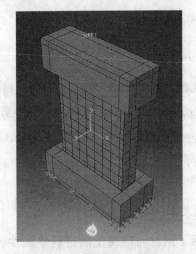

图 9.39 边界条件及加载方式

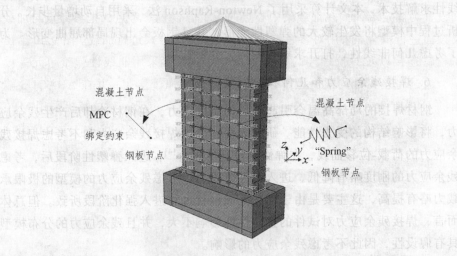

图 9.40 栓钉及对拉螺栓模拟方式

4. 接触关系及连接处理

混凝土与钢板两者之间存在着较强的约束关系，二者的接触关系包括界面法向的接触和切向的粘接滑移。在 ABAQUS 中，通过设置接触单元来模拟钢板与混凝土的界面模型，一般选择相对刚度较大的单元作为主面，在本模型中，由于钢板与混凝土可以相互分离但不能相互渗透，垂直于法线方向的力能够完全传递，可采用"硬接触"来模拟。而切向方向上的接触，可以采用库伦摩擦模型，在达到一定的临界值之前，认为界面传递的剪力与方向应力成正比。用公式[22]表示如下：

$$\tau_{\text{f}} = \mu_{\text{f}} P \leqslant \tau_{\text{bond}} \tag{9.10}$$

式中，μ_{f} 为界面摩擦系数，研究表明[22]取 0.6 时能取得较好的计算结果，取值 $\mu_{\text{f}} = 0.6$；P 为接触面的法向压应力；τ_{bond} 为界面临界剪力，计算公式[23]如下：

$$\tau_{\text{bond}} = 0.75 \times [2.314 - 0.0195 \times (B/t)] \tag{9.11}$$

式中，B 为钢板的边长，取 $B = \sqrt{ab}$；t 为钢板厚度；a、b 分别为矩形钢板的边长。

5. 非线性方程组求解

有限元分析中包括了钢材与混凝土的材料非线性、截面接触非线性和几何非线性，需要使用非线性迭代技术求解。ABAQUS/Standard 提供了多种非线性求解技术，本文计算采用了 Newton-Raphson 法，采用自动增量步长。分析过程中模型将发生较大的弹塑性变形，并且钢板会出现局部屈曲变形。为了考虑几何非线性，打开求解控制的大变形选项。

6. 焊接残余应力和几何初始缺陷的影响

钢材焊接的局部高温会引起不均匀温度应力，在钢材冷却后产生残余应力，将影响结构的受力性能。研究表明：考虑焊接残余应力和不考虑焊接残余应力的荷载-位移曲线，在弹性阶段基本重合[4]，进入弹塑性阶段后，考虑残余应力的刚度略有降低，进入塑性阶段后，考虑残余应力的模型的极限承载力略有提高，这主要是由于部分区域钢材过早进入强化阶段所致。但总体而言，焊接残余应力对试件的整体性能影响不大，并且残余应力的分布模型具有假设性，因此不考虑残余应力的影响。

钢结构在加工制作和安装过程中会产生几何初始缺陷，包括整体初始缺陷和局部初始缺陷。对于薄壁钢结构而言，几何初始缺陷对力学性能的影响较为显著。对于双钢板-混凝土剪力墙，由于受到混凝土和栓钉或对拉螺栓的约束作用，墙体钢板对几何初始缺陷的敏感度降低，因此有限元分析可以不考虑几何初始缺陷。

9.4.2 荷载-位移曲线

图 9.41 分别给出 8 个试件有限元分析得到的轴向荷载-位移全曲线与试

验结果的对比。从图中可以看出总体上试验曲线的初始刚度低于有限元的计算结果，存在着一定的误差，这只要是由于试件自身制作、加载过程中的偶然偏心以及非精确轴心加载造成的。

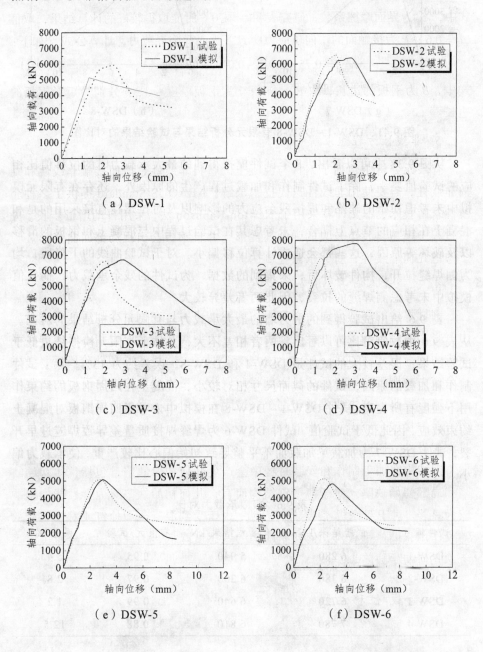

（a）DSW-1

（b）DSW-2

（c）DSW-3

（d）DSW-4

（e）DSW-5

（f）DSW-6

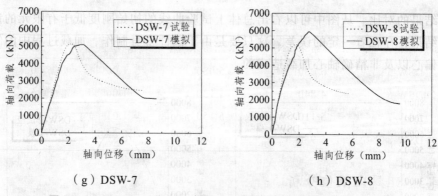

（g）DSW-7　　　　　　　　　　（h）DSW-8

图 9.41　DSW-1～DSW-8 有限元分析结果与试验结果的对比图

从图 9.38 中可以看出，8 个试件模拟得到的最大承载力时的位移值比相应的试验值要小，除了试件制作和加载过程产生的原因外，还存在有限元模拟中未考虑初始的缺陷和焊接残余应力的影响以及对拉螺栓直接采用的是和混凝土在相应的节点上耦合，未考虑其在试验过程中与混凝土和钢板的滑移以及破坏等原因，这些都会造成计算位移偏小。对于试验曲线的下降段，均为侧焊缝拉开，构件破坏后，采集到的数据，为试件的残余承载力，而数值模拟中未考虑侧焊缝的拉裂，因此两者差异较大。

表 9.6 给出试验得到的剪力墙的最大承载力与有限元分析结果的对比。从表 9.6 中数值对比可以看出，两者相差不大，总体上有限元模拟结果低于试验结果，误差较大的试件是 DSW-4 和 DSW-8，误差约为 13%。除了试件制作和加载的原因，试件的截面尺寸相对较小，混凝土在四周钢板的约束作用下强度有所提高，试件 DSW-1～DSW-8 在模拟中未考虑四周钢板对混凝土约束效应，因此低于试验值。试件 DSW-6 为焊缝焊接质量差导致焊缝过早开裂，试件 DSW-7 为加载梁加载面不平整导致初始偏心比较严重，使承载力偏小。

表 9.6　极限承载力对比

试件编号	试验结果/kN	有限元结果/kN	有限元/试验	误差/%
DSW-1	6 280	5 940	0.95	5.4
DSW-2	6 380	6 200	0.97	2.8
DSW-3	6 720	6 640	0.99	1.2
DSW-4	7 780	6 810	0.88	12.5

试件编号	试验结果/kN	有限元结果/kN	有限元/试验	误差/%
DSW-5	5 080	5 080	1.00	0
DSW-6	4 840	5 130	1.06	6
DSW-7	5 110	5 150	1.01	0.8
DSW-8	5 950	5 200	0.87	12.6

9.4.3 距厚比限值分析

不论对于工业建筑或民用建筑，均不希望发生出钢板屈曲先于屈服的第Ⅰ类破坏，对于核工业建筑，更是不允许这类破坏发生。从试验研究结果分析可知，距厚比对其破坏模式起控制作用，因此以下讨论防止钢板发生第Ⅰ类破坏的距厚比限值。

1. 钢板屈曲判定方法

在双钢板-混凝土剪力墙中，钢板平面外变形受到混凝土和剪力连接件（栓钉、对拉螺栓）的约束，剪力墙承载力对钢板屈曲的敏感性显著降低。采用有限元软件进行分析时，首先采用特征值屈曲分析（Line-perturbation）得到墙体钢板的各阶屈曲模态，然后将一阶屈曲模态引入到模型中作为初始缺陷，采用 Riks 算法对剪力墙进行非线性屈曲分析。由于模型引入了钢板的初始缺陷，在初始时刻钢板与混凝土之间就存在接触分离的现象，因此钢板首次局部屈曲的判定条件为在新的位置发生钢板和混凝土的接触分离，在 ABAQUS 后处理中可以查看到接触面的接触分离距离（COPEN），并以此得出钢板剪力墙的首次屈曲荷载和相应的轴线应变。

2. 屈曲临界应力理论分析

根据试验结果分析，双钢板-混凝土组合墙在轴向受压时，墙钢板发生局部屈曲的位置有 2 两处：上下 2 两个栓钉的中部和 4 个栓钉包围的正方形钢板中部。在水平方向 2 两个栓钉之间的部位未发现局部屈曲。因此，要防止钢板发生局部弹性屈曲的第Ⅰ类破坏，只需要保证在发生局部屈曲位置上的钢板屈服先于屈曲发生，即保证相邻上下 2 两排栓钉之间的钢板屈服先于屈曲发生，这样就能从整体上防止钢板局部屈曲过早发生，从而发生第Ⅱ类破坏。

针对上述发生局部屈曲位置的钢板，选取不同的计算分析模型单元，分别采用轴心受压构件的欧拉公式和单向受压四边简支板公式的弹性弯曲屈曲理论[25]来分析其屈曲的临界应力和临界应变，初步给出距厚比限值的计算公式。

（1）基于欧拉公式的墙钢板屈曲分析

对于双钢板-混凝土剪力墙轴心受压构件，总体上在钢板发生局部屈曲前混凝土的竖向变形相对于栓钉间距 s 很小，而栓钉整个嵌入混凝土中，未发现有栓钉在钢板屈曲前发生破坏，因此，可以把栓钉作为钢板的支撑点，采用下端固定，上端简支的半固定支承条件。选用栓钉两侧各 $s/2$ 长度作为计算单元，如图 9.42 中的阴影所示。

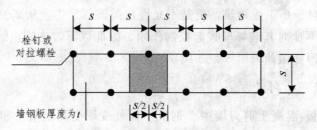

图 9.42　弹性屈曲分析模型

设钢板厚度为 t，根据细长压杆临界力的欧拉公式，可以将其看作截面为 $s×t$，长为 s 的压杆，求得临界应力 σ_{cr} 为

$$\sigma_{cr} = \frac{\pi^2 E_s I}{(kl)^2 A} = \frac{\pi^2 E_s (st^3/12)}{(ks)^2 st} = \frac{\pi^2 E_s}{12(k)^2 (s/t)^2} \tag{9.12}$$

式中，E_s 为钢材的弹性模量；I 为截面惯性矩；s/t 为距厚比；k 为屈曲参数与支承形式有关，半固定支承取 0.7。

将式（9.12）两端均除以 E_s，得到屈曲临界应变 ε_{cr} 为

$$\varepsilon_{cr} = \frac{\pi^2}{12(k)^2 (s/t)^2} \tag{9.13}$$

设钢材屈服应力为 ε_y，则屈服应变 ε_y 为

$$\varepsilon_y = \frac{\sigma_y}{E_s} \tag{9.14}$$

要想使钢板屈服先于屈曲，发生第二类破坏，则屈曲的临界应变 ε_{cr} 要大于等于屈服应变 ε_y，根据式（9.13）和（9.14）可以得到距厚比 s/t 需要满足如下要求：

$$s/t \leqslant \frac{\pi}{k}\sqrt{\frac{E_s}{12\sigma_y}} = 1.296\sqrt{\frac{E_s}{\sigma_y}} \qquad (9.15)$$

根据表 9.3 钢板的材料性能试验结果，对于 Q235 钢和 Q345 钢，将对应的数值代入，可得

$$
\begin{aligned}
\text{Q235} \qquad & s/t \leqslant 35 \\
\text{Q345} \qquad & s/t \leqslant 30
\end{aligned} \qquad (9.16)
$$

将该距厚比限值用于验证 8 个试件，当 s/t 小于或等于限值时，试件发生屈服先于屈曲的第 Ⅱ 类破坏；当 s/t 大于限值时，发生屈曲先于屈服的第 Ⅰ 类破坏。对比表 9.4，试件 DSW-3 的距厚比为 25，小于限值 30，按欧拉公式应发生屈服先于屈曲的第 Ⅱ 类破坏，但实际情况为第 Ⅰ 类破坏，不符合限值要求；其余 7 个试件均符合。

（2）基于单板稳定理论的墙钢板屈曲分析

双钢板-混凝土组合墙仅在轴向荷载作用下，外钢板承受的为单向的均匀压力。对于 4 个栓钉包围的正方形钢板，板有微小的变形时，栓钉可以在板的平面内自由移动，因此板可以近似为四边简支的板来进行弹性屈曲分析。如图 9.43 所示选用栓钉包围的边长为 s 的钢板作为计算单元。

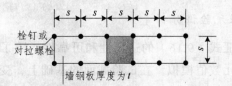

图 9.43　单板弹性屈曲分析模型

根据四边简支板单向受压时的临界应力 σ_{cr} 简化计算公式得

$$\sigma_{cr} = \frac{4\pi^2 E_s}{12(1-\nu^2)(s/t)^2} \qquad (9.17)$$

式中，ν 为泊松比，取 0.3。

341

采用上节相同的方法，可以推导出 ε_{cr} 和防止钢板屈曲先于屈服发生的 s/t 限值如下：

$$\varepsilon_{cr} = \frac{4\pi^2}{12(1-\nu^2)(s/t)^2} \qquad (9.18)$$

$$s/t \leqslant \pi\sqrt{\frac{1}{3(1-\nu^2)\varepsilon_y}} = 1.901\sqrt{\frac{E_s}{f_y}} \qquad (9.19)$$

式中，f_y 为钢材的屈服强度。

同样根据钢板的材料性能试验结果表 9.3，将对应的数值代入，可得

$$\begin{array}{ll} \text{Q235钢} & s/t \leqslant 52 \\ \text{Q345钢} & s/t \leqslant 45 \end{array} \qquad (9.20)$$

将该结果用于验证 8 个试件，除 DSW-4、DSW-7、DSW-8 符合要求外，其余试件均不符合要求。将（9.20）与（9.16）限值进行比较，明显看出基于欧拉公式分析得到的距厚比限值小于基于单板稳定理论式的距厚比限值。采用不同的理论和假定得到的防止钢板发生局部弹性屈曲第 I 类破坏的距厚比 s/t 限值不同，欧拉公式得到的结果相对保守。将欧拉理论得到的限值用于双钢板-混凝土组合墙的设计，不能完全保证试件发生钢板屈服先于屈曲的第 II 类破坏。因此，有必要在理论分析的基础上，对公式的适用性进行进一步讨论，以便得到普遍适用的防止双钢板-混凝土组合墙发生局部弹性屈曲破坏的距厚比限值设计公式。

3. 试验和有限元验证分析

为了进一步验证式（9.16）的适用性和可靠性，除了收集已有的试验结果，还进行了有限元数值模拟。在试验截面的基础上，变化钢板壁厚和栓钉间距，钢材采用 Q235 钢，混凝土为 C60，钢板厚取 3 mm、4 mm、5 mm 和 6 mm，距厚比 s/t 在 15～75 变化，共 23 个试件，进行轴心受压的全过程分析，按照第 1 条的方法判别钢板的屈曲。

根据式（9.13）绘制钢板屈曲应变的欧拉曲线，为了便于比较不同的试验构件及有限元计算结果，将式两端分别除以屈服应变 σ_y，则纵坐标为欧拉临界应变与屈服应变的比 $\varepsilon_{cr}/\varepsilon_y$，横坐标为 $s/t\sqrt{\sigma_y/E_s}$，如图 9.44 中虚线所示。

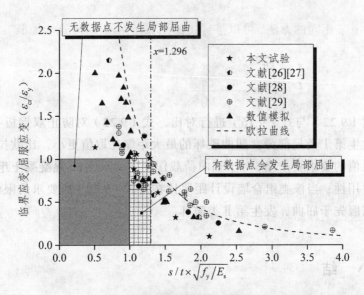

图 9.44　钢板受压局部屈曲试验与数值模拟数据

图 9.44 中分散的数据点为收集到的国外[26-29]和本文的试验研究成果以及数值模拟的计算结果。从图中可以看出，这些数据点的分布趋势总体上符合轴心受压杆（一端固定一端铰支）无量纲的欧拉临界应变曲线。从图中的欧拉曲线可以看出，$\varepsilon_{cr}/\varepsilon_y$ 大于或等于 1、横坐标小于或等于 1.296 时（欧拉曲线与水平线 $\varepsilon_{cr}/\varepsilon_y=1$ 的交点，图中 $x=1.296$ 竖向点画线左侧），从理论上可以保证钢板屈服先于局部屈曲，对应于距厚比 s/t 满足式（9.16）的要求。但在图 9.44 中网格阴影部分范围内，试验和数值模拟的距厚比虽符合式（9.16）的要求，即横坐标的数值小于或等于 1.296，位于直线 $x=1.296$ 的左侧，但局部屈曲时钢板的应变小于屈服应变，发生了钢板屈曲先于屈服的第 I 类局部弹性屈曲破坏，这说明式（9.16）给出的距厚比限值不能完全保证，墙钢板的屈服先于屈曲。

从图 9.44 中还可以看出，在横坐标小于或等于 1 时，纵坐标没有出现小于 1 的数值，即在图中灰色阴影部分无数据点，这说明当横坐标小于或等于 1 时，可以保证钢板屈服先于屈曲，发生第 II 类破坏。

通过以上分析，得到保证轴心受压构件钢板屈服先于屈曲发生的距厚比限值公式如下：

$$s/t\sqrt{\sigma_y/E_s} \leqslant 1 \tag{9.21}$$

即

$$\frac{s}{t} \leqslant \sqrt{\frac{E_s}{\sigma_y}}$$ （9.22）

将式（9.22）与式（9.16）进行对比，式（9.22）对防止双钢板-混凝土组合墙发生第Ⅰ类局部弹性屈曲破坏的最大距厚比取值更小，比欧拉公式对距厚比限值的要求更严格，对于轴向荷载作用下的双钢板-混凝凝土组合墙具有普遍适用性；当该类组合墙设计距厚比在公式（9.22）所要求的限值内时，钢板的屈服先于屈曲，发生第Ⅱ类破坏。

9.5 小 结

本章完成主要工作如下：

（1）进行了8个双钢板-混凝土组合墙的轴向受压性能试验，对其试验现象、荷载-位移曲线、破坏模式和外钢板局部屈曲的临界荷载进行分析。对于同一组试件，随着距厚比增大，墙钢板局部屈曲的临界荷载减小。钢板钢材屈服强度越高，防止试件发生局部弹性屈曲的距厚比限值越小。距厚比和钢材屈服强度是影响外钢板屈曲的主要因素，混凝土强度影响很小。对于相同截面和材料强度的试件，总体上距厚比对其刚度和承载力影响不大。随着距厚比的增大，承载力和刚度均有所降低，但总体上降低不多。钢板发生局部屈曲时，试件的刚度和强度未出现明显下降，钢板局部屈曲对试件的最大承载力影响不大。距厚比仅对试件的破坏模式、钢板局部屈曲荷载有显著影响。随着距厚比的减小，钢板发生局部屈曲时的荷载越大，越接近最大承载力。

（2）采用轴心受压构件的欧拉公式和单向受压四边简支板2种不同的理论计算方法对外钢板局部屈曲的临界应力和临界应变进行了理论分析，初步给出防止钢板发生局部弹性屈曲破坏的距厚比限值计算公式。

（3）采用已有试验和有限元数值模拟对距厚比限值公式的适用性进行分析，给出了普遍适用的防止双钢板-混凝土组合墙外钢板发生局部弹性屈曲破坏的距厚比限值建议公式。为该类组合墙体在复合受力状态下外钢板防止局部弹性屈曲距厚比限值设计公式的提出奠定基础，也为该类结构的设计提供参考。

参考文献

[1] 刘阳冰，杨庆年，刘晶波，等. 双钢板-混凝土剪力墙轴心受压性能试验研究[J]. 四川大学学报：工程科学版，2016，45（2）：83-90.

[2] 刘阳冰，王爽，刘晶波，等. 双钢板-混凝土组合墙局部屈曲性能试验[J]. 河海大学学报：自然科学版，2017，48（4）：73-80.

[3] 聂建国，陶慕轩，樊健生，等. 双钢板-混凝土组合剪力墙研究新进展[J]. 建筑结构，2013，41（12）：52-60.

[4] 卜凡民. 双钢板-混凝土组合剪力墙受力性能研究[D]. 北京: 清华大学，2011.

[5] Adams, P. F.（1987）. "Steel/concrete composite structural systems." POAC'87: 9th Int. Conf. on port and Oc. Engrg. Under Arctic Conditions, Fairbanks, Alaska, 1-2.

[6] Adams, P. F., and Zimmerman, T. J. E.（1987）. "Design and behavior of composite ice resisting walls." POAC '87: 9th Int. Conf. on port and Oc. Engrg. Under Arctic Conditions, Fairbanks, Alaska, 23-40.

[7] Link, R. A., Elwi, A. E. Composite concrete-steel plate walls: analysis and behavior[J]. Journal of Structural Engineering. 1995, 121（2）: 260-271.

[8] Wright H D, Gallocher S C. The behavior of composite walling under construction and service loading[J].Construct. Steel Research, 1995, 35（3）: 257-273.

[9] Wright H D. The axial load behaviour of composite walling[J]. Journal of Constructional Steel Research, 1998, 45(3): 353-375.

[10] Anwar Hossain K M, Wright H D. Experimental and theoretical behavior of composite walling under in-plane shear[J]. Journal of Constructional Steel Research, 2004, 60(1): 59-83.

[11] Ozaki M, Akita S, Niwa N, et al. Study on a steel plate reinforced concrete bearing wall for nuclear power plants. Part I: Shear and bending loading Tests of SC Walls. Transactions, SMiRT 16, Washington D C, 2001,Paper#1554.

[12] Usami S, Akiyama H, Narikawa M,et al.Study on a concrete filled steel

structure for nuclear power plants (Part 2). Compressive loading tests on wall members. Transactions, SMiRT 13, Brazil, 1995: 13-18.

[13] Akita S, Ozaki M, Niwa N,et al. Study on steel plate reinforced concrete bearing wall for nuclear power plants Part.2; Analytical method to evaluate response of SC walls. Transactions, SMiRT 16, Washington DC, 2001, paper#1555.

[14] Takeuchi M, Narikawa M, Matsuo I, et al. Study on a concrete filled structure for nuclear power plants[J]. Nuclear Engineering and Design, 1998, 179(2): 209-223.

[15] Clubley S K, Moy S S J, Xiao R Y. Shear strength of steel-concrete-steel composite panels. Part I-testing and numerical modelling[J]. Journal of Constructional Steel Research, 2003, 59(6): 781-794.

[16] 聂建国, 卜凡民, 樊健生.低剪跨比双钢板-混凝土组合剪力墙抗震性能试验研究[J].建筑结构学报, 2011, 32 (11): 74-81.

[17] 聂建国, 卜凡民,,樊健生.高轴压比、低剪跨比双钢板-混凝土组合剪力墙拟静力试验研究[J].工程力学, 2013, 30 (6): 60-66.

[18] 卜凡民, 聂建国, 樊健生. 高轴压比下中高剪跨比双钢板混凝土组合剪力墙抗震性能试验研究[J]. 建筑结构学报, 2013, 34 (4): 91-98.

[19] 中华人民共和国国家质量监督检验检疫总局. GB/T 228-2002.金属材料室温拉伸试验方法[S].北京, 2010.

[20] 张战廷, 刘宇锋.ABAQUS 中的混凝土塑性损伤模型[J].建筑结构学报, 2011, 41 (S2): 229-231.

[21] Ollgaard J G, Slutter R G, Fisher J W. Shear strength of stud connectors in lightweight and normal–weight concrete[J]. AISC engineering, 1971, 8 (4): 55-64.

[22] 刘威. 钢管混凝土局部受压时的工作机理研究[D]. 福州:福州大学, 2005.

[23] Morishita Y, Tomii M, Yoshimura K. Experimental studies on bond strength in concrete filled square and octagonal steel tubular columns subjected to axial loads. Transactions of Japan Concrete Institute, 1971, 8 (4): 55-64.

[24] 李威. 圆钢管混凝土柱 —— 钢梁外环板式框架节点抗震性能研究[M].

北京：清华大学, 2011.

[25] 陈骥. 钢结构稳定理论与设计[M]. 北京：科学出版社, 2011.

[26] 张有佳, 李小军, 贺秋梅, 等. 钢板混凝土组合墙体局部稳定性轴压试验研究[J]. 土木工程学报, 2016, 49（1）: 62-68.

[27] 张有佳, 李小军. 基于钢板弹性屈曲理论的组合墙轴压试验研究[J]. 应用基础和工程科学学报, 2015, 23（6）: 1198-1207.

[28] CHOI B J, HAN H S. An experiment on compressive profile of the unstiffened steel plate-concrete structures under compression loading[J]. Steel Composite Structure, 2009, 9(6): 519-534.

[29] ZHANG Kai, VARMA A H, MALUSHTE S R, et al. Effect of shear connectors on local buckling and composite action in steel concrete composite walls[J]. Nuclear Engineering and Design, 2014, 269(2): 231-239.

[30] 廖元鑫. 双钢板-混凝土组合剪力墙轴心受压性能研究[D]. 重庆大学, 2014.

[31] 曹天峰. 双钢板-混凝土组合墙轴心受压性能试验研究及影响因素分析[D]. 重庆大学, 2015.

10 结论与展望

10.1 主要成果及结论

本书主要采用理论分析、数值模拟和试验研究等方法对钢-混凝土组合结构体系的抗震性能、地震易损性和新型组合结构双钢板-混凝土组合墙的基本受力和变形性能进行了研究，完成的工作和获得的主要结论有：

1. 钢-混凝土组合构件弹塑性模型

在已有钢-混凝土组合构件结构试验和理论研究的基础上，通过对试验结果的数值模拟和理论分析，对现有钢-混凝土组合梁和方钢管混凝土柱的三折线弯矩-曲率关系曲线进行了修正，提出了适用于钢-混凝土组合梁和方钢管混凝土柱弹塑性分析的四折线弯矩-曲率本构曲线。基于现有的方钢管混凝土柱轴力-弯矩相关的极限破坏面，通过理论分析和大量的参数分析，提出了一种方钢管混凝土柱塑性屈服面的简化确定方法。并通过与试验结果的对比对本书所建立的弹塑性模型进行了验证，为钢-混凝土组合结构整体的弹塑性反应分析奠定基础。

在已有钢管混凝土试验和理论研究的基础上，分别采用纤维模型法和实体有限元法对钢管混凝土框架结构进行了静力和动力弹塑性对比分析，结果表明两种模型化方法均具有较好的适用性，且是否考虑钢管与核心混凝土间的黏结滑移对计算结果无明显影响。该结论为纤维模型中钢管与核心混凝土之间应变协调符合平截面假定的合理性提供了一定的理论依据。

2. 钢-混凝土组合框架结构体系抗震性能分析

在钢-混凝土组合构件模型研究工作的基础上，开展了组合梁-方钢管混凝土柱框架结构，钢梁-方钢管混凝土柱框架结构、组合梁-等刚度 RC 柱框架结构、钢梁-等刚度 RC 柱框架结构和 RC 框架结构的抗震性能分析。对这 5 种类型的框架结构分别进行了模态分析、多遇地震下的反应谱分析和弹性时程分析，比较了用于结构主要承重构件内力设计控制值的差别、结构位移反应和动力特性的差别。

着重研究了组合梁-方钢管混凝土柱框架结构、钢梁-方钢管混凝土柱框架结构和钢梁-RC 柱框架结构在罕遇地震下的变形性能和破坏状态。分析结果表明：考虑楼板组合作用后，框架梁刚度和承载能力得到提高，总体上组合梁-方钢管混凝土柱框架结构位移反应要小于钢梁-方钢管混凝土柱框架结构。由于组合梁刚度和承载能力的提高，改变了梁、柱线刚度比和承载力比，进而也改变了结构的整体刚度和承载能力，使两种结构在罕遇地震下的破坏状态并不相同，因此忽略楼板组合作用，不能反映结构的真实破坏状态。

初步探讨了实现组合梁-方钢管混凝土柱框架结构"强柱弱梁"的设计方法。讨论了柱和梁的极限弯矩比与梁柱线刚度比对结构破坏机制的影响。通过算例分析可知，采用 RC 框架弹性内力调整的方法，不足以真正实现"强柱弱梁"的破坏机制，初步建立了组合结构实现"强柱弱梁"的设计公式。

3. 钢-混凝土组合框架结构"强柱弱梁"问题分析

对钢梁-圆钢管混凝土柱框架结构和组合梁-方钢管混凝土柱框架结构的"强柱弱梁"问题进行了分析，初步探讨了实现两种不同类型和框架实现"强柱弱梁"的设计方法。讨论了柱和梁的极限弯矩比、梁柱线刚度比以及轴压比对结构破坏机制的影响。初步提出了钢管混凝土柱组合框架"强柱弱梁"的设计方法，为该类组合框架结构的设计提供参考。

4. 钢-混凝土组合结构性能水平限值确定方法研究

将基于性能抗震设计的概念引入结构的整体地震易损性分析中，给出了一种基于性能的结构地震易损性分析方法。根据结构的 4 个抗震性能水平和 5 个地震破坏等级定义了结构整体和楼层的 4 个极限破坏状态，从而将结构抗震性能水平与结构的破坏等级联系起来。进而提出了基于结构极限破坏状态确定结构抗震性能水平限值的方法。对两种类型的钢-混凝土组合框架结构，分别采用顶点位移和层间位移作为衡量结构抗震性能水平的量化指标，采用本书建议方法，给出了组合梁-方钢管混凝土柱框架结构和钢梁-方钢管混凝土柱框架结构 4 个性能水平量化指标限值。

5. 基于性能的钢-混凝土组合框架结构易损性分析

采用本书建议的基于性能的结构地震易损性分析方法，对组合梁-方钢管混凝土柱框架结构和钢梁-方钢管混凝土框架结构进行了地震易损性分析,对结构的易损性能进行评估。通过对不同量化指标易损性分析结果的比较,对钢-混凝土组合框架结构,建议采用层间位移量化指标进行地震易损性分析。基于顶点位移的易损性曲线可以作为基于层间位移易损性曲线的补充,从而对结构的易损性能进行较全面的评估。比较了组合梁-方钢管混凝土柱框架结构和钢梁-方钢管混凝土柱框架结构易损性能的差别。

讨论了地震需求变异性的影响,对不同强度地震下结构的需求(最大顶点位移角和最大层间位移角)建议了统一的对数标准差,并通过与原有基于实际统计分析得到的对数标准差计算得到的易损性曲线比较,验证了本书建议取值的正确性。该取值可为钢-混凝土组合框架结构的地震易损性分析提供参考,从而达到简化地震易损性分析问题复杂性的目的。

通过对现有地震易损性分析方法的总结,将现有分析方法分为两类,根据不同的需求建议分别采用基于全概率和半概率两种方法进行结构抗震性能水平分析,研究了基于全概率和半概率结构地震易损性分析方法的差别,建议了通过半概率分析实现结构全概率地震易损性分析的简化方法。

基于易损性分析结果,建议了基于概率的单体结构震害指数的确定方法,并计算了组合梁-方钢管混凝土柱框架结构和钢梁-方钢管混凝土柱框架结构在不同设防烈度下的震害指数。

6. 新型双钢板-混凝土组合墙轴心受压性能试验研究

进行了 8 个双钢板-混凝土组合墙的轴向受压性能试验,对其试验现象、荷载-位移曲线、破坏模式和外钢板局部屈曲的临界荷载进行分析。结果表明:① 对于相同截面和材料强度的试件,总体上距厚比对其刚度和承载力影响不大,随着距厚比的增大,承载力和刚度均有所降低,但总体上降低不多;② 钢板发生局部屈曲时,试件的刚度和强度未出现明显下降,钢板局部屈曲对试件的最大承载力影响不大;③ 距厚比仅对试件的破坏模式、钢板局部屈曲荷载有显著影响,随着距厚比的减小,钢板发生局部屈曲时的荷载越大,越接近于最大承载力。④ 钢材强度越高,防止试件发生第Ⅰ类破坏的距厚比限值越小。

采用轴心受压构件的欧拉公式和单向受压四边简支板 2 种不同的理论计算方法对外钢板局部屈曲的临界应力和临界应变进行了理论分析,初步给出了防止钢板发生局部弹性屈曲破坏的距厚比限值设计公式。在此基础上,采用已有试验和有限元数值模拟对距厚比限值公式的适用性进行分析，给出了普遍适用的防止双钢板-混凝土组合墙外钢板发生局部弹性屈曲破坏的距厚比限值建议公式。为该类组合墙体在复合受力状态下外钢板防止局部弹性屈曲距厚比限值设计公式的提出奠定基础，也为该类结构的设计提供参考。

10.2　研究工作展望

随着钢-混凝土组合结构逐渐在我国地震高烈度区开始广泛地应用，其抗震性能和地震易损性越来越受到重视。本书的研究成果对这种结构设计方法的合理性和可靠性具有参考价值，但由于所研究问题本身的复杂性与研究手段的局限性，还需要在下述几个方面开展进一步深入系统的研究：

（1）目前在钢-混凝土组合结构研究中，对结构或构件的非线性性能，特别是承载力下降以后的强非线性性能研究的尚不够充分。试验给出的结果，或由于试验手段、条件的限制，或由于试验目的的局限，给出的承载力下降段构件性能变化较大，存在较大的离散性，这将导致组合结构构件弹塑性建模中存在较大的不确定性，直接影响了对结构强地震反应的模拟，特别是在结构强非线性、倒塌过程模拟时。因此开展组合构件和组合结构子结构的强非线性、弹塑性性能试验，检验组合结构构件弹塑性本构模型，检验组合结构的强非线性、弹塑性模型的合理性和可靠性是十分必要的。

（2）只对钢梁-圆钢管混凝土柱框架结构和组合梁-方钢管混凝土柱框架结构的"强柱弱梁"问题进行了研究，初步提出了实现组合框架"强柱弱梁"的设计方法。但由于组合构件特性相差较大，尚需要进一步对不同组成的组合框架开展大规模的试验研究和理论分析，以其提出钢-混凝土组合框架结构实现"强柱弱梁"的普遍适用方法。

（3）对钢-混凝土组合框架结构进行了地震易损性分析，但只选用了峰值加速度（PGA）作为地震动参数来表达结构反应和易损性曲线，也可以采用结构基本周期对应的加速度反应谱等其他物理量作为地震动参数对不同组合结构体系的易损性进行研究，以寻求更合适地震动参数，既有普遍的适用性而且结构反应数据的离散性较小，这都需要开展进一步的研究工作。

（4）所给出的基于性能的结构地震易损性分析方法中，分别采用顶点位移和层间位移作为衡量结构抗震性能水平的量化指标，给出了框架结构不同性能水平量化指标限值。采用控制部位的位移或变形确定结构破损指标，来衡量结构的破坏状态，对于进行结构地震反应分析和抗震设计无疑是最直观、最方便和最有效的。但从研究角度来看，结构的破坏不但与位移或变形大小有直接关系，有时也受结构其他反应量的影响，例如，能反映地震持时影响的结构滞回耗能等，因此，开展多参数的结构破损指标的基于性能的结构地震易损性分析工作也是有价值的。

（5）对钢-混凝土组合框架-混凝土核心筒结构体系的弹塑性性能进行了初步的分析。为了更加深入的研究和了解钢-混凝土组合框架-混凝土核心筒结构的罕遇地震下的反应规律，进而提出实现组合框架作为第二道抗震防线的实用设计方法，还需要采用 Pushover 分析和弹塑性动力时程分析法开展大量变参数系列模型的研究。

（6）高层或超高层结构若在近场强震下发生严重破坏或倒塌，将引起巨大的经济损失和人员伤亡。超高层组合结构体系复杂、自振周期长、易受地震动长周期分量的影响。强震观测结果表明，对于近场强震地震动往往存在显著的长周期成分，特别可能存在大的速度脉冲。为此可以结合汶川地震、集集地震等记录，开展近场强震大脉冲对高层组合结构地震反应规律和倒塌破坏机理的影响研究。

（7）初步对双钢板-混凝土组合墙的轴心受压性能进行了研究，为了更深入地了解其受力和变形性能，编制相应的设计规范，更好的应用于实际工程，需要开展一系列的双钢板-混凝土组合墙的在偏心荷载作用、水平荷载作用以及面外的力学性能试验和相应的有限元数值模拟与参数分析。